“十四五”时期国家重点出版物出版专项规划项目

食品科学前沿研究丛书

发酵豆制品加工及功能研究

乌日娜　编著

科学出版社

北京

内 容 简 介

本书内容涵盖发酵豆制品发展沿革、基础理论、加工工艺、功能性、感官、理化和风味物质测定分析研究进展以及发展趋势，同时包括基因组学、蛋白质组学、转录组学、代谢组学和多组学联用技术在发酵豆制品功能研究中的应用，并对霉菌、酵母菌、乳酸菌、芽孢杆菌等发酵微生物在发酵豆制品中的功能研究进行概述。书后附有参考文献，并附发酵豆制品相关质量标准。

本书可供高等院校食品、生物等相关专业本科生及研究生作为教材使用，亦可作为相关领域的科研人员、生产单位从业人员的参考用书。

图书在版编目（CIP）数据

发酵豆制品加工及功能研究/乌日娜编著. —北京：科学出版社，2023.1

（食品科学前沿研究丛书）

“十四五”时期国家重点出版物出版专项规划项目

ISBN 978-7-03-074751-8

Ⅰ. ①发… Ⅱ. ①乌… Ⅲ. ①豆制品加工-研究 Ⅳ. ①TS214.2

中国国家版本馆 CIP 数据核字（2023）第 005508 号

责任编辑：贾 超 孙静惠/责任校对：杜子昂

责任印制：吴兆东/封面设计：东方人华

科学出版社 出版

北京东黄城根北街 16 号

邮政编码：100717

http://www.sciencep.com

北京虎彩文化传播有限公司 印刷

科学出版社发行 各地新华书店经销

*

2023 年 1 月第 一 版 开本：720 × 1000 1/16

2023 年 1 月第一次印刷 印张：16

字数：320 000

定价：128.00 元

（如有印装质量问题，我社负责调换）

丛书编委会

总主编： 陈　卫

副主编： 路福平

编　委（以姓名汉语拼音为序）：

陈建设　江　凌　江连洲　姜毓君

焦中高　励建荣　林　智　林亲录

刘　龙　刘慧琳　刘元法　卢立新

卢向阳　木泰华　聂少平　牛兴和

汪少芸　王　静　王　强　王书军

文晓巍　乌日娜　武爱波　许文涛

曾新安　张和平　郑福平

前　言

大豆及大豆制品不但营养丰富，而且味道鲜美，从古至今一直深受我国老百姓的青睐。据记载，我国制作和食用大豆食品的历史可追溯至 5000 多年以前，豆酱、腐乳、豆豉、酱油、纳豆、豆渣等发酵豆制品，更是大自然赋予人类的食品精华，通过自然存在的肉眼看不到、摸不着、神奇的微生物发酵产生多种必需氨基酸、多肽、寡肽、短链脂肪酸、必需脂肪酸、维生素、低聚糖、苷元等益生功能因子和生理活性物质，产品更容易消化吸收，也更加营养、健康和美味。现代医学表明，发酵豆制品具有降血脂、降血压、调节免疫、抗氧化、调整肠道微生态、消炎、抑制致病菌感染、预防肥胖和消化道疾病等多种功效。

近年来，随着基因组学、蛋白质组学、转录组学、代谢组学等系统生物学和生物技术的快速发展，在揭示发酵豆制品在加工、贮藏过程中关键微生物及其动态变化的基础上，科研人员对发酵豆制品营养风味品质形成过程及机制、功能小分子生物转化代谢通路、体内吸收生物转化机制、调节生命健康功能等方面进行了深入研究。

本书在汲取国内外相关研究与应用的基础上，结合沈阳农业大学“微生物发酵与生物智造”团队多年来在发酵豆制品领域取得的成果，力求内容精练、重点突出、深入浅出、理论结合实际，呈现发酵豆制品领域的新进展，为进一步促进我国传统发酵豆制品工艺的现代化改造升级，实现高效、健康、绿色、可持续发展，贡献绵薄之力。

衷心感谢国家自然科学基金区域创新发展联合基金（U20A20400）、国家自然科学基金（31972047；31471713；31470538；31000805）、中国博士后科学基金（2014M560395）、辽宁省“兴辽英才计划”、辽宁省高等学校优秀人才支持计划、天柱山学者等项目的资助！衷心感谢辽宁省发展和改革委员会、辽宁省食品发酵技术工程研究中心、沈阳市食品发酵技术创新重点实验室等平台的支持！衷心感谢辽宁省科学技术协会对辽宁省优秀自然科学学术著作出版的资助与支持。

借此机会，特向所有参与研究与成果应用的团队成员、参加编著的团队成员和参考的著述、论文等文献资料的作者表示深深的谢意！衷心感谢行业专家和企业同仁对我及团队的支持和厚爱！衷心感谢博士研究生安飞宇、姜锦惠、胡心玉、贺凯如、李彤、张乃琦，硕士研究生潘国杨、陶鑫禹、杨雪萌、宋美俊、刘艳凤、李璇、辛易燃、马媛媛、李盈烁、王雨生、薛瑞霞、仝蕾、刘晓燕、朴瑜琼、代良超等在本书资料收集、整理过程中的辛苦付出！

由于作者能力有限，本书有不妥之处，敬请批评指正！

2023 年 1 月于沈阳

目　录

第0章

绪　论

0.1　发酵豆制品的发展与现状

大豆（*Glycine max* L. Merrill）起源于中国，古称“菽”，早在公元前2560年的黄帝时期就开始种植，与黍、稷、麦、稻并称为“五谷”。根据其种皮颜色不同，可分为黄豆、青豆、黑豆等。大豆加工制品发展至今，一般可分为非发酵豆制品和发酵豆制品两大类。其中，非发酵豆制品包括豆浆、豆腐、豆皮、豆干、豆丝、腐竹、豆腐脑和豆泡等；发酵豆制品包括豆酱、酱油、豆豉、腐乳、豆汁和霉豆渣等。

近年来研究显示，发酵豆制品不仅营养丰富，还具有抗氧化、降血压、溶血栓、提高免疫、降血糖、抗突变等生理保健功能。对发酵豆制品的进一步深入研究和开发，有利于满足人们对食物营养和保健功能并重的需求，提高人们的生活质量和水平；有利于传统发酵食品的现代化产业升级，创造更高的经济及社会价值；更有利于传承中国传统手工艺，推动中国文化世界化。

0.1.1　豆制品概述

1. 发酵豆制品

发酵豆制品是指以大豆为主要原料，经过微生物发酵而成的豆制食品，如豆酱、酱油、腐乳、豆豉、淡豆豉、霉豆腐和豆汁等。在微生物酶的催化下，大豆中的营养成分发生系列生物化学反应，使得发酵豆制品不仅风味独特、易于消化，更重要的是发酵过程中还产生许多新的功能性物质，如活性肽、不饱和脂肪酸、大豆苷元以及不同种类的维生素和矿物质等，使发酵豆制品在营养与保健方面更具优势。

发酵豆制品可根据食盐含量、发酵工艺、发酵菌种等方面进行分类。根据食盐含量的不同，可以分为有盐发酵和无盐发酵两种。有盐发酵豆制品包括酱油、豆酱、腐乳、豆豉、味噌等，多为调味品；无盐发酵豆制品包括纳豆、天培等。食盐在风味形成及贮藏性提高方面起到重要作用，但同时也可能会带来健康隐患，因此低盐是豆制品发酵工艺的发展方向，而无盐发酵豆制品更是引起人们广泛关注。根据发酵工艺不同，酱油可分为天然稀态发酵、低盐固态发酵、高盐稀态发酵等。天然稀态发酵不用种曲，主要依靠空气中自然存在的米曲霉等霉菌，菌种多而复杂，盐水的浓度高，后期通过日晒夜露进行自然发酵，有浓郁的酱香，但因发酵周期较长，工业运用较少；高盐稀态酱油盐水用量较多，酱醪呈流动状态，产品品质较高，香气成分多，营养物质丰富，但其生产周期也相对较长；目前，低盐固态工艺是国内现行酱油工艺中运用最广泛的一种工艺，较高的发酵温度可大幅缩短生产周期，但同时抑制了部分酶的活力，酯香味和口感会略差于其余两种方法。而根据发酵菌种的不同，豆制品还可大致分为细菌型发酵和霉菌型发酵。例如，纳豆是典型的细菌型发酵豆制品，其是将枯草芽孢杆菌均匀喷洒在冷却的大豆上，借助微生物蛋白酶生产出风味独特的发酵食品；而腐乳则是典型的霉菌型发酵豆制品，根据具体菌种和配料不同，最终生产为红方、白方、青方等产品。

2. 非发酵豆制品

大豆经过清洗、浸泡、磨浆、除渣、煮浆及成型等工艺直接制作而成的产品即为非发酵大豆制品。根据《食品安全国家标准 食品添加剂使用标准》（GB 2760—2014）中食品分类系统的规定，非发酵豆制品主要包括豆腐、豆干、豆干再制、新型豆制品等品类。

3. 发酵豆制品与非发酵豆制品的区别

非发酵豆制品和发酵豆制品都富含优质蛋白，营养丰富。而与非发酵豆制品相比，发酵豆制品在发酵过程中，原料中的碳水化合物、脂类、蛋白质等内源组分营养物质在多种微生物及酶的作用下被降解为单糖、氨基酸、不饱和脂肪酸、核黄素、多肽等更易于被人体吸收的小分子物质。此外，这些小分子物质与其他微生物代谢物一起，共同改善了豆制品的风味特征，并产生营养功能性。

0.1.2 发酵豆制品的功能

微生物的发酵作用可以将豆制品中许多难降解的物质转化成易于人体吸收的营养成分，大大提高了发酵豆制品的食用价值。发酵豆制品中功能性成分的来源主要有以下几个方面：一是发酵豆制品原料本身的营养成分，如异黄酮、大豆皂苷、纤维素和大豆多糖等成分，在发酵过程中被微生物分解成更小分子的大豆苷元等物质，更有利于人体的吸收利用；二是豆制品在发酵过程中，微生物自身生长代谢合成的新成分，如γ-氨基丁酸、胞外多糖、纳豆激酶等。这些活性物质被证明具有抗血栓、抗抑郁、抗癌、抗病毒、提高免疫等多种作用，在功能食品开发上具有广阔前景（Cao et al.，2019）。

1. 降血压作用

心血管疾病是一种严重威胁人类的常见病，而高血压则是其主要的致病因子之一。血管紧张素转换酶（angiotensin converting enzyme，ACE）可以将血管紧张素Ⅰ转化为血管紧张素Ⅱ，后者是一种强烈的血管收缩物质，它可以使血管平滑肌收缩引起升压效果，ACE 则起着限速酶的作用。因此可以通过抑制 ACE 的活性来达到降血压的作用。有研究发现大豆原料在发酵过程中产生了具有较强活性的 ACE 抑制肽，可有效降低血压（Daliri et al.，2020）。

2. 抗氧化作用

抗氧化一直是人们不断研究的方向，且人们越来越追求在饮食中摄取天然抗氧化成分。发酵豆制品中抗氧化作用的活性物质主要是异黄酮类物质、大豆皂苷和大豆多肽。其中研究最多的是异黄酮，1931 年 Walt 首次从大豆粉中分离出染料木苷和大豆黄苷。之后相继从大豆制品中分离出 9 种异黄酮糖苷（即糖苷型大豆异黄酮）和 3 种相应的糖苷配基（即苷元型大豆异黄酮），共 12 种。但是，大豆中异黄酮常以糖苷结合形式存在，活性较低，不利于吸收。而发酵产生的 β-葡萄糖苷酶能够使其分解成苷元形式，使其雌激素受体结合活性提高 30 倍，人体吸收量更大，吸收更快。而根据人体代谢跟踪研究，发现人体对大豆发酵食品中的异黄酮利用率和代谢率都有所增加，也为之后进一步结合人体和微生物研究提高异黄酮利用率的研究奠定了基础（Jang et al.，2020）。此外异黄酮的双酚结构可以与自由基反应达到猝灭自由基的效果，终止自由基的连锁反应，也可通过螯合金属离子抑制脂质过氧化。与黄豆相比，黑豆发酵后整体抗氧化活性更高，并且发现通过高产蛋白水解酶的芽孢杆菌发酵可以提高最终产物的抗氧化能力（Sanjukta et al.，2022）。

3. 溶血栓及降血脂作用

纳豆激酶是由枯草芽孢杆菌产生的一种丝氨酸蛋白酶，它主要的功能是溶解血栓，也作为新一代的溶栓药物得到相应的发展与研究。大豆发酵食品中的纳豆激酶对降血脂具有良好功效，为其作为降血脂药物和保健品奠定了基础。除此之外，大豆发酵食品中普遍存在的植物乳杆菌发酵的大豆发酵酸奶也在动物试验中被发现对高脂肪饮食导致的肥胖起到了很好的抑制作用（Li et al.，2020）。

4. 抗癌作用

癌症是人类疾病史上的一类难题，乳腺癌、前列腺癌和结肠癌是三大常见和危险的癌症。发酵豆制品具有较好的抗癌效果。研究表明，用泡盛曲霉（*Aspergillus awamori*）发酵大豆，所得的提取物对皮肤黑色素瘤有显著的抑制效果。除此之外，从发酵大豆中分离出的异黄酮对慢性粒细胞白血病（CML）有一定的治疗和预防作用，因为异黄酮可以诱导 K562 细胞周期停止、自噬甚至凋亡，通过对异黄酮抗白血病作用的转基因组学研究，为之后的白血病靶向治疗等提供了新的治疗方向（Wu et al.，2020）。

5. 免疫调节作用

机体的免疫功能是靠机体的免疫系统实现的。免疫系统是由免疫器官、免疫细胞及免疫分子组成。很多因素对免疫系统起调节作用，其重要性在于维持机体免疫功能的动态平衡，保持机体的健康。研究表明乙醇提取物和异黄酮苷元都对人的免疫细胞有刺激作用，会使细胞因子 TNF-α、IL-6 以及诱导型一氧化氮合酶和环氧合酶的水平显著提高，同时大豆中的异黄酮可逆转莨菪碱诱导引起的认知紊乱，增加类胆碱酶的活性，抑制大脑中神经炎症的发生，并且发酵后的豆制品中异黄酮的抑制效果优于大豆。

6. 抗抑郁作用

抑郁症作为一种常见的精神障碍性疾病，主要表现为持久显著的情绪低落，临床表现上，严重者会出现极端厌世的情绪和自杀行为，严重地影响了人们的心理健康和日常生活。其因为高患病率、高致残率和高复发率，广受人们关注，如今临床多采用西药治疗，存在一定的副作用，且起效缓慢。

γ-氨基丁酸（gamma-aminobutyric acid，GABA）是一种非蛋白质组成的天然氨基酸。据研究，大豆本身并不含有 GABA，而在发酵豆制品，如淡豆豉中却含有大量的 GABA，其对神经递质的调节功效被认为和淡豆豉解表除烦的功能密切相关。今后可以对其抗抑郁的相关机理进行进一步的研究，通过提取其中功能成分或利用相关微生物进行高活性改造也是下一步功能性食品发展的一个方向。

7. 对神经性退行性疾病作用

如今高度老年化已成为全球人口趋势，根据《2019 年世界人口展望》（修订版），预计到 2050 年全球 65 岁及以上人口比例将接近 16%，到 2100 年将达到 23%。阿尔茨海默病和帕金森病作为常见的神经退行性病变，与高龄密切相关，但是还没有很好的治疗方法。所以通过饮食和功能性食品进行相关预防的措施备受关注，发酵豆制品的营养价值及其中有效成分的临床效果研究也有进一步发展。在韩国、日本等多个国家，发酵豆制品及相关菌种已被允许作为功能性健康食品进行加工和销售。

大豆异黄酮在各种动物研究中被证明具有保护神经的作用，其带有的抗氧化活性和对于雌激素受体的亲和力也被认为可能与减轻阿尔茨海默病相关的病症和减缓其进程密切相关。大豆苷元等能抑制细胞凋亡，影响线粒体自噬，推测异黄酮对帕金森病也有很强的预防潜力。发酵大豆食品的摄入还会影响人体肠道微生物群,而有新研究也表明肠道微生物组成和平衡与神经退行性疾病风险密切相关。

8. 其他作用

发酵豆制品除了具有以上功能作用之外，还具有抗衰老、降血糖等作用。如今新冠病毒广受关注，日本相关研究也认为纳豆对新冠病毒具有一定的预防抵抗作用（Oba et al.，2021），而在很多国家，发酵豆制品和其中的微生物资源也作为功能食品和保健食品资源被广泛开发和宣传。我国也有大量的传统发酵豆制品，目前多以传统的调味型发酵豆制品为主。随着发酵豆制品促健康作用的研究和报道不断深入，人们对于发酵豆制品的消费理念不再局限于调味品的范畴，越来越多的功能型发酵豆制品渐渐走进人们的视野，成为人们追求的促健康功能性食品之一。

0.1.3 发酵豆制品的生产现状

目前，我国发酵豆制品发展迅速，产品种类增多，规模不断壮大，工业化速度加快，形成了一系列高知名度的发酵豆制品品牌，迅速占据了大中城市的主流市场，对全国豆制品产业的发展起到了示范和带头作用。但相较于国际上先进的发酵食品产业，我国发酵豆制品产业仍较多采用多菌种混合固态发酵、手工或半机械化操作，生产效率低且能耗高，存在产品质量不稳定、环保压力大等问题；同时相关企业的研发投入较少，行业集中度低，核心技术不强，市场竞争力亟待提升。因此，我国发酵豆制品产业的可持续健康发展依赖于全面转型升级。

1. 发酵豆制品工艺和技术的提高

发酵豆制品的生产关键是菌种，用自然发酵技术来生产发酵豆制品，生产过程很难被人为精确控制。因此通过筛选发酵过程中的优势菌株进行纯菌发酵，既可以减少或者防止杂菌生成有害成分，从而保证成品的食品安全，同时也可以尽可能保留发酵豆制品的风味与营养。除此之外，可采用诱变育种技术，并对其生理及代谢规律进行深入研究，从而提高生产菌株的酶活力。随着分子生物学的发展，也可利用现代基因工程技术构建新的优良菌株，同时对其生理和遗传特性进行更进一步的研究，从而提高发酵豆制品生产的技术水平。

现代传统发酵菌种改良及工艺优化常用的方法有混菌改良发酵、酶制剂发酵技术等。混菌改良发酵指采用两种或多种微生物的协同作用共同完成某发酵过程的一种新型发酵技术，是纯种发酵技术的新发展。该技术可提高发酵效率，并有助于改善传统发酵豆制品的风味。目前，混菌改良发酵在腐乳、豆酱、酱油、豆豉等豆制品发酵中得到了广泛应用。例如，在腐乳的生产中，普遍采用单一纯种毛霉接种于腐乳毛坯进行发酵。单一的菌种酶系不全，缺乏生化调节及互补合成作用，同时也可能会限制后发酵成熟期速度。所以在前期培养时可以同时接种毛霉和根霉进行混合发酵，从而提高糖化作用和改善腐乳的风味。另外，增加酵母菌种，可以加快腐乳在后期发酵中的酒精发酵和酯类物质的合成，减弱乙醇对霉菌的抑制作用，实现多菌种共同协调作用，形成腐乳特有的色、香、味。

酶作为一种生物催化剂，因其专一性强、反应条件温和、催化效率高等优点，而被广泛应用于食品、发酵、饲料等工业领域。使用酶制剂发酵具有简化生产工艺、降低原料消耗、减轻环境污染、改善劳动条件等优势。目前，现代酶制剂的大规模生产以深层液体发酵法为主，已经商品化的酶制剂有 50 多种，其中最主要的有淀粉酶、蛋白酶、脂肪酶和果胶酶等。使用上述酶制剂发酵豆制品，既可以减少老法制曲过程带来的杂菌污染，又可缩短生产周期，保证产品质量。

2. 提高生产过程的控制技术

发酵豆制品品质不仅取决于微生物的作用，同时发酵过程的加工工艺也极其重要。发酵豆制品的品质与当地气候环境、生产制作的手艺和制作时间都息息相关。不同地域的人们由于地区口味喜好衍生出不同的生产工艺，增加了发酵、酿造的复杂性和多变性。例如，在制曲的过程中，利用圆盘制曲法或者厚层通风法来提高制备的效率，使成曲质量有保障。采用保温发酵技术，来保证各种酶的工作环境处在最佳状态，尽量使发酵过程所需的周期缩短。

发酵过程的实际操作是非常复杂的，成品很容易受环境和人为因素等影响，发酵产物的质量很不稳定，许多操作单凭经验，没有具体的指标，也没有标准化的规定，无法对生产时通气、湿度和温度等条件的变化进行精确把握，发酵过程中微生物菌群的增减、产物的时刻变化也无法控制，这对发酵豆制品生产是非常不利的，所以提高传统发酵豆制品生产过程的控制技术很有必要。

同时要保证严控杂菌污染。发酵豆制品的品质主要取决于优势菌种的有效作用，但发酵食品也最易受到杂菌污染而导致产品败坏。一方面，控制食盐的添加量。食盐过量会减少杂菌污染，但不利于产品风味和消费者饮食健康。因此，需要在保证有效减少发酵豆制品污染风险的同时，也要能满足人们对低油低盐均衡膳食的健康追求，不断寻求一个综合平衡点。另一方面，严格控制污染源。污染源主要来源于生产者手部、发酵器皿、生产设备、车间环境、辅味配料等，需要从多方面制定系统的操作规范，严格控制杂菌的污染，有效防范，降低损失。

3. 生产设备非标准化转向标准化和智能化

传统的发酵豆制品大多是根据以往经验来制作，没有统一的设备和规制。同时，相关行业面临用工、能源等综合成本增加，消费升级和全球化激烈竞争等态势，促使企业必须通过设备转型升级才能提高市场竞争力。

目前，在发酵豆制品领域有很多企业已经通过研发机械化现代化设备实现工业生产，如通过模拟自然生态环境，独创智能化发酵罐，并对发酵过程中各要素进行人为控制，既保证了品质，又实现了工业化生产。同时，在发酵过程中使用在线传感器，进行实时、网络化的数据采集，对发酵过程进行检测与控制优化。

特别是在酱油酿造产业，其发酵、酿造、灌装、仓储等环节已基本实现了自动化，部分生产环节实现了数字化制造，如引入了激光直接成型、生产管理系统、智能立体仓库、机器人码垛系统、极速灌装系统等。在实际生产过程中，数字化的发酵过程以及智能化的发酵设备，对发酵食品标准化生产的意义重大，但目前发酵食品产业的智能制造相关技术设备仍集中在包装灌装等环节，发酵豆制品产业智能制造尚处于起步阶段，因此，应该不断投入研发力量，提高设备自身自动化以及智能程度，更好地为发酵食品高标准生产服务。

4. 功能性产品的研发

目前传统发酵食品中的功能性成分逐渐受到重视，如异黄酮类、多酚类、大豆皂苷、类黑精、肽类、维生素等多种活性物质，对多种疾病都存在着一定的预防治疗作用，相关的功能性发酵大豆产品的研发也在不断创新。由于我国大部分发酵大豆食品还是以调味品偏多，大部分为高盐食品，主流的研发创新方向为低盐发酵。而针对儿童也有相关的儿童酱油，根据儿童健康所需，强化了其中的游离氨基酸。此外，豆豉和腐乳的相关降血糖、降血压功能也备受关注，相关强化功能成分的产品也在研发过程中。

0.1.4 发酵豆制品质量与安全

由于豆类发酵产品生产工艺的特殊性，其在发酵过程中易受原料品质波动、杂菌污染以及环境因素的影响，存在较大的安全隐患，如生物胺、丙烯酰胺、蜡样芽孢杆菌、氨基甲酸乙酯等已被学者研究报道。这从侧面说明发酵大豆制品的原料、工艺、加工方式、最终产品定型等均可能影响产品最终的质量，存在可能的安全隐患。

1. 蜡样芽孢杆菌

蜡样芽孢杆菌在发酵豆制品中的安全隐患已有学者研究报道，其中以腐乳研究较多。我国腐乳生产产业在腐乳生产专用微生物选育、工艺控制、发酵调控、产业规模等方面均取得了长足的进步，但由于多为开放式生产，且腐乳生产周期长，一般没有后杀菌的过程，腐乳中微生物数量较高，特别是蜡样芽孢杆菌数量多，已经直接影响到腐乳的出口。蜡样芽孢杆菌数量一般控制在 10^5 CFU/g，以不会引起食物中毒为判断标准。

2. 生物胺

发酵食品中过量的生物胺会对机体健康造成不良的影响（Park et al.，2019）。研究发现，大豆发酵食品中主要含有色胺、精胺、腐胺、酪胺、组胺和亚精胺，不同发酵类型品种生物胺有差别，生物胺生成量与样品中氨基酸态氮含量呈现正相关。

3. 丙烯酰胺

在发酵豆制品中，由于豆豉和豆酱等发酵完成后，在形成具有一定保质期的商品化产品之前均有煎炒和高温熬制的过程，有可能会生成丙烯酰胺，因此丙烯酰胺的含量存在一定隐患。在煎、烤、炸等高温烹饪（高于 120℃）条件下，天冬氨酸与还原糖发生美拉德反应，是产生大量丙烯酰胺的主要途径，同时油脂、蛋白质和碳水化合物等成分在高温的条件下会生成丙烯醛进而形成丙烯酰胺。研究发现天冬酰胺、氨和丙烯醛在被氧化的过程中也能产生丙烯酰胺，低温发酵的豆制品体系中会形成大量丙烯酰胺。

4. 氨基甲酸乙酯

氨基甲酸乙酯广泛存在于发酵食品中，崔霞等报道氨基甲酸乙酯在腐乳、酱油中均存在；王玲莉等通过分析杭州市主要发酵类食品中氨基甲酸乙酯含量及居民食物消费量发现，在杭州市采集的 373 份食品样品中氨基甲酸乙酯的检出率为 42.9%，数据显示杭州居民膳食中氨基甲酸乙酯平均暴露水平已经超过公共卫生关注度界点。发酵豆制品中可能存在的安全风险因子氨基甲酸乙酯正在逐渐引起人们的重视。

5. 黄曲霉毒素

我国传统豆类发酵食品大多为开放式发酵，在前期发酵过程中会有大量的微生物（如毛霉、米曲霉、根霉、乳酸菌、酵母菌）进入发酵体系为发酵大豆制品风味、品质带来物质基础，但发酵过程中可能存在其他有害微生物（如产黄曲霉毒素的曲霉、青霉等）参与发酵，给发酵食品带来生物性危害。对浙江 4 种传统大豆发酵食品中的真菌污染情况进行的研究表明，从菌相分布来看，毛霉和青霉检出最多。青霉分布很广，如软毛青霉可产生黄曲霉素及展青霉素等具有强致癌和遗传的毒性物质，其他青霉如橘青霉、扩展青霉、岛青霉均能产生毒素，具有不同程度的遗传性及致癌性。研究发现，酱油生产菌种有 4 株产黄曲霉毒素的菌种。

另外，梁恒宇等在豆制品前期发酵（又名制曲）过程的微生态动态分析过程研究中也发现有大量的烟曲霉、镰刀霉菌等存在，使发酵过程中微生物安全存在隐患。

0.2 发酵豆制品中的微生物组研究方法

发酵豆制品在人们日常生活中扮演着越来越重要的角色，适宜原料、优良菌群和合理工艺是保证传统发酵食品工业化生产的三大要素。其中，微生物起着最关键的决定性作用，优良发酵菌群不仅可以提高产品质量，而且可以确保其安全性。因此，特定微生物的控制、优势发酵菌群的演替及性能优良发酵菌株的筛选，一直是发酵食品研究的热点。

0.2.1 传统纯培养方法

纯培养（pure culture，axenic culture）指只在单一种类存在的状态下所进行的生物培养。纯培养方法主要是依靠灭菌和分离，是由巴斯德和科赫建立起来的生物培养法。

1. 固体培养基分离

主要包括稀释倒平板法、涂布平板法、平板划线法、稀释摇管法等。通过选用适当的平板及培养条件，可直接分离各种具有特定生理特性的微生物。而稀释摇管法则是先将盛无菌琼脂培养基的试管加热熔化后冷却，加入稀释后的菌液，迅速摇动均匀，冷凝后，在表面倾倒一层石蜡混合物，将培养基和空气隔开，得到形成在琼脂柱中间的菌落。稀释摇管法是稀释倒平板法的一种变通形式，但由于菌落形成在琼脂柱的中间，观察和挑取都相对困难。主要应用于在缺乏专业的厌氧操作设备的情况下对严格厌氧菌进行分离和观察。

2. 液体培养基分离

大多数细菌和真菌都可用平板法分离，然而并不是所有的微生物都能在固体培养基上生长，如一些细胞大的细菌、许多原生动物和藻类等，这些微生物仍需要用液体培养基分离来获得纯培养。主要包括梯度稀释法、富集培养法及显微分离法。其中，梯度稀释法的特点为：工作量大，是否获得纯培养需依靠统计学的推测。主要应用于不能或不易在固体培养基上生长的微生物进行纯培养分离或数量统计。富集培养法的特点为：一般不能直接获得微生物的纯培养，需再通过平板法进行相应微生物纯培养的分离和检测。主要应用于以下两个方面：①根据某种微生物的特殊生长要求，按照意愿从自然界中对这种微生物进行有针对性的有效分离；②分离培养出由科学家设计的特定环境中能生长的微生物，尽管我们并不知道什么微生物能在这种特定的环境中生长。显微分离法的特点则在于：分离过程直观，可靠，但对仪器和操作技术要求较高，多限于高度专业化的科学研究。

0.2.2 组学新技术

发酵过程中，微生物在发酵豆制品的色、香、味、态等特征及食品安全等方面发挥着重要作用。但是由于种类繁多、群落演替变化复杂、代谢通路多样、功能基因丰富多变，迄今为止很多传统发酵豆制品中微生物群落结构特征、演替变化规律和功能基因依旧是谜团，科学研究和工业生产都急需揭开这层神秘的面纱。但因参与发酵的微生物种类繁多、相互作用关系复杂，全面解析发酵食品中微生物群落结构及其群落演替变化规律依旧极具挑战（Pan et al.，2020）。

2001 年在各国的共同努力下，采用 Sanger 测序技术，花费 30 亿美元，人类基因组计划终于完成了。自此，不断涌现出许多测序技术。在近十年，高通量测序技术的到来，使得研究者可以以更少的费用和更快的速度，获得许多已知微生物的全基因组。这些基因组整合在一起，形成了一个公共性的庞大数据库，为采用基于（宏）基因组学、（宏）转录组学、（宏）蛋白质组学和代谢组学在内的多组学技术研究食品微生物提供了良好的基础。

0.2.3 功能组学

发酵豆制品是多种微生物发酵共同作用的结果，在不同的开放环境中，会形成不同的微生物区系，也决定了其酶系的多样性，产生更为丰富多样的代谢产物。在发酵过程中，大豆等原料中的糖类、脂类、蛋白质等营养物质在各种微生物的参与下，降解为小分子的单糖、脂肪酸、氨基酸等功能物质，但是，由于发酵过程中微生物体系复杂，某些杂菌会产生有害代谢产物，如生物胺等。通过了解发酵过程中的微生物群落构成、群落演替，研究各种微生物的代谢特性和它们对产品品质的影响，从而使发酵过程可控化、现代化，进而提升发酵产品品质，保障产品安全。宏基因组学、宏转录组学、宏蛋白质组学和代谢组学技术的蓬勃发展使得以上讨论成为可能。近些年，将高通量测序技术与蛋白质组学和代谢组学技术结合应用到了发酵豆制品领域，可以更加清晰地从基因型到表现型水平上，解释发酵过程中微生物群体分布、相互作用和代谢产物的合成等之间的关系。

综上所述，近年来，随着高通量测序技术迅速发展，以其为主要手段的宏基因组学、宏转录组学、宏蛋白质组学和代谢组学等技术在大量的发酵豆制品微生物中应用，对其研究方法和研究内容产生了深远的影响，现有的研究对象已包括植物乳杆菌、嗜盐四联球菌、明串珠菌、枯草芽孢杆菌、米曲霉、根霉菌及鲁氏接合酵母等在内的多种核心发酵菌种。进一步，随着测序、质谱技术的进步和统计算法软件快速更新换代，相信包括宏基因组学、宏转录组学、宏蛋白质组学和代谢组学在内的综合宏组学技术的联系将会更加紧密。例如，宏基因组学提供环境总 DNA 信息，宏转录组学提供环境总 RNA 信息，宏蛋白质组学提供实时状况下环境功能信息，代谢组学提供环境代谢产物的总体信息。将这些“组学”有效地结合起来并用于研究复杂的发酵豆制品中的微生物资源，可使人们从系统角度全面认识微生物群落与其功能，利用其规律挖掘新的微生物菌种及其酶资源等，这将是未来微生物生态学研究的新趋势。

第1章

发酵豆制品加工工艺

1.1 传统加工工艺

豆酱、酱油、豆豉、腐乳、豆汁和霉豆渣等是我国传统的发酵豆制品，是以大豆为原料，经过传统加工工艺而制成具有特殊风味的发酵食品。传统发酵豆制品中包含异黄酮类、多酚类、大豆皂苷、类黑精、肽类、维生素等多种对人体有益的生理活性物质，口感良好，因具有丰富的营养价值及保健功能广受百姓欢迎。传统加工方式是将大豆浸泡后进行蒸煮搅碎预处理，待凉至室温后接种、制曲、加盐，发酵数月后制得成品，加工方式虽易操作，但存在产品卫生质量差、产品质量不稳定、加工设备简陋、工艺参数模糊、标准化程度低等缺陷。现代发酵豆制品加工工艺将传统加工工艺与现代生物技术、生产方式相结合，在继承其优点的基础上，对其不足之处进行优化，从而提高我国发酵豆制品的质量与安全，促进了我国豆制品行业的进一步发展。

1.1.1 自然发酵工艺

传统自然发酵就是将预处理好熟化后凉至室温的大豆碾压成豆泥状，将其放于温度适宜的自然环境中，自然接种发酵。因环境差异微生物种类不尽相同，微生物在生长过程中形成复杂的酶系等代谢产物，从而影响到风味的形成，因此有“百家味”之说，这也是传统自然发酵的魅力所在。

制曲可直接影响发酵豆制品的风味及品质，是传统加工工艺中重要的步骤。制曲的制作过程，就是利用微生物生长繁殖所产生出的蛋白酶等代谢产物，来分解大豆中的蛋白质，从而形成一定的氨基酸和糖类物质，最终形成特有的风味。且在制曲阶段，表面会附着大量含有丰富蛋白质和酶类的孢子及菌丝，豆酱、腐乳、酱油等发酵豆制品无需清洗孢子、菌丝；豆豉在进行下一个制作工序之前需洗豉，将表面附着的孢子和菌丝清洗干净。若这些孢子或菌丝不经洗除，继续残留在成曲的表面，经发酵水解后，部分可溶和水解，但未分解溶合的部分仍以孢子和菌丝的形态附着在表面，且部分孢子或菌丝可能会携有苦味物质，可能会致使豆制品发苦、颜色黯淡。同时，若孢子和菌丝清洗不净，微生物生长繁殖产生的复杂酶系会将豆酱中的蛋白质进一步水解成氨基酸，其氨基酸中可能会携有苦味物质，影响发酵豆制品的最终风味。因此，制曲后将其表面上附着的孢子和菌丝清洗干净，可避免影响发酵豆制品的最终风味。

1.1.2 传统发酵豆制品

1. 豆酱

对于豆酱，其传统自然发酵分为三个阶段：制曲阶段、发酵初期阶段和后发酵成熟阶段。第一个阶段是制曲阶段，在这一阶段中，霉菌占绝对优势，主要包括米曲霉、酱油曲霉、高大毛霉和黑曲霉。霉菌在经过蒸煮的大豆和面粉混合物上生长，并且分泌出各种酶包括蛋白酶、淀粉酶等，使大豆中的蛋白质水解为多肽、氨基酸，淀粉水解为葡萄糖，从而为后阶段其他微生物的生长创造条件。第二个阶段为发酵初期阶段。在这个阶段中，添加盐水进行发酵，由于食盐浓度较高和缺乏氧气，霉菌的生长已经基本停止，但由霉菌分泌的各种酶类将继续发挥作用。与此同时，耐盐的乳酸菌和酵母菌开始大量繁殖。从豆酱中分离得到的乳酸菌主要为耐盐乳酸菌，如嗜盐四联球菌等（潘国杨等，2022）。酵母菌主要有鲁氏酵母、球拟酵母中的豆酱球拟酵母、清酒球拟酵母等。乳酸菌和酵母菌产生协同作用，共同代谢酱醪中的可发酵糖，产生乙醇、乳酸、乙酸等产物并结合成乳酸乙酯和乙酸乙酯等呈香物质。第三个阶段为酱类的后发酵成熟阶段。由于有机酸等代谢产物的积累，微生物的生长基本停止，但也还存在微弱的代谢活性。这一阶段是酱类各种特殊风味形成的关键阶段。

2. 腐乳

以腐乳为例，其自然发酵可分为前期培菌和后期发酵。前期培菌主要是培养菌系，后期发酵主要是酶系和微生物协同参与生化反应的过程。在前期培菌（发酵）过程中参与作用的微生物主要是毛霉（也有些品种是根霉或细菌），如腐乳毛霉、鲁氏毛霉、总状毛霉等。毛霉的生长大致分为孢子发芽生长期、菌丝生长旺盛期和菌丝产酶期。毛霉在前期培菌的作用主要有两点：一是使坯表面有一层菌膜包住，形成腐乳的形状；二是分泌蛋白酶，以利于蛋白质水解。由于地域不同，我国各地产腐乳在前期发酵的过程中所使用的主要菌种也有所不同，但主要还是毛霉菌株（个别地方使用根霉或细菌）。在后期发酵过程中，参与作用的还有红曲霉、紫红曲霉、米曲霉、溶胶根霉、青霉、交链孢霉、枝孢霉，以及少量的酵母、乳酸菌（如弯曲乳杆菌和干酪乳杆菌）、链球菌、小球菌、棒杆菌等。

正是这些微生物的协同作用，使代谢产生的各种有机酸和乙醇形成的酯类，以及蛋白质水解产生的多肽和氨基酸，共同构成腐乳的特殊香气，同时产生色素（如红曲霉产生的红色素）形成腐乳的特有颜色。

3. 酱油

对于酱油而言，发酵过程可分为制曲和主料发酵。制曲主要是培养菌系产生复杂酶系及风味物质，主料发酵则主要是微生物协同参与酶系的复杂生物转化过程。在制曲过程中参与作用的微生物主要是米曲霉，它在曲料上充分生长发育，产生并积蓄大量的蛋白酶、淀粉酶、谷氨酰胺酶等复杂酶系。在发酵过程中，果胶酶、纤维素酶和半纤维素酶等能将细胞壁完全破裂，使蛋白酶和淀粉酶等水解更彻底；蛋白酶、谷氨酰胺酶、淀粉酶等酶系可将蛋白质、淀粉等营养物质水解为呈味的小分子肽、游离氨基酸及葡萄糖等，从而产生滋味。在发酵时，环境中的酵母和细菌同时进行生长繁殖，产生醇、酸、醛、酯、酚、缩醛和呋喃酮等多种风味物质，赋予酱油特有的香气（Peng et al.，2014）。

4. 豆豉

以豆豉为例，其发酵主要是制曲阶段，就是利用制曲过程中微生物生长繁殖产生的蛋白酶、淀粉酶等代谢产物分解豆中的蛋白质，形成一定量的氨基酸、糖类等物质，赋予豆豉固有的风味。由于地理环境的不同，其制曲的过程中所使用的主要菌种也有所不同，但主要还是根霉、米曲霉、毛霉等霉菌株和芽孢杆菌。在豆豉后发酵过程中，由于芽孢杆菌、乳酸菌等菌体的作用，基质的 pH 逐渐降低，随着这些细菌的减少和霉菌分泌的淀粉酶、蛋白酶的作用，再加上厌氧环境，促使酵母菌大量生长。但是发酵中加了大量的食盐，因此酵母菌一般在第七天后逐渐减少。然而它的存在能够产生大量的酶类，利用这些酶类通过一系列复杂的生化反应，形成豆豉所特有的色、香、味以及豆豉所特有的功能性营养成分（徐菁雯等，2022）。

对于传统的发酵大豆食品，虽然自然发酵的豆制品在色泽、香气等方面更具优势，但也存在一定的弊端，如自然发酵的豆制品可能被大肠菌群、蜡样芽孢杆菌等杂菌污染，自然发酵豆豉的菌种不可控等食品安全隐患。因此，如何提高发酵豆制品的食品品质及口感、降低食品安全隐患、增强健康作用，需要我们持续关注。

1.2　现代化加工工艺

1.2.1　现代发酵工程技术

随着技术的进步，现代发酵工程技术被广泛应用于豆制品行业。通过优化制曲条件、发酵条件及发酵工艺等，可以得到品质较传统发酵更佳的豆制品。例如，在腐乳制作工艺中，确定酵母菌及其他优势菌种的最佳添加量可以提高其风味物质活性；在豆酱制作工艺中，采用气相色谱-质谱联用技术检测其中挥发性风味物质，可以进一步优化辅料添加量及制曲条件；在豆豉制作工艺中，以纯种或混合接种方式发酵豆豉能有效实现低盐化；在酱油制作工艺中，采用响应面分析法对其进行工艺优化与抗氧化活性研究，能够确定最佳发酵工艺条件。

除了通过对菌种资源的发掘和发酵工艺的改良来提高发酵豆制品的产业化水平外，对于发酵技术的研究，还可以从缩短发酵周期这一方面考虑，即利用酶制剂保温发酵技术，这一技术在发酵过程中可以加快对大豆的溶解，同时还能进一步提高发酵豆制品的营养价值，在一定的温度和时间内可以使整个豆制品发酵周期有所减短，这就使得整个发酵过程能更加安全卫生。

1.2.2　发酵曲工艺调控及优化

随着技术的进步，研究者对关键菌种进行深入研究，发酵中菌种采用单菌或混菌组合的添加方式，在生产中高新技术的应用也为发酵工艺提供一臂之力。挖掘优势菌种的最大潜力并将其应用于工业生产中，以提高发酵效率、改善产品品质及缩短生产周期。

1. 菌种定向选育

菌种定向选育是通过诱变技术选育出品质优良的菌株，进而投入到大豆制品中进行发酵，并通过单因素实验与正交实验等来确定优良菌株的最佳发酵条件，以达到优化大豆制品的目的。

刘芳等对经紫外线诱变选育的毛霉高产蛋白酶菌株进行产酶条件优化，使酶活得到进一步提高，并通过单因素实验和正交实验得到该优良突变菌株的最优产酶条件为：培养基初始 pH 7.0，麸皮豆粕比 7∶3，料水比 1∶1.1，培养温度 28℃，培养时间 3 天。同样地，于江利用紫外诱变选育一株产琥珀酸米曲霉菌株 ASQ-1，在高盐稀态条件下发酵 90 天，发现 ASQ-1 接种的豆酱中琥珀酸含量比米曲霉 AS3.042 原始菌种接种的豆酱高出 6.5 倍。王海曼等在紫外诱变基础上，采用化学诱变技术对齐齐哈尔市拜泉县的自酿农家豆酱制品进行定向选育得到突变菌株 HDBF-DJ3N7，发现其纤溶酶活力为 368.781 U/mL，是出发菌株的 2.1 倍。吴博华等（2020）对工业使用的米曲霉 3.042 经过连续复合诱变得到一株高产蛋白酶的突变菌株 UCD4，蛋白酶含量较出发菌株提高了 2 倍。此外，张梦寒等对解淀粉芽孢杆菌进行化学诱变、等离子诱变及定向驯化得到多个可高效利用精氨酸的突变菌株，结果显示紫外诱变的突变体菌株 C12 利用精氨酸能力较出发菌株提高了 18%。卞承荫等以豆豉中产溶栓酶的蜡样芽孢杆菌 LD-8547 为出发菌种，通过紫外线和甲基磺酸乙酯的双重诱变复筛后，最终得到一株发酵性能优良且传代稳定的高产枯草芽孢杆菌，经纯化 5 代后，发现酶活力能够保持相对稳定的水平，维持在 16351 U/mL。

由此可见，菌种的定向选育与研究不仅可以提高发酵制品的生产效率，也可以提高其酶含量与酶活力及精氨酸的利用率等，达到有效改良发酵豆制品品质的目的。

2. 纯种发酵工艺优化

纯种发酵是指在无菌环境下接种纯种的微生物，其制曲方法更有利于工业化生产，便于对发酵豆制品品质和生产工艺的把控。由于发酵豆制品的生产关键是菌种，如果只用一种菌种，得到的发酵产物成分单调，对豆制品的口感和味道有明显影响，所以纯种发酵技术的改进是必不可少的。

蒲静等（2021）对威宁豆酱的纯种发酵工艺进行研究，采用枯草芽孢杆菌 DX-9 和异常威克汉姆酵母菌 DZ-3 分别发酵制备威宁豆酱，并优化其工艺条件，得到最佳制曲条件（接种量 2%和 3%，温度 38℃和 34℃，时间 12 天和 18 天）、辅料最适添加量（食盐 10%、辣椒 5%、五香粉 1.5%）、菌株 DX-9 和 DZ-3 的最佳后发酵条件（温度 40℃和 36℃，时间均为 90 天）。研究表明，纯种发酵豆酱的品质优于自然发酵豆酱，且菌株 DX-9 比 DZ-3 发酵的豆酱品质更佳。也有研究对豆豉纯种发酵进行了工艺优化，从原料黑豆和纯种发酵豆豉的营养成分比较分析可见：采用优化发酵工艺制得的豆豉，氨基酸态氮和可溶性蛋白的含量分别为原料黑豆的 3 倍和 6 倍多，使黑豆的感官和营养品质都得到了改善。

通过对纯种发酵进行工艺优化，可以保留发酵豆制品发酵过程中的优势菌群，使其持续发挥作用，可以减少或者防止杂菌生成有害成分，从而保证成品的质量安全。

3. 复合菌种发酵工艺优化

复合菌种发酵结合了传统自然发酵与纯种发酵的优点，在无菌环境下接种定比的纯种混菌，适宜条件下进行培养繁殖。微生物生长繁殖过程中产生丰富的酶系，可避免有害杂菌污染，并保持发酵豆制品的良好品质及风味。

杨汶燕等（2011）研究表明，复合菌种发酵腐乳与纯种发酵腐乳对比，复合菌种发酵腐乳品质、风味较好，更具有优势。在此基础上，古小露采用单菌种发酵、分开制曲复合发酵和混合菌种发酵 3 种发酵方式进行对比研究发现，当米曲霉 3.042、黑曲霉 AS3.35、枯草芽孢杆菌 3 种菌株分开制曲，再按 1∶2∶1 比例进行混合发酵，蛋白酶活力、总酯、氨基酸态氮含量最高，且感官评价分值接近市售豆酱。

不同菌种的混合及配比均会影响发酵豆制品的品质。盛明健等发现米曲霉2174和2339菌之间无拮抗作用，而将两菌等比例混合制曲时，获得的种曲酶活力相较于单菌纯种发酵均衡，初步应用于酱油的低盐固态生产并取得了良好的成效。钟方权等（2019）对酱油中筛选出的优势乳酸菌和米曲霉混合制曲的最佳工艺进行研究，结果显示双菌按2∶5的比例混合置于33.5℃条件下发酵40 h生产的酱油酶活性最高。高泽鑫等利用正交实验法对枯草芽孢杆菌 BN-05 和毛霉菌MS-7双菌混合发酵进行工艺优化，结果显示二者按2∶1制得混合发酵液，接种量为6%，置于30℃下发酵20 h为最佳发酵条件，减少了豆豉产品中氨臭味，改善了豆豉风味。张斌等采用正交实验对浙江地区腐乳中优势菌种进行分离纯化，筛选出2株霉菌分别为鲁氏毛霉和米根霉，并按7∶3比例混合，在28℃下发酵72 h，可有效改善腐乳品质。

在研究不同复合菌种配比基础上，研究者发现选取较优发酵条件可以更好改善腐乳品质。罗晓妙等通过均匀实验和正交实验探索腐乳接菌量，发现在含水量为51%的麸皮、米粉和豆粉的混合物中接入2.45%霉菌、0.27%乳酸菌和0.27%酵母菌混合菌液，25℃下培养5天的发酵剂可得到高品质腐乳。孙成行等分别对枯草芽孢杆菌和曲霉菌纯种制曲工艺进行优化，前者在制曲阶段接种量为1%，置于37℃下发酵50 h，后者接种量为4%，置于35℃下发酵48 h，根据前期纯种制曲条件选定混菌制曲发酵正交实验取值范围，实验结果显示，制曲最佳条件为两菌按1∶4的比例混匀置于36℃下发酵50 h。

发酵过程的实际操作是非常复杂的，成品很容易受环境和人为因素等影响，发酵过程中的微生物菌群的增减、产物的变化也无法具体精准控制，这对发酵豆制品生产是非常不利的，所以对发酵豆制品的生产过程进行工艺优化很有必要。为有效保证发酵豆制品品质的稳定性与安全性，仍需要研究者对高新技术不断了解与对发酵工艺深入探索。

1.3　发酵豆制品新产品研发

1.3.1　原料选择

1. 大豆品种

由于不同品种大豆的物理性状和化学成分有很大的区别，所以采用不同品种大豆加工的豆制品，其结构特性存在很大差异。而不同发酵豆制品对大豆的质量要求也各不相同，如纳豆用型种子需要吸水保水能力强、碳水含量高、油分少、加热蒸煮后十分柔软等。探究大豆品种与其产品品质的关联性对于发酵豆制品新产品的研发具有一定的参考价值。

1）大豆品种与豆酱品质指标的相关性研究

由大豆品种与豆酱品质指标相关性分析可知，大豆的百粒重与直径对豆酱品质影响不显著。大豆的蛋白质与脂肪含量对豆酱的品质影响作用较大，大豆蛋白质含量越高，其生产的豆酱蛋白质营养成分越高，鲜味越高，苦涩味越少。大豆的脂肪含量越低，其生产出的豆酱蛋白质营养成分越高，鲜味越高。因此在豆酱加工中应选择蛋白质含量高、脂肪含量少的大豆原料。

研究发现，大豆的蛋白质含量与豆酱蛋白质含量呈极显著正相关（R= 0.975），与豆酱的鲜味味觉值呈显著正相关（R=0.695），与豆酱的苦味味觉值呈显著负相关（R=–0.795），与豆酱的涩味味觉值呈极显著负相关（R=–0.843）。大豆的脂肪含量与豆酱的鲜味味觉值、苦味味觉值、涩味味觉值呈显著负相关，相关系数分别为–0.668、–0.712、–0.746。大豆的籽粒含水量与豆酱的涩味味觉值呈显著正相关（R=0.750）。

2）大豆品种与发酵豆乳品质指标的相关性研究

由大豆品种与豆乳品质指标相关性分析可知，大豆的脂肪、百粒重与直径对豆乳品质影响不显著。大豆的蛋白质对豆乳的品质影响作用较大，大豆蛋白质含量越高，其生产的豆乳蛋白质营养成分越高，黏稠度越高，稳定性越高。因此应选择蛋白质含量高、籽粒含水量低的大豆原料加工豆乳。

研究发现，大豆的蛋白质含量与发酵豆乳蛋白质含量呈极显著正相关，相关系数为 0.832；与发酵豆乳的黏度呈极显著正相关，相关系数为 0.815；与发酵豆乳的稳定性呈显著正相关，相关系数为 0.473。大豆的籽粒含水量与发酵豆乳的甜味味觉值呈极显著正相关，相关系数为 0.818。

3）大豆品种与腐乳品质指标的相关性研究

由大豆品种与腐乳品质指标相关性分析可知，大豆的蛋白质与脂肪含量对腐乳的品质影响较大，大豆蛋白质含量越高，其生产的腐乳蛋白质营养成分越高，得率越高，弹性越好。大豆的脂肪含量越低，其生产出的腐乳蛋白质营养成分越高，腐乳得率越高。因此在腐乳加工中应选择蛋白质含量高、脂肪含量少的大豆原料。

研究发现，大豆的蛋白质含量与腐乳蛋白质含量呈极显著正相关（R=0.965），与腐乳的得率、弹性呈显著正相关（R=0.761、0.748）。大豆的脂肪含量与腐乳的蛋白质含量、得率呈显著负相关（R=–0.713、–0.721）。

由此可见，不同品种的大豆对豆酱、发酵豆乳和腐乳的影响是十分显著的。根据发酵豆制品的不同来选取适合的大豆品种，将是未来研究的方向之一。

2. 其他原料

大豆豆渣是豆腐、豆浆及豆制品加工中的副产物。研究表明，豆制品生产中产生的豆渣占全豆质量的 16%～25%。生产腐乳会产生大量大豆豆渣，但由于豆渣含水量高，不易储存，长期以来只能废弃，不仅造成了极大的资源浪费，同时对环境造成破坏。而豆渣中主要含有膳食纤维、蛋白质、脂肪等一般性营养成分，还含有丰富的大豆异黄酮和维生素。所以选择将大豆豆渣替代部分黄豆，进行豆酱发酵试验，可以实现降低成本、提高产品出品率、使大豆豆渣再利用的目的。

1.3.2　发酵菌种

历经大量学者的深入研究，酱油、腐乳、豆豉等发酵豆制品现已实现了规模化生产。适宜原料、优良菌株和合理工艺是保证传统发酵食品工业化生产的三大要素。其中，微生物起着最关键的决定性作用。随着现代化技术的进步，大豆发酵过程中微生物资源的研究取得了很大的进展，关键微生物的现代化应用也取得了一定的成果。发酵优良菌株不仅可以提高产品质量，也能确保其安全性。因此，特定微生物的控制、优势发酵菌群的演替或者性能优良发酵菌株的筛选，一直是发酵食品研究的热点。发酵豆制品菌种选育技术已从常规的筛选、诱变等阶段发展到基因工程技术，各阶段相互交叉、相互联系，菌种选育结果大大提高了发酵豆制品的质量与品质。

传统发酵豆制品的生产是在开放的环境下进行的自然发酵过程，制曲时杂菌数量多，生产周期长，生产季节性强，发酵过程中多种微生物共栖生长，盛衰交替，此消彼长，协同作用，赋予产品独特的风味（张伟等，2022）。然而，这种发酵过程中微生物菌群变化的多样性也导致产品存在潜在的食品安全隐患。基于纯种发酵、多菌种发酵的新型发酵技术可有效解决上述问题。例如，采用限定微生物混合发酵、强化微生物混合发酵方式，接种特定发酵剂，建立和保持发酵过程中优势菌群发挥作用，可防止和减少杂菌产生有毒有害物质，保证产品安全。

另外，发酵菌种应具有较强的抗杂菌能力也是未来菌种选育的一大热点，抗杂菌的菌株发酵的产品安全性高，污染率降低，保证了发酵豆制品的安全性。当然，利用基因工程手段选育的菌种还应考虑菌种资源的安全性，不能含有抗性基因，以保证发酵豆制品符合安全食用标准。相信在未来的菌种选育中，基因工程技术将会给发酵豆制品优良菌种选育带来一次划时代的技术革命。

1.3.3　风味调控

传统发酵食品的原料大多富含蛋白质、脂肪等营养物质。这些物质本身，或经特殊加工如热处理等就会呈现部分风味。而食品的发酵环境大多富含多种微生物，因此，发酵体系中存在由各类微生物产生的复杂酶系，这些酶会将营养物质分解转化为风味前体物质，再结合微生物本身的其他代谢产物，后期发酵中，所有物质之间错综反应，产物复杂，呈现特别的风味。

豆制发酵食品的风味亦取决于微生物的代谢活动以及酶催化的反应。以传统发酵豆酱为例，其风味物质形成主要受到原料、发酵菌种、制曲酶系等内部因素，以及紫外线照射、pH和温度等外界因素的影响。这些因素与微生物代谢和酶反应联系密切，因此可利用其进行风味调控。

1. 发酵菌种调控

发酵菌种对豆酱风味物质的形成有最重要的影响。酿酒酵母对豆酱发酵影响研究表明酿酒酵母能够提升豆酱风味。因为豆酱中的总酯由酸和醇酯化生成，醇主要由酵母无氧发酵产生。此外，对乳酸菌和酵母共培养技术缩短郫县豆瓣酱陈酿期的应用研究表明，乳酸菌和酵母菌的协同作用具有促进酯化和呈味氨基酸形成、抑制杂菌的作用，对风味改善有显著作用。不同细菌发酵生成的酸类不同，以使接种不同细菌发酵的样品的合成酯类不同。

2. 紫外线干预

紫外线会影响醛类物质的生成，当紫外线充足时，产品生成的醛类物质含量偏高且风味物质总量也较高。据报道，紫外线可能引起食品中维生素、蛋白质和脂类的分解以及促进氨基酸和水发生反应，故猜测醛类物质有可能是其反应产物之一。

3. 制曲霉系调控

制曲霉系能使样品产生丰富的风味物质。霉系在制曲过程中能生成种类较多的酶类，因此不同制曲霉系会使样品产生不同结构和多种风味物质（刘敏等，2019）。对米曲霉和黑曲霉双菌种制曲对豆酱酶系影响的研究发现，在相同的条件下，双菌种制曲时酶的活性较高，显著影响风味物质的形成。郭继平对豆酱种曲培养过程中米曲霉 Y29 与米曲霉沪酿 3.042 产酶特性的比较研究表明，在相同条件下，米曲霉 Y29 菌株的蛋白酶活性明显优于米曲霉沪酿 3.042，米曲霉 Y29 在偏酸性的制曲环境中更具有优势，更适于豆酱的制曲过程。

4. 乙醇调控

相关研究表明适量添加乙醇，使发酵酱醪的乙醇含量达到 2%左右，可提高豆酱的风味。因为乙醇的加入，可促进酶促反应速率，加快发酵的速度，而且酱醪中的乙醇还起到抑制有害微生物的作用。

另外，豆酱风味的影响因素还有水分含量、pH、温度、含氧量、原料比例与处理方式、含盐量、菌种含量、工艺过程、制曲与发酵时间等，因此在制作豆酱时，应根据实际情况对这些影响因素加以控制，以获得最佳的风味。

1.3.4　功能强化

发酵豆制品的生理功能源于其中具有生理活性的成分，如大豆皂苷、大豆异黄酮、纤维素等。这些活性成分一部分来自于原料中固有的活性物质，一部分是利用发酵菌种所分泌酶系对豆制品中的大分子物质和植物化学成分进行降解和重组产生的，同时经过复杂的生化作用形成具有生物活性的代谢产物，这些物质各自或协同作用构成了发酵豆制品独特的生理功能，如抗氧化、降血压、抗癌、抗衰老等。探究其相关机理对发酵豆制品新产品的研发将具有指导性的意义。

1. 抗氧化作用

近年来大豆中异黄酮的抗氧化作用成为研究热点。它们常以糖苷结合形式存在，活性较低，而发酵产生的β-葡萄糖苷酶能够使其分解成苷元形式，使其雌激素受体结合活性提高 30 倍，且人体吸收量更大，吸收更快。此外异黄酮的抗氧化作用与其双酚结构有关，酚羟基可以与自由基反应达到猝灭效果，终止自由基连锁反应，还可以通过螯合金属离子来抑制脂质的过氧化作用。因此异黄酮类物质常被认为是发酵豆制品中的主要抗氧化物质。豆豉发酵过程中肽类及氨基酸被释放，如含组胺结构肽类及含酪胺肽类，并且从豆豉中分离了一种含 5～8 个氨基酸残基并具有很强抗氧化活性的肽类。

2. 降血压作用

心血管疾病是目前世界范围死亡率最高的疾病之一，世界卫生组织（WHO）调查显示，全世界每年约有 1790 万人死于心脏病。研究表明液态发酵扁豆的水提物展示了很强的 ACE 抑制活性，相比传统固态发酵其差异显著。这也是第一次有关液态发酵豆制品抑制 ACE 活性的报道，实验还发现液态发酵扁豆的水提物比扁豆蛋白水解产物显示了更强的 ACE 抑制活性。发酵产生了具有更强活性的 ACE 抑制肽，其活性强弱主要取决于肽类分子质量的大小以及肽类中氨基酸的构成及排列顺序。此外，还有研究表明，与直接添加食盐相比，饲料中添加相同盐含量的豆酱不会使实验动物血压升高，反而可以对其进行有效的调节。

3. 抗癌作用

黑色素细胞中复杂的酶级联反应会产生黑色素，其增加可导致许多皮肤疾病如黑斑病、老年斑等，使表皮色素大量沉着。酪氨酸酶是其中起主要作用的酶类，一些酪氨酸酶抑制剂如熊果苷等已被用作化妆品的重要组成来对抗色素沉着。Park 等（2010）从陈年发酵豆制品中分离得到天然的异黄酮并对其结构进行分析，证实其可以作为酪氨酸酶及黑色素抑制剂；并发现其抑制作用与天然异黄酮中芳香环上的羟基取代基位置密切相关，当芳香环上出现邻二羟基时其抑制作用最强，对酪氨酸酶及黑色素抑制的 IC_{50} 值分别为 5.23 μmol/L 和 7.83 μmol/L。

发酵豆制品中较高的食盐含量被认为是促进胃癌等疾病的致病因子。但一项免疫学调查发现长期食用酱汤的人癌症发病率较低。对此有人进行了动物实验，比较直接添加食盐与以豆酱形式添加食盐对大鼠胃癌发生的影响，结果表明，当摄入相同含量的食盐时豆酱形式的食盐摄入不但不会增加胃癌的发病率，相反能够抑制胃癌的发生，并且发酵时间越长抑制效果越好。

4. 抗衰老作用

大量研究表明，大豆中含有较高含量的多聚胺，经发酵后其含量在纳豆中进一步增加。而亚精胺作为多聚胺的一种，能够延长酵母、苍蝇、蠕虫及人体免疫细胞的生存时间，还可以抑制老龄化小鼠的氧化应激损伤，但纳豆是否对人体具有抗衰老作用，尚需进一步研究。

随着对发酵豆制品促健康作用不断深入的研究和报道，人们对于发酵豆制品的消费理念不再局限于调味品的范畴，越来越多的食品型发酵豆制品渐渐走进人们的视野，成为人们追求的促健康功能性食品之一。所以，新型功能性发酵豆制品的研发及讨论具有重要的科学意义，也将为发酵豆制品的未来发展奠定一定的理论基础。

第 2 章

发酵豆制品感官、理化和风味物质测定分析

2.1　发酵豆制品感官评定

中国传统发酵豆制品以其独特的风味和营养功能备受消费者的青睐，具有广泛的市场。感官、理化、风味是发酵豆制品质量判定的重要指标。随着生活水平的不断提高，人们对发酵豆制品的品质要求越来越高，对理化指标、感官指标和卫生指标都提出了要求。评价发酵豆制品的质量好坏，不仅是消费者对于调味品选择的重要依据，更是对其产品进一步优化、开发利用的关键分析步骤。

2.1.1　发酵豆制品感官指标

感官指标（sensory index），是感觉器官评鉴产品的标准，包括外观、组织形态、气味、质地、质量、黏度、弹性等指标。感官评价是评价员通过视觉、嗅觉、味觉、听觉和触觉的行为反应采集数据，在产品性质和人的感知之间建立一种联系，从而表达产品定性、定量关系，对食品进行评价、测定或检验并进行食品质量评定的方法。感官评价主要依靠人体的感官感觉评价分析，会受到评价员自身及外部环境的影响，主观性较强，重复性差。随着传感技术的发展，一类使用传感器模拟人类感官的智能感官技术应运而生，这种智能感官技术操作简单快速、分析高效准确，能有效克服感官评价和仪器测量的不足。目前食品行业主要应用的智能感官技术有电子鼻、电子舌分析技术，主要应用的测量仪器是色差计。

《食品安全国家标准　豆制品》（GB 2712—2014）规定发酵豆制品的感官指标应具有本品种的正常色、香，无异味、异臭、杂质的特点，在色泽上要求具有产品应有的色泽；滋味、气味上要求具有产品应有的滋味和气味，无异味；状态上要求具有产品应有的状态，无霉变，无正常视力可见的外来异物。感官指标的测定需定期对样品进行色泽、形态、气味、滋味等多项感官指标观察及品尝鉴定。

不同豆制品感官指标也略有不同，依据《黄豆酱》（GB/T 24399—2009）中表述，黄豆酱在色泽上要求红褐色或棕褐色，有光泽；在气味上要求有酱香和酯

香，无不良气味；在滋味上要求味鲜醇厚，咸甜适口，无苦、涩、焦糊及其他异味；在体态上要求稀稠适度，允许有豆瓣颗粒，无异物。《食品安全国家标准 酿造酱》（GB 2718—2014）要求产品在气味、滋味上无异味、无异嗅；在状态上无正常视力可见霉斑、外来异物。

2.1.2　电子舌的应用

电子舌是一种应用广泛的人工智能感官评价技术，其原理是模仿人类味觉受体的功能。在人类的舌面上，味觉细胞有 50 万个左右，一个味蕾由 40～60 个味觉细胞构成，可以向大脑产生多种物质的独特信号模式。然后大脑解释这些信号，并根据经验或神经网络模式识别做出判断或分类，以辨别有关物质。电子舌起初以研究五种基本味觉物质氯化钠（咸）、柠檬酸（酸）、奎宁（苦）、蔗糖（甜）和味精（鲜）为主。随后，研究了涩、刺激感等其他味道。电子舌作为一种新型的现代化智能感官仪器，具有检测速度快、样品前处理简单、操作方便、重现性好等特点。近年来国内外已有研究表明，该技术可应用于食品的味道评价及比较、质量分级和加工过程监测。在食品的味觉检验中，依赖传统感官评价的专家不可避免地受到主观因素的限制，而电子舌对不同的化学物质成分进行模式识别，不会有“疲倦”现象的发生。该技术不仅在液体食物的味觉检测方面有很广泛的应用，也可应用于胶状食物或固体食物上。电子舌提供了一种客观、具有可重复性的检测辨识方法，一定程度上解决了食品快速现场评价手段对食品工业自动化的制约，是一个新兴研究领域。这种无需前处理、快速、实时、在线检测的新型化学分析手段，将逐渐成为检测行业的一个新发展方向。

解梦汐等（2019）以辽宁省农家自然发酵豆酱为研究对象，应用电子舌、Illumina MiSeq 高通量测序技术对发酵周期 56 天的豆酱进行检测，不同发酵时间豆酱电子舌检测结果如图 2.1 所示。深入探究豆酱在自然发酵过程中滋味特性和微生物之间的变化规律，相关性分析表明细菌对豆酱滋味的影响比真菌大。在真菌属水平上，异常威克汉姆酵母菌与苦味呈显著负相关；毛霉菌属与酸味和涩味呈现显著负相关，与后味-A、鲜味、丰度和咸味呈显著正相关（$P<0.05$）；毕赤酵母属与丰度呈显著负相关。在细菌属水平上，乳杆菌属、肠球菌属、明串珠菌属、假单胞菌属和魏斯氏菌属与酸味和涩味呈现极显著负相关，与苦味、后味-B、后味-A、鲜味呈现极显著正相关（$P<0.01$）；乳杆菌属与咸味呈显著负相关，四联球菌和咸味呈显著正相关。这为工业化制得高品质豆酱和开发利用微生物资源提供了依据。樊艳等（2020）基于电子舌与气质联用技术检测腐乳风味物质，电子舌分析发现自制霉腐乳 M2 和市购 2 种腐乳口感较为接近，自制霉腐乳 M2 在发酵后期的苦味和酸味值偏高；氨基酸分析表明，谷氨酸是对腐乳样本滋味贡献

最大的氨基酸，M2 中苦味氨基酸含量最多；此外，共检测出 73 种挥发性组分，自制霉腐乳中萜烯类和芳香族化合物的相对含量较高，市购腐乳中乙醇相对含量较高。该研究结果为霉腐乳的研发和生产提供了基础性数据。

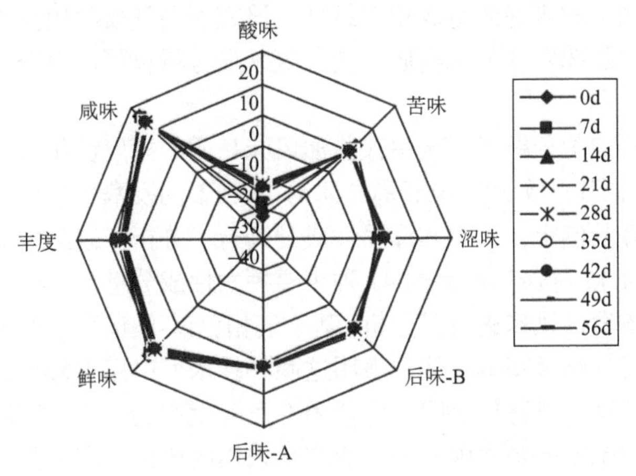

图 2.1　不同发酵时间豆酱电子舌检测结果

2.1.3　电子鼻的应用

电子鼻是一组包含具有部分特异性的电子化学传感器阵列和适当的模式识别系统的仪器，能够识别简单或复杂的气味，并试图表征不同的气体混合物。它的主要硬件部件是一组非特异性气体传感器，这种传感器可以与各种强度不同的化学物质相互作用，使该仪器可根据气味对食品进行质量分级。电子鼻传感技术能够提供灵敏和选择性的实时分析，在食品加工中常常对食品的某些成分进行检测分析，如酒类中香气成分分析、肉类食品腐烂程度的确定等。目前，电子鼻已应用于开发和识别各种各样的食物，包括肉类、鱼、谷物、水果、饮料。随着生物芯片和生物信息学的发展，以及生物与仿生材料研究的进步，电子鼻将会有更高级的智能，能够进行分析、判断、自适应、自学习，最终发展到具有创造力，可以完成图像识别、特征值提取、多维检测等复杂任务，其应用前景十分广阔。

范霞和陈荣顺（2019）对酱油中的风味物质和游离氨基酸进行研究，为酱油的品质评价提供了一种快速、有效的检测方法。通过利用顶空固相微萃取-气质联用技术对 5 种市售酿造酱油的香气成分进行鉴定，共检测出 63 种香气物质，不同酱油的香气成分种类及含量存在一定的差异，1 号特级草菇老抽和 3 号一级草菇酱油的主体风味物质是有坚果香和果香的 2-乙酰基吡咯；2 号金标酱油、4 号鲜味生抽、5 号味极鲜的主体风味物质是有特殊香气的乙醇。根据主成分分析（principal component analysis，PCA）结果可知，5 种酱油存在一定的差异，采用电子鼻可以对其进行很好的区分。采用全自动氨基酸分析仪对酱油中氨基酸的含量和组成进行分析，谷氨酸作为酱油中最主要的鲜味氨基酸，根据其含量范围可以初步判定 5 种酿造酱油都添加了增鲜剂，5 种酱油各氨基酸含量相对分布均匀。其中，3 号酱油中的氨基酸组成相对最好。研究表明气质联用技术、电子鼻可以综合评价酱油中的挥发性风味物质，结合氨基酸分析仪可以更全面快速地评价酱油的品质。

Gao 等（2017）分析了影响中式酱油风味品质的挥发性化合物。采用气相色谱-质谱联用顶空固相微萃取-电子鼻技术对 12 种不同发酵工艺生产的酱油进行了挥发性风味成分的鉴定，并对其挥发性成分进行了分析。以纯酱油和酸水解植物蛋白为原料，对 12 种酱油产品的 41 种主要挥发性成分进行了半定量比较，并利用电子鼻对其挥发性风味进行了分析。基于气相色谱-质谱数据的层次聚类分析与基于电子鼻分析的结果基本一致，表明这两种技术可以用于酱油风味品质的评价和酱油产品的鉴别。研究还表明，低盐固态发酵生产的酱油中挥发性风味化合物较少，而低盐固态发酵是中国酱油行业广泛采用的传统生产工艺。此外，调查表明，中国市场酱油风味品质差异较大，因此应在理化指标中加入酱油风味等级并进一步完善我国现行酱油国家标准。同时，相关研究为酱油生产厂家和政府监管部门提供了有价值的信息，对提高酱油的质量具有实际意义。

2.1.4　色差计的应用

一直以来，人们都是运用感官品评方法来进行食品色、香、味等方面的品质评定，我们可以用肉眼对色泽进行比较，却无法对色泽进行量化分析。而色差计是利用具有特定光谱灵敏度的光电积分元件，直接测量物体表面色度学指标的仪器，与人眼相比具有良好的稳定性和重复性，且测量速度快、精度高，使得色泽的判定更加客观。色差计在众多领域有着广泛的运用，国内的食品研究方面，色差计的运用范围也在不断扩大。色差计在食品领域的应用主要是通过测定食品的颜色达到检验其质量的目的。在面粉和稻米品质检测中，侯彩云等提出了一种基于计算机色度学原理的稻米直链淀粉含量检测方法，利用扫描仪代替传统的分光光度计，一次性测定标样和多个被测样品显色液的色度值，该法为《优质稻谷》（GB/T 17891—2017）在粮食收购中的应用提供了依据。在肉类制品品质检测中，使用色彩色差计法检测肉的新鲜度速度快、操作简便，能规律性反映肉的新鲜程度。

酱油在我国的酿造历史悠久，市场上常见的酱油产品有生抽、老抽及花色酱油等。目前市场上的老抽、花色酱油多是通过在酱油中添加焦糖色等添加剂配制而成，其突出的特点是色深色浓，而在生抽的色、香、味感官指标中，色泽是最直观的指标。相关研究人员通过设计试验分析温度、氧气、光照等条件对酱油颜色的影响，并利用色差仪对颜色结果进行衡量，得知含氧量越高，光照越充足，温度越高，酱油颜色变化越快。李丹等（2010）研究高盐稀态酱油酿造过程中的色泽变化，采用色率、色深物质含量、红色指数、黄色指数 4 个传统指标，以及使用色差计对酱油酿造过程中色泽变化进行研究，同时分析指标间相关性。结果表明，高盐稀态酿造酱油随发酵时间的延长，酱油的色率和色深物质含量不断增加，且二者有较好的相关性（R^2=0.976，P<0.01）；酱油的红色指数和黄色指数在发酵前 30 天不断增加，30 天后呈现缓慢下降趋势；L 值变化呈现发酵前 10 天波动，后期不断下降的趋势，a 值和 b 值的变化呈现先下降后上升之后再下降的趋势，但 b 值整体呈下降的趋势，L 值变化与 4 个传统指标呈极显著的负相关关系（P<0.01）。L、a、b 值随酱油发酵的时间延长变化较明显，将色差计应用于酱油色泽检测，不但方便快捷，而且定量准确。

2.2　发酵豆制品理化指标测定

2.2.1　发酵豆制品理化指标

理化指标是产品的质量指标，是评价产品的重要依据。依据《发酵性豆制品卫生标准的分析方法》（GB/T 5009.52—2003）的规定，发酵豆制品的理化指标包括氨基酸态氮、总酸、水分、蛋白质、黄曲霉毒素 B_1、防腐剂、砷、铅；发酵豆制品的理化指标及检验方法如表 2.1 所示。

表 2.1　发酵豆制品的理化指标及检验方法

理化指标	检验方法
氨基酸态氮	参考 GB/T 5009.39—2003 操作
总酸	按 GB/T 5009.51—2003 中 4.6 操作
水分	按 GB 5009.3—2016 中直接干燥法操作
蛋白质	按 GB 5009.5—2016 操作
黄曲霉毒素 B_1	按 GB 5009.22—2016 操作
防腐剂	按 GB 5009.28—2016 操作
砷	按 GB 5009.11—2014 操作
铅	按 GB/T 5009.12—2017 操作

依据《酱油卫生标准的分析方法》（GB/T 5009.39—2003）规定，对产品理化指标的测定分析可以有效准确地识别出产品品质的好坏。氨基酸态氮是酱油的特征性品质指标之一，指以氨基酸形式存在的氮元素的含量，它代表了酱油中氨基酸含量的高低，氨基酸态氮含量越高，酱油的质量越好，鲜味越浓；总酸主要反映了生产发酵过程的工艺水平，一般来说是由于菌种不纯或在工艺过程中引入杂菌，总酸过高，产品有酸味；水分是影响微生物生存的重要因素，过低的水分含量能够有效防止微生物的污染，相反，水分含量越高，微生物越活跃，产品质量就越差；蛋白质是食品重要的组成部分之一，也是重要的营养物质，蛋白质维持体内酸碱平衡，同时蛋白质也是组成人体的重要成分之一，人体的一切细胞都由蛋白质组成；国家标准允许使用防腐剂，但不能超过限量，防腐剂的含量越高，产品质量越差；黄曲霉毒素 B_1 是 6 种黄曲霉毒素中毒性最大的一种，能引起动物肝脏的病理变化，产品中黄曲霉毒素 B_1 的含量直接反映出产品质量的好坏；砷广泛分布于自然环境，食品中的微量砷主要来自土壤中的自然本底，砷引起的慢性中毒表现为食欲下降、胃肠障碍、末梢神经炎等症状，严重影响人体健康，标准中规定砷的含量≤0.5mg/kg；铅属于重金属污染指标，严重影响食品安全，危害人体健康，产品铅含量直接反映了产品的质量。

2.2.2 理化指标与感官指标的关联

从消费者可接受的角度来看，外观、质地、风味、香气、酸度都是重要的参数，通过使用多元统计方法，即主成分分析，可具体了解发酵食品在发酵后理化特性和感官特性的变化，其整体可接受性取决于外观、质地、味道、口感以及酸度等各种属性。同时发酵豆制品的理化指标与感官指标也存在一定的相关性，为更好地分析发酵豆制品的感官特性、消费者接受度和理化特性之间的关系，人们进行了更深的研究。

Tian 等（2014）采用主成分分析法对辽宁省采集的 21 份自然发酵豆酱进行检测，进一步分析感官质量与理化指标的关系，建立自然发酵豆酱感官评价体系。研究表明，自然发酵豆酱的理化指标与感官指标存在一定的相关性。如表 2.2 所示，色泽与水分呈显著正相关，气味与 NaCl 呈极显著负相关，气味与水分呈显著正相关，气味与粗蛋白呈极显著负相关。滋味与还原糖呈显著正相关。豆酱的体态与水分呈极显著正相关。

唐筱扬等（2017）为了解东北地区自然发酵豆酱的品质，以采自东北农家 43 份传统发酵豆酱样品为试材，对其感官指标及理化指标进行检测。利用 SPSS 17.0 软件对总酸、氨基酸态氮、NaCl、还原糖、粗蛋白、水分和总游离氨基酸含量等指标与感官品质之间进行相关性分析、主成分分析及聚类分析。通过表 2.3 分析

表 2.2　大豆酱感官评价与理化指标的相关性研究

理化指标	色泽	气味	滋味	体态
总酸	0.202	0.354	−0.109	0.091
NaCl	−0.563**	−0.496**	−0.204	−0.610**
氨基酸态氮	−0.342	−0.193	−0.405	−0.018
粗蛋白	−0.440*	−0.553**	−0.320	−0.624**
游离氨基酸	−0.385	−0.395	−0.535*	−0.309
还原糖	−0.006	0.036	0.527*	0.159
水分	0.464*	0.526*	0.421	0.601**

*表示相关性显著（$P<0.05$）。

**表示相关性极显著（$P<0.01$）。

发现，理化指标与感官评定之间存在一定的相关性。色泽与 NaCl 呈显著负相关，与粗蛋白呈极显著负相关，与水分呈极显著正相关；气味与 NaCl 呈显著负相关，与粗蛋白呈极显著负相关，与水分呈极显著正相关；滋味与水分呈极显著正相关，与总游离氨基酸呈显著负相关；体态与 NaCl 呈显著负相关，与粗蛋白呈极显著负相关，与水分呈极显著正相关。研究表明，总酸、氨基酸态氮、NaCl、还原糖、粗蛋白、水分和总游离氨基酸这些理化指标能较好地反映豆酱的感官品质。因此，能利用这些理化指标来评价豆酱的感官品质。

表 2.3　豆酱理化指标与感官评定的相关性

理化指标	色泽	气味	滋味	体态
总酸	0.016	0.095	0.096	0.039
氨基酸态氮	−0.037	−0.061	−0.215	0.100
NaCl	−0.352*	−0.375*	−0.236	−0.310*
还原糖	0.023	−0.085	0.095	0.162
粗蛋白	−0.456**	−0.449**	0.220	−0.452**
水分	0.538**	0.563**	0.400**	0.569**
总游离氨基酸	0.008	−0.163	−0.354*	−0.097

*表示相关性显著（$P<0.05$）。

**表示相关性极显著（$P<0.01$）。

豆豉是具有中国传统特色的一类发酵食品，在制作过程中经微生物作用不仅提高了豆豉的营养价值，而且还能产生很多的生理活性物质。其质地绵软，滋味鲜美，风味独特。周鑫等（2019）对 8 个厂家生产的永川豆豉的理化指标进行了测定与感官评价，将检测的理化指标与感官评价进行了相关性分析，结果如表 2.4 所示。研究表明，类黑精含量与色泽的正相关性极显著，可以将类黑精含量作为判断原料豆豉色泽好坏的关键性指标，类黑精含量越高，豆豉的色泽越好。硬度值与感官指标口感的负相关性极显著，可以将硬度值作为判断原料豆豉口感有无硬芯、入口是否化渣的关键性指标。在一定范围内，豆豉的硬度越低，口感越好，入口化渣性越好。

表 2.4 豆豉理化指标与感官指标间皮尔逊相关系数

项目	水分	盐分	类黑精	硬度	总酸	氨基酸态氮	口感	色泽	风味
水分	1	0.040	−0.201	−0.078	−0.345	−0.400	0.163	−0.208	−0.244
盐分		1	−0.396	0.029	−0.641	−0.631	−0.071	−0.243	−0.486
类黑精			1	−0.858**	−0.888**	0.825*	0.828*	0.846**	0.747*
硬度				1	−0.578	−0.546	−0.930**	−0.882**	−0.629
总酸					1	0.929**	0.515	0.673	0.733*
氨基酸态氮						1	0.405	0.741*	0.914**
口感							1	0.726*	0.434
色泽								1	0.838**
风味									1

*表示相关性显著（$P<0.05$）。

**表示相关性极显著（$P<0.01$）。

2.2.3 理化指标与风味关联分析

理化指标与发酵豆制品的感官品质具有一定相关性。大豆经蒸煮，其组织结构发生破坏，使得大分子的蛋白质更容易裸露、溶出和降解；也使大豆内部可溶性蛋白、肽、氨基酸、糖类等溶出。在发酵过程中，由于微生物大量繁殖和美拉德反应的进行，豆酱中总酸、氨基酸态氮、NaCl、还原糖、粗蛋白、水分和总游离氨基酸含量等理化指标随着发酵时间的延长呈现变化趋势，与色泽、气味、滋味等感官品质表现出相关性，因此理化指标可与风味进行关联分析。

方冠宇等（2019）为探究多菌混合制曲发酵对酿造酱油风味物质和感官的影响，研究酱油中的理化指标与风味物质；再用适当的函数，拟合出不同菌种发酵的酱油发酵过程中理化指标与发酵时间的关系，以及特征性风味物质含量与发酵时间之间的关系，探索多菌种参与发酵的酱油的最佳发酵周期；以及对酱油进行食品感官定量分析，多角度考察多菌种不同组合方式对酱油的口感与风味的影响。结果表明：① 4 组样品的氨基酸态氮、还原糖、pH 等理化指标基本相似，第Ⅳ组的氨基酸态氮的值（1.378 g/100mL）略高于其他 3 组。② 鲁氏酵母促进了酱油中高级醇及芳香杂醇的生成；球拟酵母促进了酱油中 4-乙基愈创木酚（4-EG）、4-乙烯基愈创木酚（4-VG）、4-羟基-2（5）-乙基-5（2）-甲基-3（2*H*）-呋喃酮（HEMF）的生成，使酱油具有特殊的香气；乳酸菌发酵赋予了酱油爽适的口感；各组风味物质含量和种类差异非常显著。③ 对特征性风味物质含量与发酵时间进行曲线拟合，可得到数学关系式（如 $y=-230.83+21.7\ t-0.136\ t^2+1.27\times10^{-4}\ t^3$，第Ⅰ组），从关系式计算出特征性风味物质最大值分别为：648.96 μg/L（Ⅰ组：发酵周期 92 天）、852.90 μg/L（Ⅱ组：发酵周期 98 天）、982.51 μg/L（Ⅲ组：发酵周期 99 天）、1897.55 μg/L（Ⅳ组：发酵周期 102 天）。多菌种发酵的酱油获得较高的特征性风味物质含量。

周鑫等（2019）对 8 个厂家生产的永川豆豉研究表明：氨基酸态氮含量与风味的正相关性极显著，可以将氨基酸态氮含量作为判断原料豆豉风味好坏的关键性指标，氨基酸态氮含量越高，豆豉的风味越好。类黑精含量与风味的正相关性极显著。总酸含量与风味的正相关性极显著。色泽与风味的正相关性极显著。

姜静等（2018a）以三家自然发酵豆酱为研究对象，利用国标检测不同发酵阶段豆酱的基本理化指标、电子舌分析其滋味特性以及高通量测序解析不同发酵阶段酱块和豆酱微生物多样性，并进一步对理化指标、滋味特性和微生物多样性进行相关性分析，为提升豆酱工艺技术以及保护微生物资源提供依据。检测结果如下。

（1）通过国标检测三家豆酱发酵过程中理化指标的变化，为保证后续试验的准确性，取三家豆酱理化指标的平均值，结果为豆酱自然发酵过程中水分和 pH 先下降后保持平稳，发酵成熟指标依次为 66.7%、5.25；氨基酸态氮、脂肪和蛋白质呈现先上升后保持稳定的趋势，发酵成熟指标依次为 0.919 g/100g、3.92 g/100g、10.47 g/100g；亚硝酸盐、总酸和总糖含量先上升后下降，发酵成熟指标依次为 4.65 mg/kg、0.967 g/100g、1.87 g/100g；氯化钠含量在整个发酵过程中上下浮动在 11.58～12.45 g/100g 之间。

（2）应用电子舌对三家豆酱发酵过程中滋味特性进行分析，取三家豆酱滋味的平均值，并进行理化指标和滋味特性的相关性分析和回归分析，探究二者之间的相互关系。电子舌分析豆酱的滋味整体偏咸和鲜，丰度饱满。随着发酵时间的延长，豆酱的鲜味、后味-B、后味-A、咸味、苦味和丰度减弱，酸味和涩味增强；滋味特性和理化指标中的一个或多个都存在极显著或显著相关，如酸味、涩味与 pH 呈现极显著负相关，鲜味、丰度和咸味与 pH 呈现极显著或显著正相关等。

（3）利用高通量测序技术对酱块与豆酱微生物关系进行研究发现，酱块和豆酱优势菌门基本相同；酱块与豆酱中的优势真菌属都为青霉属；变形菌门存在于酱块中，并且存在比例远远大于豆酱中的变形菌门；酱块中存在极少的四联球菌属，在豆酱发酵过程中迅速繁殖成为占绝对优势的细菌属。

（4）分别对理化指标与微生物和滋味特性与微生物相关性分析可知，细菌对理化指标和滋味特性的影响大于真菌对其的影响。

2.3　发酵豆制品风味物质测定

大豆是中国最主要的粮食作物。随着人类历史的不断发展，人们发现发酵工艺不仅保留了原料的营养成分，而且使原料在发酵过程中得到充分的营养转变，延长食品的保存期并使其获得独特的风味。豆酱、豆豉、腐乳和酱油是我国四大传统大豆发酵食品，它们因营养丰富、风味独特而被广大消费者接受。风味物质是可以使人类通过味觉或嗅觉产生电信号，在人的大脑皮层产生不同感知，从而对食品产生不同喜好的一类物质，包括芳香风味物质和味感风味物质（Gao et al.，2021）。发酵豆制品中的香气物质主要包括：乙醇、1-辛烯-3-醇、乙酯类、脂肪酸衍生醛、甲基酮类、乙酸、乳酸、苯酚/愈创木酚衍生物、吡嗪、呋喃类等杂环类以及含硫化合物等。此外，豆制品发酵过程中，在蛋白酶的作用下水解产生游离氨基酸，氨基酸本身就是呈味物质，其中谷氨酸和天冬氨酸呈鲜味，亮氨酸和异亮氨酸呈苦味。食品风味不仅能直观反映食物的卫生状态，还能促进唾液分泌，提高食欲，给食用者带来一种感官上的享受和真正的饮食愉悦。随着生活水平的改善，人们对食品风味的要求也在逐渐提高。发酵豆制品中的主要风味物质和呈味特点也备受关注。

2.3.1　发酵豆制品风味检测方法

风味即“食物在摄入人口内会在大脑中留下味觉、嗅觉、痛觉及触觉等综合印象”。诱人的风味会使人们在感觉器官和心理上获得愉悦和满足，并直接影响食物在人体内的消化和吸收。随着人们生活品质的提升，人们对食物的探索已不仅仅满足于营养与健康，而体现食物嗜好性的风味更受到重视，因此，食品中的风味物质研究作为一个新兴学科发展迅速。目前对于发酵豆制品风味物质分析检测往往要经过取样、预处理、分离、检测和数据分析等步骤。因此，选择合适的香味捕获方法对整个分析过程的效率和结果十分重要。近年来，气相色谱法（gas chromatography，GC）、液相色谱法（liquid chromatography，LC）、气相色谱-质谱联用（gas chromatography-mass spectrometry，GC-MS）、液相色谱-质谱联用（liquid chromatography-mass spectrometry，LC-MS）、顶空固相微萃取结合气相色谱-质谱（headspace solid phase microextraction combined with gas chromatography-mass spectrometry，HS-SPME-GC-MS）等得以应用，由于其操作简单且无其他溶剂干扰，常用于食品中风味物质的快速鉴别以及我国传统的大豆发酵食品中挥发性成分分析。

1. 气相色谱-质谱联用

气相色谱法比较适合用于易挥发的有机化合物的测定，是目前香料研究中应用最广的分析方法之一。气相色谱技术最初产生于 1952 年，经过 70 年的发展，在食品检测中的应用越来越广泛，气相色谱技术为多组分混合物的分离和分析技术，利用物质的物理性质对混合物进行分离，测定混合物各组分，并且对混合物中各组分进行定性和定量分析，以气体为主要的流动相，将样品带入到气相色谱仪中进行精准的分析，和之前记录的数值进行相互比对，得出一系列的信息之后再进行科学的分析。在食品风味物质研究领域中，毛细管气相色谱用得最多。毛细管气相色谱中的分离柱最长可以超过 50 m，分离柱内径在零点几毫米，其柱效高，分离效果好，可以分离数百种组分。张与红（2000）利用毛细管气相色谱法分析了啤酒中的风味物质。

气相色谱-质谱联用仪由气相色谱仪和质谱仪直接连接而成，能把从气相色谱仪依次溶出的各种成分的裂解离子精密测定到 1/10000 质量单位并决定分子式。目前这种方法在食品风味物质的分离鉴定中应用广泛，如对不同品种苹果的主要芳香成分进行定性和定量分析，比较不同品种之间芳香成分在种类和含量上的差异。张妍等（2020）采用氨基酸自动分析仪、气相色谱-质谱联用仪对芽孢杆菌发酵的大豆样品中游离氨基酸和挥发性风味成分进行测定，共检测出 17 种游离氨基酸和 71 种挥发性香气成分。

2. 液相色谱-质谱联用

液相色谱法的原理同气相色谱，只是流动相是液体，它是在气相色谱原理的基础之上发展起来的一项新颖、快速的分离技术。在食品风味分析中，它适合于挥发性较低的化合物，如有机酸、羰基化合物、氨基酸、碳水化合物、核酸等的分析测定。该方法最大特点是物质在低温情况下可进行分离，在处理对热不稳定的物质时尤为重要，此外它也可用来分析产生香味而察觉不到挥发性的组分；待测物不被破坏，可以收集，利用待测物对光的作用，可用荧光、紫外、示差等检测器检测。

液相色谱-质谱联用技术自 Horning 于 20 世纪 70 年代进行开创性研究工作以来，经过几十年的发展后已趋向成熟，各种商品化仪器相继问世，而且应用日益广泛，它集液相色谱的高分离效能与质谱的强鉴定能力于一体，对研究对象不仅有足够的灵敏度、选择性，还能够给出一定的结构信息，分析快速而且方便。液相色谱-质谱在定量研究方面多采用选择反应监测（selective response monitoring，

SRM），因为它具有高灵敏度、高选择性、分析快速、适用于热不稳定化合物的分析等特点。高效液相色谱-质谱联用（high performance liquid chromatography-mass spectrometry，HPLC-MS）是色-质联用的一个新动向，这种联用对样品的适用范围比气相色谱-质谱要更广些，特别是对难气化、易分解的大分子的试样更具优越性。成琳等（2011）采用超高效液相色谱-质谱联用的方法测定豆酱中磷脂酰胆碱（PC）、溶血磷脂酰胆碱（LPC）和甘油磷脂酰胆碱（GPC）含量，具有操作方便、样品处理简单、分析时间短、方法准确、灵敏度高、精密度高、重现性好的优点。通过对仪器色谱条件和质谱条件各项参数的优化，用 ACQUITY UPLC BEH HILIC 色谱柱，在 10 min 的时间里将 PC、LPC 和 GPC 这三种极性差别很大的物质有效分离和检测，有效地监控豆酱中 PC 的降解反应。

3. 顶空分析

食品香味分析中的顶空分析（headspace analysis）是一种简捷、干净的方法。顶空分析法又称液上气相色谱分析，是一种联合操作技术。通常采用进样针在一定条件下对固体、液体、气体等进行萃取吸附，然后在气相色谱分析仪上进行脱附注射。萃取过程常在固相微萃取平台上进行。顶空分析法对香味成分分析具有独到的优势（周鑫等，2019）。顶空分析法分为静态顶空（static headspace，SHS）、动态顶空（dynamic headspace，DHS）和顶空固相微萃取（headspace solid phase microextraction，HS-SPME）。顶空固相微萃取方法在重现性上可以与静态顶空方法相媲美，在灵敏度上可以与动态顶空方法相媲美，是目前应用最为广泛的顶空分析方法。Zhang 等（2017）采用顶空固相微萃取和气相色谱-质谱联用技术对酱油中的挥发性化合物进行了鉴定，其中采用豆粕和面粉的挤压混合物制成的酱油中的挥发性化合物 40 个，在豆粕和面粉煮熟制成的酱油中的挥发性化合物 24 个。

顶空分析可以为含有挥发油的样品中的气味化学成分分析提供第一手信息。因此顶空分析法在气味分析方面有独特的意义和价值。

2.3.2 发酵豆制品中风味化合物

脂肪族化合物和芳香族化合物是发酵豆制品中的主要挥发性成分，包括酯类、醇类、酸类、酚类、醛酮类、呋喃类、吡嗪类等。各组分间相互平衡、调和，形成了发酵豆制品特有的风味。

1. 气味

1）酯类化合物

酯是酱香味的主体成分，以乳酸乙酯、乙酸乙酯为代表，具有香味清、逸散快、易感觉到的特点。酯有两条形成途径，可由酵母酶催化生成；或通过有机酸和醇的酯化反应生成。豆类等在发酵过程中可产生具有典型果香味的油酸乙酯、亚油酸乙酯、十六酸乙酯，这些成分可使酿造酱油的香气更丰富。同时酯类还可以缓冲发酵豆制品中盐分的咸味。

2）醇类化合物

乙醇主要是糖类物质在酵母作用下生成的，也可由微生物分解得到，具有酒香味。1-辛烯-3-醇具有浓重药草味，近似于薰衣草的香气；苯乙醇具有先苦后甜的桃子样味道；3-甲基-1-丁醇具有乙醇味；2-甲基-3-呋喃硫醇具有熟肉味道；香茅醇具有玫瑰样气味等。各种醇香相互调和，赋予了发酵豆制品各自特有的风味特征。醇类对其他物质还具有调香作用，如与酸反应生成酯类。但由于醇类物质阈值较高，单独作用对发酵豆制品的风味贡献较小。

3）酚类化合物

发酵豆制品中的酚类物质虽然含量极微，但作为香气成分作用十分明显。酱油中的酚类物质以挥发性酚为主要成分，特别是小麦经曲霉和酵母共同作用后产生的烷基苯酚。代表性成分是 4-乙基愈创木酚和 4-乙基苯酚，二者均呈发酵香气，略带甜味，近似烟熏气味，是决定酱油品质的重要因素。酱油中含有 1～2 mg/L 的 4-乙基愈创木酚就可以明显提高酱油的风味。另外，2,6-二甲氧基苯酚有木香、药香、甜香和苯酚香气特征，在含量 0.5mg/kg 左右能被察觉。

4）醛酮类化合物

醛类物质的代表是乙醛，是醛酸途径的产物，具有辛辣刺激性气味，微量的醛可在香气中起到调和的作用。醛类的阈值较低，给予食物清香和果香的芳香特质，如 5-甲基-2-糠醛具有浓的甜香、辛香、甜得像焦糖的味道。

部分酮类化合物呈果香或焦糖气味。HEMF 呈焦糖气味，是酱油呈香的实体物质，研究表明该物质还具有抗癌作用，是酱油的重要天然活性物质。

5）其他杂环类化合物

发酵豆制品中的其他杂环类化合物也对香气的影响很大，如呋喃类化合物。2-乙酰基呋喃具有强烈的酯香和甜香；5-甲基-2-糠醛具有浓郁的焦糖味和辛香味；吡嗪类具有浓厚的酱香味；2,3,5-三甲基吡嗪具有烤马铃薯或炒花生的香气；2-乙酰基吡咯具有坚果样、带些微香豆素的香气，还有茶香味、甜味。

2. 滋味

食品中的单一氨基酸和混合氨基酸，都能清晰地评价其对食品的呈味功能。肽类由氨基酸进行排列组成，其数目巨大。利用现有分离、分析技术难以逐一对其进行详细的分离、纯化、鉴定，因此评价肽的呈味特征十分不容易。国外研究表明，小肽的味觉功能和氨基酸的组成及序列相关，甜、酸、苦、咸等 6 种基本味道都可以找到相对应小肽。每种食物都有其特有味道，呈现出不同风味，是由食物中各种呈味物质（游离氨基酸、肽和蛋白质以及脂类等）之间综合平衡表现。食物中提取出的由氨基酸组成的多肽是呈味肽。20 世纪 60 年代起，学者陆续从多种食物中分离并且鉴定获得呈苦、甜、酸、鲜等味道的呈味肽。呈味肽既包含加强和补充食物风味的肽，也包括自身呈现出一定滋味特性的肽。研究证明，呈味特征的物质，是非挥发性化合物肽类，拥有一定的缓冲能力，含有羧基和氨基两性基团，赋予食品风味。肽类也能够转变、增加原有味感。

1）鲜味

呈鲜味物质主要有鲜味氨基酸类、多肽类、核苷酸类、有机酸类以及复合鲜味剂等。游离的鲜味氨基酸对食品的呈鲜特性具有十分重要的作用。食品中呈鲜味的氨基酸主要有谷氨酸、天冬氨酸、丙氨酸、甘氨酸、苯丙氨酸和酪氨酸及其钠盐，它们属于谷氨酸钠型鲜味物质，其中谷氨酸和天冬氨酸是最重要的两种呈鲜味氨基酸。目前已发现的呈鲜味的核苷酸及其衍生物共有 30 多种。核苷酸包括 3 种同分异构体：2′-核苷酸、3′-核苷酸和 5′-核苷酸，但只有 5′-核苷酸才具有鲜味。典型的呈鲜味核苷酸有 2 种：5′-肌苷酸和 5′-鸟苷酸。核苷酸类物质具有嘌呤杂环芳烃结构，但只有 6-羟基嘌呤核苷酸才能呈鲜味特性；且第 5 个 C 原子位置发生磷酸化反应时核苷酸物质才会产生鲜味。鲜味肽由氨基酸聚合成，不仅可以赋予食品美味的口感，还可增强食物的鲜味和醇厚味。最早发现的鲜味肽为谷氨酰基鲜味寡肽。呈鲜味的有机酸主要有琥珀酸、乳酸和没食子酸等。

2）咸味

研究报道的咸味肽数目较少，主要为二肽类。这些二肽具有酸味、鲜味和咸味等多种滋味特性。咸味肽电离出阳离子，经过处于细胞膜上的钠离子通道进入细胞，继而使钙离子极化。当细胞的内部带正电时，会形成一小股电流，接着释放出其传导介质，传入到神经元给大脑发出一个“咸”的味道，由此则会呈咸味。

3）酸味

酸味的产生主要是氨基酸残基电离出的氢离子与味觉细胞相互作用，形成刺激，并最终呈现出酸味味觉。磷脂是酸味的主要受体通道，酸味的产生与酸味肽的结构有极大关系，酸味肽电离出的 H^+作为定位基，而 A^-作为助味基。酸味的强度受阴离子的种类影响，阴离子不同，酸味的强度也不同，这主要是由于不同阴离子对味觉细胞具有不同的吸附方式，磷脂膜和氢离子的亲和力发生变化。目前关于酸味肽的研究较少，通常肽的酸味和鲜味有关。Kirimura 等最早发现肽的酸味与鲜味存在一定联系，如 Glu-γ-Glu、Glu-γ-Ala 和 Glu-γ-Gly 等 γ-谷氨酰肽具有酸味。Roudot 等研究发现，Ala-Glu 和 Glu-Leu 等含谷氨酸二肽，不但具有显著的鲜味，还能呈现出一定的酸味。

4）甜味

甜味主要由蔗糖、葡萄糖、果糖及其他糖类引起，受 TIR2、TIR3 和 GPCRs

味觉受体调节。甜味肽具有 TIR2 和 TIR3 味觉受体，因而能产生甜味。甜味肽产生甜味的机制符合夏伦贝格尔的 AH/B 生甜学说，人的甜味受体 GPCRs 内存在类似 AH/B 的单元，可与甜味肽 AH/B 结合，刺激味觉神经产生甜味。氨基酸残基电荷不同，产生的甜味也不相同，多肽表面侧链残基正电荷越少，甜味越不明显。

5）苦味

苦味一般难以被人们接受，但在某些特定的食品如咖啡、啤酒或干酪中，苦味是非常重要的感官标准。呈苦味的物质众多，苦味肽仅是其中的一类。苦味肽不仅能够呈现出苦味，还具有一定的生理功能，能够预防慢性疾病。苦味肽在发酵食品和天然食品中广泛存在，特别是在含大量蛋白质的食品发酵过程中，能够产生大量苦味肽，包括二肽、三肽、六肽甚至几十个氨基酸组成的肽。食品中的苦味通常不被人们接受，一般通过脱苦技术改良来提高其感官评定。

田甜等为了确定传统豆酱香气品质最佳的发酵时期，以自然发酵豆酱为研究对象，采用顶空固相微萃取结合气质联用技术，以对甲氧基苯甲醛为内标，对不同发酵时期的豆酱样品中的香气成分进行定性和半定量分析，并运用因子分析构建传统豆酱香气品质评价模型，以综合得分作为评价指标。结果表明：在 16 个不同发酵时期的豆酱样品中共检测出 56 种香气成分，其中酯类 9 种，醇类 6 种，醛类 5 种，酮类 4 种，酸类 9 种，酚类 9 种，杂环类 7 种，烃类 5 种，以及其他类 2 种。豆酱样品中香气成分含量变化明显，发酵 45 天豆酱样品中香气成分含量最多，为 8176.422 ng/g，随着发酵过程的进行香气成分含量整体上呈下降趋势，发酵 70 天和发酵 75 天香气成分含量分别为 4052.849 ng/g 和 2265.616 ng/g。因此，发酵时间对于豆酱香气成分含量具有显著影响，应严格控制豆酱发酵时间。通过因子分析得到 3 个公因子，分别命名为调和型香气因子、贡献型香气因子和增香型香气因子，比较不同发酵时期豆酱样品的香气品质综合得分可知，发酵 45 天豆酱样品综合得分最高，其次是发酵 65 天和发酵 55 天的样品，发酵 70 天和发酵 75 天的豆酱样品综合得分较低，因此豆酱的最佳发酵时间为 45～65 天。

2.3.3　发酵豆制品风味与微生物深度解析

作为发酵食品的一种，豆制品的发酵同样是利用微生物的酶及其代谢产物或者利用微生物的菌体及其内含物（Liang et al.，2019）。工业上常用于发酵豆制品的菌种有细菌、霉菌和酵母菌。细菌主要为乳酸菌，霉菌主要为曲霉和毛霉，酵母菌主要为鲁氏酵母等。发酵菌种不同，对发酵豆制品的生物活性影响不同。根据发酵菌种的不同，发酵豆制品大致可以分成细菌型发酵和霉菌型发酵，如细菌型豆豉、纳豆。目前对发酵豆制品的研究主要集中在理化指标和风味物质萃取等方面，因此针对发酵豆制品的风味和微生物的多样性分析显得尤为重要。安飞宇等（2020a）为探究自然发酵豆酱的滋味特性及微生物多样性，采用第二代测序技术及电子舌分析自然发酵豆酱在发酵过程中菌群结构与滋味特性的变化。结果表明，在豆酱发酵过程中主要形成鲜味、咸味及复合滋味，而酸味、苦味和涩味的成分较少。主成分分析表明，豆酱在不同发酵阶段滋味品质的信息主要集中在前两个主成分，累计贡献率为99.54%，即：第1主成分中的后味-A、丰度和咸味呈负相关，后味-B、鲜味和苦味呈正相关；第2主成分酸味和涩味呈正相关。豆酱发酵过程中微生物多样性在门水平上，优势细菌为厚壁菌门，优势真菌为子囊菌门；在属水平上，主要细菌为乳杆菌属和四联球菌属，主要真菌为青霉菌属和异常威克汉姆酵母菌属。对豆酱发酵过程中滋味特性和微生物多样性的相关性分析可知相同风味也可由不同菌群代谢产生。并且通过相关性分析可以看出，大多数的细菌都对豆酱风味的形成具有重要影响。真菌方面，毛霉菌属对豆酱风味的影响相对较大。毛霉菌属可以分泌不同的酶，所分泌的酶有如下作用：①蛋白酶通过水解蛋白质生成呈味的氨基酸；②淀粉酶水解淀粉产生小分子糖，其中一部分糖类被细菌和酵母菌所利用，从而可以形成有机酸和酯类等相关的呈味物质；③毛霉分解果胶酶以及纤维素酶，对豆酱风味的形成有着至关重要的作用；④毕赤酵母属与丰度呈显著负相关，可能由于毕赤酵母菌在豆酱发酵过程中产生醭，分解豆酱中的有机成分，从而降低豆酱的风味。

研究豆酱香气与微生物相关性有助于深入研究豆酱风味形成机理，试验发现，豆酱最主要的挥发性成分是酯类物质，酯类化合物可能来源于微生物在发酵过程中的酶催化，或者是大酱中所含化合物的非酶催化的酯化反应（庞惟俏，2018）。相关性分析表明，豆酱自然发酵过程中相对丰度最高的嗜盐四联球菌可增加鱼露中挥发性风味物质。有学者将嗜盐四联球菌作为发酵剂添加至豆瓣酱的发酵过程中，结果显示该菌株对豆瓣酱风味具有积极的影响，与不添加该菌的对照组相比，实验组中氨基酸态氮、酸类、酯等挥发性物质的含量均有升高。嗜盐四联球菌还能与其他微生物协同作用提高豆酱的风味，例如，将酵母菌与嗜盐四联球菌配合使用，可以有效地提高豆酱中酯类等芳香物质的含量。安飞宇（2019）共检出27种挥发性成分，最主要的挥发性成分是酯类物质，而四联球菌与苯甲醛、甲基苯乙基醚、棕榈酸呈显著正相关。乙酸也与乳杆菌属呈较强的正相关关系，但与曲霉属、根霉菌属等真菌呈较强的负相关关系，与真菌数量减少有直接关系。芽孢菌则与6-戊基-2*H*-吡喃-2-酮呈显著正相关。曲霉菌、芽孢杆菌和葡萄球菌与α-姜黄烯呈显著正相关。Originlab8相关性分析表明，肠球菌属、四联球菌属、乳杆菌属可能为脂质代谢主要功能菌。嗜盐四联球菌、蛋白原酶乳杆菌、酸鱼乳杆菌、植物乳杆菌、粪肠球菌、枯草芽孢杆菌与风味物质呈显著正相关关系，其可能为对挥发性风味物质合成有重要影响的核心微生物种。

张平（2019）对肠膜明串珠菌FX6进行全基因组测序，测得肠膜明串珠菌

FX6 中 1756 个染色体（chr）基因和 27 个质粒（plasmid）基因可注释到 eggNOG 数据库，1114 个 chr 基因和 12 个 plasmid 基因可注释到 KEGG 中。根据注释基因的统计分析发现，参与碳水化合物代谢、氨基酸代谢、与外膜环境交互作用、基因翻译、转录的基因较丰富，预测菌体 FX6 生存能力和风味物质合成能力强。发酵食品中风味物质的形成主要通过化学反应和微生物代谢或转化合成，高质量的豆酱离不开优质的微生物体系。有学者提出芽孢杆菌只是一部分豆酱中的优势细菌，并且在部分样品中丰度较低，而乳酸菌、屎肠球菌、肠膜明串珠菌和嗜盐四联球菌是豆酱发酵中的优势细菌。另有学者发现乳酸菌是豆酱中的主要细菌，而且肠膜明串珠菌存在于所有豆酱样品中，并且在个别样品中丰度高达 89.1%。有学者指出韩国豆酱 doenjang 与日本豆酱 miso 中总体微生物多样性类似，中国豆酱与二者不同，乳酸菌是中式豆酱中的发酵优势菌。魏斯氏菌属在发酵食品中广泛存在，可提高发酵食品产品质量或缩短发酵周期，形成的特殊香味使发酵食品的口感更醇厚、颜色更加鲜亮和红润，可将原料分解转化成短链脂肪酸和胞外多糖，对增加产品风味和营养有重要贡献。张巧云（2013）研究发现同时添加毕赤酵母和类肠膜魏斯氏菌的豆酱酱香、酯香浓郁，无不良气味，改善了豆酱风味。

传统发酵食品中微生物多样性非常丰富，并蕴藏了丰富的益生菌资源。通过对传统发酵食品中微生物多样性和群落结构变化的研究，可以揭示其发酵机理、发酵风味，获得对风味影响力大的优势菌群，通过对微生物菌群的控制进而获得对发酵制品中风味物质的调节，对今后传统发酵食品的工业化、标准化生产和益生菌的开发利用具有极其重要的意义。

第3章

基因组学在发酵豆酱功能研究中的应用

3.1 基 因 组 学

3.1.1 基因组学概述

基因组学（genomics）的概念最早由美国遗传学家 Thomas H. Roderick 于 1986 年提出。它是基于中心法则，对生物体所有基因进行集体表征、定量研究及不同基因组比较研究的一门交叉生物学学科。简言之，就是研究基因组结构和功能的科学，内容包括基因的结构、组成、存在方式、表达调控模式、基因的功能和相互作用等。

近半个世纪以来，随着人类基因组计划（Human Genome Project，HGP）等项目的启动，基因组学取得了长足发展。

1977 年，噬菌体 Φ-X174 单链完全测序（5386 bp），成为首个测定的基因组。

1981 年，第一个完整真核细胞器人类线粒体（16568 bp，约 16.6 kb）的基因组序列测序完成。

1990 年，人类基因组计划启动。

1992 年，第一个真核细胞酿酒酵母Ⅲ染色体（315 kb）测序完成。

1995 年，第一个活体物种流感嗜血杆菌（*Haemophilus influenzae*，1.8Mb）的基因组测序完成，也是从这时起，基因组测序工作迅速发展。

1996 年，第一个真核生物酿酒酵母的完整基因组序列（12.1 Mb）测序完成。

2000 年 6 月 26 日，参加人类基因组计划的美国、英国、法国、德国、日本和中国的 6 国科学家共同宣布，人类基因组草图的绘制工作已经完成，为基因组学研究揭开新的一页。到 2003 年 4 月 14 日，国际人类基因组组织正式宣布，人类基因组计划全部完成。在这场规模宏大、影响世界的基因测序项目落幕后，陆续又有不同国家竞相开展各自的基因组测序计划。我国的十万人基因组计划于 2017 年 12 月启动，这是我国在人类基因组研究领域实施的首个重大国家计划，也是目前世界最大规模的人类基因组计划。同时，也因此将基因组学确定为最值得投资的领域之一。

目前，基因组学的分支主要包括：以全基因组测序为目标的结构基因组学（structural genomics）和以基因功能鉴定为目标的功能基因组学（functional genomics）。其中，结构基因组学是通过基因组作图、核苷酸序列分析确定基因组成及定位的科学。而功能基因组学则是利用结构基因组学提供的信息和产物，在基因组系统水平上全面分析基因功能的科学。此外，在此基础上也延伸出一个新的分支——比较基因组学（comparative genomics），其研究的是不同物种之间在基因组结构和功能方面的亲缘关系及其内在联系。同时，基因组学也与转录组学、蛋白质组学和代谢组学一起构成了系统生物学的组学（omics）基础。

纵观近几十年分子生物学的发展历史，可以看出20世纪是以核酸的研究为中心，从而带动了生命科学不断向纵深发展：50年代的DNA双螺旋结构；60年代的操纵子学说；70年代的DNA重组；80年代的PCR技术；90年代的DNA测序；21世纪的蛋白质组学技术、基因（生物）芯片技术、RNAi技术都具有里程碑意义，将生命科学带向一个由宏观到微观再到宏观、由分析到综合的时代。21世纪的生命科学已进入了一个新的时代——后基因组学（post-genomics）时代，同时随着高通量测序的迅猛发展，DNA基因测序技术从20世纪70年代起，历经三代技术后，目前已发展成为一项相对成熟的生物产业，越来越多的物种基因组序列被准确地测定出来。例如，美国科学家对全部人类基因组的30.55亿个碱基对进行了测序，包括20年前第一个人类基因组测序时缺失或错误的8%的基因组。与此前的结果相比，新结果增加了2亿个碱基对以及2000多个基因。同时伴随着生物信息学分析，测序组装算法和软件研发获突破，研究重心也已开始从揭示生命的所有遗传信息转移到在分子整体水平对功能的研究上（Brooker，2015）。这些新技术的不断进步也为发酵食品中菌群即发酵微生物基因组的研究提供了重要的参考。

近年来，随着16S rRNA高通量测序技术以及宏基因组学技术在食品微生物研究领域的广泛应用，不仅可以全面地挖掘出发酵微生物基因组信息，而且能够进行功能及代谢通路的分析，基于这些信息，更便于挖掘核心菌群的生物多样性、群落结构、功能特性、相互关系，从而为优良发酵菌株选育，发酵食品品质提升以及风味功能基因的利用提供理论依据。

3.1.2　宏基因组学发展现状及新技术

宏基因组学是一种基于基因序列分析环境样品中全部微生物遗传信息和群落功能的理念和方法，它可以快速、准确地获取大量的生物学数据和丰富的微生物信息，已成为研究微生物多样性和群落特征的重要手段。其中测序技术是最为重要的核心技术之一。近年来，测序技术在不断经历着重大变革的同时，也取得了技术上不断的进步，1977 年 Sanger 测序技术诞生并在人类基因组计划中被广泛使用，被称为“第一代测序技术”。第一代测序技术具有读长较长、准确率较高的特点，但其因通量较低、分析时间较长等缺点无法满足大批量的数据分析。第二代测序技术依托的高通量测序平台，包括 Illumina 公司的 Solexa Genome Analyzer 测序平台、罗氏公司的 454GS FLX 测序平台和 ABI 公司的 SOLiD 测序平台，3 种测序平台的原理各不相同，数据产出、数据质量和单次运行成本也不一样。但它们的测序深度均可以在一定程度上弥补读长较短所带来的问题，大大提高了测序速度，目前仍为全球测序市场的主流。第三代测序技术是指单分子测序技术，产生的读段更长，测序成本更低，其取代二代技术是测序技术发展的必然趋势。然而三代测序技术错误率高，对其下机数据的组装拼接是一个巨大的考验。事实上，基因组装算法问题被广泛认为是计算生物学和生物信息学领域最复杂的计算难题之一，也是目前阻碍基因测序产业从二代技术升级到三代技术最大的技术障碍。但随着三代基因测序组装算法和软件研发获突破，第三代测序技术也已开始广泛应用。而第四代的纳米孔测序技术的出现也将为宏基因组学的研究注入新的活力，测序技术每一次变革，都对宏基因组学研究产生巨大的推动作用。

此外，宏基因组学研究的焦点还主要体现在生物信息学分析的过程方面，它将下机后的原数据去除污染和接头序列、去除含 N 碱基序列、去除质量值小于 20 的序列、去除长度小于 50 bp 的短序列，获得的高质量序列进行序列拼接，然后将获得的数据进行两方面的分析，一方面进行物种分类学注释，分析种群分布，对不同样品中的种群进行比较分析；另一方面进行组装、基因预测，并在此基础上利用数据库进行功能注释和代谢通路分析。因此，宏基因组学与传统的纯培养方法和分子生物学技术相比，具有以下优点：无需培养微生物，相对客观地还原样品中微生物的真实状态（Kergourlay et al.，2015）；从基因层面研究微生物的功能及代谢通路，能够全面挖掘微生物的基因组信息；此外，它还能提供不同菌种之间相互作用的信息，从而挖掘新的功能基因。

3.2 宏基因组学技术在发酵食品中的应用

随着第二代和第三代测序技术的普及以及更新一代测序技术的发展，宏基因组学的研究已经涉及医学、生物技术和其他社会科学等众多领域。同时，宏基因组学在发酵食品领域也有大量应用，包括对发酵微生物群落组成、微生物群落动态演替、功能微生物或功能基因的鉴定及发酵菌种与环境的相互作用关系等研究。

3.2.1　微生物多样性分析

传统的酿造食品多在开放式环境中经混菌发酵形成，其中富含复杂多样的微生物群落结构体系网（Zhao et al.，2009）。然而由于培养基和培养条件的限制，只有不到 1%的微生物能够通过常规纯培养方法分离出来，仅占环境中微生物的极小部分，很多自然发酵食品中的微生物群落结构无法被认知。因此，可以识别培养和不可培养微生物的多种分子生物技术常用来揭示发酵食品微生物多样性，如变性梯度凝胶电泳（denaturing gradient gel electrophoresis，DGGE）、限制性片段长度多态性（restriction fragment length polymorphism，RFLP）、扩增片段长度多态性（amplified fragment length polymorphism，AFLP）、随机扩增多态性 DNA（random amplified polymorphic DNA，RAPD）等。近年来，高通量测序作为一种新兴的分子生物学技术，具有数据产出通量高、分析全面、灵敏、快速等特点，被广泛用于食品微生物生态学的研究中，目前已在分析食品微生物多样性、评价食品发酵和贮藏过程中微生物群落结构变化、监测食源性病原菌动态特征以及控制食品质量等方面发挥出无可比拟的优势。

张平等（2018b）通过 Illumina MiSeq 技术对发酵过程中豆酱中的微生物多样性演变进行了分析，研究表明，发酵 36 天时，豆酱中厚壁菌门取代变形菌门成为优势菌门。魏斯氏菌属在 20 个豆酱样本中平均相对丰度达 43.1%，是豆酱中的发酵优势细菌属。智楠楠等利用 Illumina MiSeq 深度测序对 7 个地区的 9 种酸奶样品中的微生物组成进行了研究分析，结果显示酸奶中细菌主要为厚壁菌门，而对细菌组成属水平进行分析发现链球菌属为主要的优势微生物，占 87.1%，其次为乳杆菌属，仅占 10.3%。Moeun Lee 等通过 Illumina MiSeq 技术对韩国 25 份泡菜的微生物多样性进行分析，并发现不同泡菜样品中微生物优势菌群差异较大，尤其在发酵初期，这为泡菜的研发和质量控制提供基础。Alejandro 等通过 454 焦磷酸测序技术对奶酪的微生物多样性进行分析，比较了生牛乳、发酵乳清、凝乳的微生物菌群，发现生牛乳样品的细菌群落多样性最高，干酪、凝乳和乳清的多样性较低。杨春敏等通过高通量 16S 和 ITS 分析了来自于海南的 6 份米酒酒曲的微生物菌群和结构，阐述了微生物群落与米酒的质量和风味关系。Li 等通过 16S rRNA 基因的高通量测序比较了 4 种中国不同省份面团发酵起始剂样品以及不同发酵阶段面团中的细菌群落，实验结果能够揭示出不同省份样品的差异性以及发酵过程中细菌群落的演替规律。

高通量测序在食品微生物生态学研究中应用，极大加深了人们对食品微生物多样性的认识。然而高通量测序数据量巨大，对数据的处理和解析相当烦琐，需要专业的分析平台和熟练的生物信息学分析能力，因此限制了其在食品生产中的应用。此外，基于 16S 和 ITS 的高通量测序结果的序列读长有限，对序列进行鉴定时通常只能到属水平，而在食品生产检测中，更希望能在种一级的水平上对微生物区系进行研究。也正是因为读长的限制，引物的不当选择也可能导致对食品中微生物多样性的高估。

3.2.2　宏基因组分析

人们更全面地了解不同发酵阶段的微生物群落组成及功能，是提高酿造食品品质和发酵效率的必要条件。相较于 16S 多样性测序，宏基因组测序是通过对环境中全部微生物进行提取总 DNA，然后构建相关的基因组文库，采用基因组学的研究方法对环境样品中全部微生物的 DNA 组成及其群落特点进行研究，能够更好地揭示环境中微生物丰度，对丰度较低的微生物也能有效地检出，同时有利于新物种的发现。目前在食品领域，宏基因组学技术已广泛应用在更全面和更微小的微生物群落体系及功能研究中（高航等，2020），并取得了一系列研究成果。

宏基因组在食品中的应用主要体现在建立微生物与益生代谢产物或者风味物质的关系。例如，在乳制品中，Escobar-Zepeda 等利用宏基因组学技术对墨西哥成熟奶酪中的微生物进行分析，结果揭示了在奶酪成熟过程中主要参与支链氨基酸和游离脂肪酸的代谢核心功能菌。此外，宏基因组学还能够解析发酵剂和终产品的质量与微生物的组成间的关系。例如，Wu 等对谷物醋发酵过程中风味物质的代谢网络进行宏基因组学分析，结果表明谷物醋中的优势微生物为醋酸杆菌、乳杆菌和曲霉菌，微生物群演替和风味动力学之间的相关分析表明细菌在谷物醋发酵过程中的贡献值较高，基于它们在微生物群落中的优势和功能，建议将醋酸杆菌、乳杆菌、乳球菌、葡糖杆菌、芽孢杆菌和葡萄球菌等 6 个属作为生产醋的功能性核心微生物群。Hong 等利用宏基因组学技术分析了黄酒的质量与微生物群落之间的关系，结果表明，黄酒的损坏是由高比例的短乳杆菌引起的，因此，可以根据发酵前期短乳杆菌的比例预测黄酒的质量。

宏基因组技术的成熟对于发酵豆制品的发酵技术指导以及风味成分解析起到了十分关键的作用。解梦汐（2019）对沈阳不同工厂豆酱微生物群落结构差异、微生物功能本质及关键功能酶系进行宏基因组学分析，结果表明在农家豆酱中碳水化合物代谢相关途径的核心微生物是青霉、四联球菌、曲霉、乳酸杆菌。尤其是青霉，分泌最丰富的葡糖淀粉酶；四联球菌和明串珠菌对豆酱风味形成影响较大，脂质代谢的核心微生物是葡萄穗霉属；影响豆酱安全性的核心微生物主要是隐球菌。而在工厂豆酱中，核心微生物单一，主要为米曲霉、埃默森罗萨氏菌。该研究发现了很多之前并没有被报道的与豆酱发酵过程相联系的酶，这些重要的酶系可为未来的传统自然发酵豆酱品质和安全性研究提供一个重要的发酵技术指导。张颖等（2017）对传统自然发酵豆酱进行宏基因组学分析，发现明串珠菌属在所有豆酱中平均含量均相对较多，为辽宁省三家豆酱样品共有的优势细菌菌群；青霉菌属和地霉属在所有豆酱中平均含量相对较大，为三家豆酱样品的优势真菌菌属。此外，细菌菌群在豆酱发酵过程中丰度的波动较真菌更大。该研究揭示了不同时期的微生物菌落结构的真实状态，为实现传统酱类的现代化、规模化生产，以及进一步深入研究和开发自然发酵豆酱中的有益菌株提供依据。Kim 等对韩国豆酱风味成分及有关的微生物群落进行宏基因组学分析，结果表明四联球菌属、肠球菌属、魏斯氏菌属、肠球菌及肠杆菌等与产品风味品质显著相关。此外，宏基因组学还广泛地应用于其他领域，如土壤、环境以及慢性疾病与肠道菌群的关系等。

3.3　宏基因组学在发酵豆酱功能研究中的应用

3.3.1　酱醅微生物多样性研究

1. 基于 Illumina MiSeq 测序技术探究东北自然发酵成熟酱醅微生物多样性

自然发酵豆酱风味独特，营养丰富，是一种重要的调味品。工业豆酱虽然生产周期短、卫生条件容易控制、稳定性高，但在风味上远远不及传统豆酱。传统豆酱采用完全开放式的制作工艺，发酵菌种全部来源于生产环境，为食品安全留下了重大隐患。研究者多年来致力于将豆酱传统发酵工艺应用到工业生产中，在保证风味的前提下确保食品安全，但收效甚微，亟待进行深入的基础性研究。近年来，随着高通量测序和基因组学技术的快速发展，研究人员尝试应用 16S 等扩增子测序、宏基因组学等方法，深入探究不同地区和不同发酵阶段自然发酵酱醅及豆酱的微生物多样性，为确定豆酱自然发酵过程中优势菌群提供依据，同时也为多菌种发酵制酱的工业化及产品品质提高奠定基础。

东北自然发酵豆酱的制作主要分为两个阶段，制醅阶段和制酱阶段。其中制醅阶段尤为重要，酱醅可为豆酱提供丰富的微生物，不同的微生物参与豆酱发酵会产生独特的风味。研究人员于 2017 年应用 16S、ITS 扩增子测序技术对采集自辽宁省不同地区的酱醅样品进行微生物多样性分析。研究结果表明，辽宁省 22 份豆酱酱醅样品细菌菌群分为：厚壁菌门、变形菌门、放线菌门、蓝菌门、拟杆菌门和其他。在辽宁省的 22 份豆酱酱醅样品中，19 份样品的优势细菌为厚壁菌门，其中有 13 份样品厚壁菌门含量超过 90%。2 份样品的优势菌门为变形菌门。真菌菌群分为：接合菌门、子囊菌门、担子菌门和其他。22 份豆酱酱醅样品中有

19 份样品的优势真菌为接合菌门，其中有 7 份样品的接合菌门含量超过 80%。2 份豆酱酱醅样品的优势真菌为子囊菌门。在属水平上，辽宁省 22 份豆酱酱醅样品中共检测到 43 个细菌属，主要为乳杆菌、肠球菌、葡萄球菌、肉食杆菌、明串珠菌、芽孢杆菌和魏斯氏菌。还有一些含量较少的细菌，如梭菌、假单胞菌、大洋芽孢杆菌、枝芽孢杆菌、气球菌、八叠球菌、棒状杆菌、变形杆菌、乳球菌、节细菌、芽孢乳杆菌、片球菌、短杆菌、环丝菌、寡养单胞菌和鞘氨醇杆菌。共检测到 34 个真菌属，主要为青霉菌、毛霉菌、镰孢菌、曲霉菌、根霉菌、假丝酵母、链格孢属、盾壳霉、裸节菌属。还有一些含量较少的真菌，如散囊菌属、帚霉属、棒孢酵母属、红曲霉、赤霉菌、酵母属、德巴利氏酵母、单端孢属、红酵母属等。此外，一些未鉴定出的微生物及很多含量稀少的微生物被归为其他，这些微生物可能在维持稳定的微生物环境中起到重要作用，还有潜力在适当的环境下成为优势微生物。因此，在豆酱酱醅的微生物群落中不仅包含几种优势微生物，还有许多稀少微生物。同时，主成分分析结果表明，酱醅样品中的微生物多样性和其产地之间都没有显著的相关性（Xie et al.，2019a）。

2. 基于 Illumina MiSeq 测序技术探究酱醅自然发酵过程中微生物群落演替

进一步，研究人员对辽宁省开原市、沈阳市、新民市三家农家自然发酵豆酱酱醅发酵不同阶段的微生物多样性进行研究。辽宁省三家自然发酵豆酱酱醅发酵不同阶段样品细菌菌群分为四大菌门：厚壁菌门、变形菌门、蓝菌门、拟杆菌门和其他。在三家自然发酵酱醅发酵不同阶段样品中，新民地区和开原地区发酵不同阶段豆酱酱醅样品的优势细菌为厚壁菌门，波动范围为 90.61%～99.67%。发酵 60 天时厚壁菌门含量略减少。沈阳地区发酵不同阶段豆酱酱醅样品的优势菌门为变形菌门，波动范围为 63.25%～89.82%，厚壁菌门的波动范围为 6.32%～19.67%。因此，辽宁省三家自然发酵豆酱酱醅发酵不同阶段的优势细菌为厚壁菌门和变形菌门。真菌菌群分为三大菌门：接合菌门、子囊菌门、担子菌门和其他。开原地区豆酱酱醅在发酵过程中子囊菌门呈增加趋势，波动范围为 20.33%～53.85%；接合菌门呈先增加后略减少趋势，波动范围为 33.47%～61.03%。沈阳地区豆酱酱醅在发酵前期的优势菌门为子囊菌门，波动范围在 60.77%～72.04%。发酵后期的优势菌门为接合菌门，波动范围在 94.02%～94.84%。新民地区豆酱酱醅在发酵的不同阶段优势菌门均为子囊菌门，波动范围在 60.32%～99.86%。由此看出，辽宁省三家自然发酵豆酱酱醅发酵不同阶段的优势真菌为子囊菌门和接合菌门。

在属水平上，辽宁省三家自然发酵豆酱酱醅发酵不同阶段样品中共检测到 30 个细菌属，其中乳杆菌、肠球菌、明串珠菌和魏斯氏菌在三家发酵不同阶段豆酱酱醅样品中均被检测出。开原地区酱醅在发酵0天时魏斯氏菌含量较多，占66.5%，在发酵中后期乳杆菌成为优势细菌，含量为50.03%～64.26%；在发酵40天时肠球菌含量显著增加，含量为48.34%，60天时降为17.68%。沈阳地区豆酱酱醅发酵各阶段优势细菌为其他，即未鉴定出的细菌及含量较少的细菌，含量为30.18%～93.9%；在发酵40天时细菌种类较为丰富。新民地区豆酱酱醅发酵不同阶段的优势细菌为肠球菌，含量为44.43%～91.8%。表3.1列出了豆酱酱醅在不同发酵阶段中主要的细菌群落。

表3.1　酱醅发酵不同阶段10种主要细菌的物种丰度（%）

样品	肠球菌属	乳杆菌属	魏斯氏菌属	明串珠菌属	假单胞菌属	大洋芽孢杆菌属	鞘氨醇杆菌属	芽孢杆菌属	单胞菌属	不动杆菌属
KY0d	1.81	19.31	66.5	6.26	0.04	0.01	0.03	0	0.04	0.03
KY20d	0.11	76.12	18.29	2.78	0	0	0	0	0	0
KY40d	48.34	50.03	0.98	0.14	0	0	0	0	0	0
KY60d	17.68	64.26	8.13	0.26	0.01	0.62	0	0	0	0
SY0d	1.83	0.07	0.63	1.45	3.38	0	3.77	0.07	0.91	0.45
SY20d	1.25	0.52	4.7	2.71	0.02	0	0.01	0.73	0	0.02
SY40d	3.07	0.12	0.03	0.32	23.61	0	9.24	12.49	6.43	6.58
SY60d	8.95	0	0.05	1.36	0.89	0	1.4	0.04	1.82	1.02
XM0d	79.1	0.04	1.66	14.13	0.08	0	0.02	0.03	0.01	0.01
XM20d	91.8	0.12	0.08	2.92	0.01	0	0	0	0	0.01
XM40d	44.43	11.37	0.46	2.37	0	14.35	0	0	0	0
XM60d	62.63	0.85	6.12	19.52	0	0.1	0	0.04	0	0

同时，不同发酵阶段样品中共检测到17个真菌属，其中青霉菌和毛霉菌在三家发酵不同阶段豆酱酱醅样品中均被检测出。开原地区豆酱酱醅发酵不同阶段的优势真菌为毛霉菌，含量为18.16%～61.03%，其次为青霉菌，含量为14.41%～27.84%。毛霉菌在整个酱醅发酵过程中均大量存在，毛霉菌为湿性真菌，酱醅的环境有利于毛霉菌的生长。沈阳地区豆酱酱醅发酵前期0天和20天时优势真菌为青霉菌，含量分别为70.68%和60.63%，其次为根霉菌，含量分别为14.85%和12.87%；在发酵后期40天和60天时优势真菌为根霉菌，含量分别为93.96%和94.82%。新民地区豆酱酱醅在发酵前期0天和20天时优势真菌为青霉菌，含量分别为96.81%和59.96%；在发酵后期40天和60天时优势真菌为赤霉菌，含量分别为78.13%和46.08%，豆酱酱醅在不同发酵阶段中主要的真菌群落如表3.2所示。

表 3.2　酱醅发酵不同阶段 10 种主要真菌的物种丰度（%）

样品	青霉菌属	毛霉菌属	根霉菌属	赤霉菌属	链格孢属	德巴利氏酵母属	单端孢霉属	假丝酵母属	镰刀菌属	散囊菌属
KY0d	15.95	18.16	15.31	0.83	0.02	3.17	0	0.1	0.03	0.06
KY20d	14.41	59.94	0	0.02	0	24.14	0	0.09	0.06	0.01
KY40d	27.84	61.03	0	0.03	0	0.06	9.86	0	0	0
KY60d	15.26	46.11	0.01	0.86	36.14	1.38	0.05	0.02	0	0
SY0d	70.68	0.29	14.85	0	0.93	0.01	0.05	0	0.01	0.01
SY20d	60.63	0.11	12.87	0	0.03	0.01	0.01	0	0.02	0
SY40d	3.5	0.06	93.96	0	0.04	0	0	0	0.27	0
SY60d	3.65	0.02	94.82	0	0.21	0	0	0	0.82	0
XM0d	96.81	1.62	0.1	0.01	0.04	0.1	0.01	0.07	0	0.09
XM20d	59.96	39.54	0.1	0.01	0.01	0.09	0	0.1	0	0.02
XM40d	18.46	0.13	0	78.13	0	0	0	0.01	2.12	0.09
XM60d	31.05	17.14	0	46.08	0.14	0.05	0.02	3.81	0.08	1.31

为进一步了解豆酱酱醅发酵不同阶段的菌落信息，将物种注释进行比对分析，结果表明开原地区豆酱酱醅的 4 个不同阶段共有的细菌运算分类单元（OTU）个数为 13，共有的细菌为乳杆菌、魏斯氏菌、肠球菌、明串珠菌、葡萄球菌；真菌共有的 OTU 个数为 20，共有的真菌包括毛霉菌、青霉菌属、德巴利氏酵母属、假丝酵母属、链格孢属、根霉菌属、镰刀菌属。新民地区豆酱酱醅 4 个不同发酵阶段共有的细菌 OTU 个数为 13，共有的细菌为乳杆菌、魏斯氏菌、肠球菌、明串珠菌、假单胞菌、鞘氨醇杆菌、不动杆菌、乳球菌；真菌共有的 OTU 个数为 23，共有的真菌包括毛霉菌、青霉菌、赤霉菌、德巴利氏酵母属、假丝酵母、曲霉菌、链格孢属、帚霉菌。沈阳地区豆酱酱醅 4 个不同发酵阶段共有的细菌 OTU 个数为 17，共有的细菌为乳杆菌、魏斯氏菌、肠球菌、明串珠菌、假单胞菌、链球菌、葡萄球菌；真菌共有的 OTU 个数为 19，共有的真菌包括毛霉菌、青霉菌、链格孢属、盾壳霉属、根霉菌、单端孢霉属。

进一步，本书作者团队又以三家自然发酵豆酱（S 家、F 家、L 家）为研究对象，于 2018 年应用 Illumina MiSeq 高通量测序系统对不同发酵阶段酱块和豆酱微生物多样性进行解析。阿尔法多样性分析结果表明（表 3.3），真菌的 Chao1 指数和 ACE 指数明显低于细菌的 Chao1 指数和 ACE 指数，说明酱块样品中细菌的丰度比真菌的高。三家成熟酱块细菌 Chao1 指数排序为 SK6<LK<FK，ACE 指数排序为 LK<SK6<FK，真菌 Chao1 指数和 ACE 指数排序均为 LK<FK<SK6，说明 L 家酱块中细菌和真菌的丰度最低。

表 3.3　样品阿尔法多样性指数表

样品编号	细菌				真菌			
	Chao1 指数	ACE 指数	辛普森指数	香农指数	Chao1 指数	ACE 指数	辛普森指数	香农指数
SK1	70.30	92.15	0.94	0.37	75.20	70.14	0.51	1.28
SK2	60.00	83.47	0.97	0.12	57.00	57.20	0.42	1.21
SK3	89.00	89.32	0.34	1.44	35.00	36.54	0.50	1.09
SK4	139.15	125.60	0.47	0.93	42.00	73.35	0.28	1.48
SK5	464.73	449.38	0.11	3.08	44.50	130.64	0.43	1.04
SK6	54.33	123.98	0.77	0.41	125.15	160.97	0.38	1.26
FK	161.55	160.07	0.13	2.78	37.50	38.23	0.19	2.05
LK	84.00	87.00	0.19	1.95	32.50	37.38	0.66	0.69

S 家酱块发酵过程中主要鉴定出 3 个已知真菌菌门，分别为子囊菌门、接合菌门和担子菌门，接合菌门从发酵第一阶段的 5.06%上升到发酵第五阶段的 96.75%，而子囊菌门由发酵第一阶段的 86.56%下降到发酵第五阶段的 3.24%，在酱块发酵的最后阶段子囊菌门又重新占据优势地位，占 77.52%，接合菌门为次优势菌门，占 22.31%。S 家酱块发酵过程中主要鉴定出 6 个已知细菌门，分别为厚壁菌门、变形菌门、放线菌门、拟杆菌门、绿弯菌门和蓝藻菌门，S 家不同发酵阶段酱块的优势细菌门为厚壁菌门，占 51.32%～99.66%，其次是变形菌门，占 0.3%～30.97%，发酵第一阶段和发酵第五阶段酱块内细菌菌群最为丰富。

S 家酱块发酵过程中主要鉴定出 7 个已知真菌属，分别为青霉菌属、毛霉属、赤霉属、曲霉属、单端孢属、德巴利氏酵母属和久浩酵母属。在酱块的整个发酵阶段的优势菌群为青霉属和毛霉属，所占比例分别在 2.89%～73.75%和 5.05%～96.75%，赤霉属、曲霉属、单端孢属和久浩酵母属只在发酵的某一两个阶段出现，且占比较小。

S 家酱块发酵过程中主要鉴定出 16 个已知细菌属，芽孢杆菌在发酵第一阶段和第二阶段占主导地位，从第三阶段到第五阶段明串珠菌占主导地位，第六阶段芽孢杆菌又占据主导地位。在酱块发酵的整个阶段，第一阶段和第五阶段菌群最丰富，明串珠菌和芽孢杆菌占比分别在 0.53%～98.21%和 1.26%～94.92%。

综上，本研究阐明了传统发酵豆酱酱醅的微生物群落特征，揭示了酱醅发酵过程中真菌和细菌的群落演替，为豆酱发酵过程控制奠定了一定的理论基础。

3.3.2　豆酱制酱过程中微生物群落演替及其功能研究

1. 基于 454 焦磷酸测序技术探究豆酱自然发酵过程中微生物群落演替及代谢功能预测

针对液态酱发酵阶段的研究，本书作者团队首先于 2015 年应用 454 焦磷酸测序技术检测豆酱中微生物群落组成和丰度（姜静等，2018b），揭示豆酱自然发酵过程中微生物群落的变化规律。结果表明，在门水平上经过初步整理，20 个不同发酵时期样品（0～95 天）中共检测到 15 个已知的细菌门，其中厚壁菌门为豆酱样品在各个发酵时期的优势菌种，所占比例在 94.473%～99.829%之间，其次是放线菌门、变形菌门、蓝藻菌门和拟杆菌门。绿菌门、绿弯菌门、梭杆菌门、浮霉菌门、热袍菌门和芽单胞菌门仅在发酵 40～70 天的部分时间段出现且丰度较低，对豆酱的发酵作用影响较小。在真菌门水平上，经过初步整理，20 个样品中共检测出 3 个已知的真菌门，其中子囊菌门为豆酱样品在各个发酵时期的优势菌种，所占比例在 81.022%～99.848%之间，其次是接合菌门和担子菌门，样品中未鉴定出种类的真菌比例在 0.289%～2.956%之间。

在属水平上，20 个豆酱样品中共检出细菌 220 种，不同发酵时期相对含量差异显著。假单胞菌属、棒状杆菌属、短杆菌属、节杆菌属、杆菌属、环丝菌属、明串球菌属、肠球菌属、葡萄球菌属、气球菌属和芽孢杆菌属在各个发酵时间均有检出。葡萄球菌属和明串球菌属为豆酱中的优势菌，其含量分别在 31.0%～95.9%和 3.0%～60.3%之间，发酵 75～95 天内二者相对含量变化不显著，说明此时豆酱内微生物发酵作用减弱，豆酱品质趋于稳定；肠球菌属和四联球菌属为豆酱中的主要菌种，含量分别在 0.6%～9.54%和 0%～2.2%，说明潜在致病菌在传统发酵食品中广泛存在，有必要使用分子生物学方法进行检测。此外，共检出真菌 44 种，不同发酵时期的豆酱样品中真菌相对含量差异显著。隶属于子囊菌门的赤霉菌属、拟青霉菌属和青霉菌属在各个发酵时间均有检出且含量丰富，为豆酱中的优势菌群，其相对含量分别在 8.9%～79.5%、1.2%～90.7%和 0.2%～72.9%之间；隶属于子囊菌门的镰刀菌属、链格孢属、曲霉属真菌在大多数发酵时间内均有检出；隶属于子囊菌门的曲霉菌属、帚霉属、虫草属和隶属于接合菌门的毛霉属在发酵 95 天内分四个阶段出现，分别是 0～10 天、20～35 天、50～60 天和 70～90 天。隶属于子囊菌门的附球菌属、匍柄霉属、壳月孢属、假裸囊菌属、球囊菌属、梨孢假壳属、粉红粘帚霉，以及隶属于担子菌门的红冬孢酵母属、德巴利氏酵母属、红酵母属、柄孢壳菌属仅在某一个发酵时间有检出，对豆酱的发酵作用影响不显著。豆酱中真菌多样性变化较细菌显著，说明在豆酱发酵过程中真菌易受到内部和外部环境的影响发生变化。

为了确定不同样本中细菌基因功能的相对丰度，使用 PICRUSt 进行了 KEGG（京都基因和基因组数据库，Kyoto Encyclopedia of Genes and Genomes）代谢功能预测。结果表明，“膜转运”、“碳水化合物代谢”、“氨基酸代谢”及“复制和修复”是相对表达量较高的 4 个 KEGG 代谢途径。在发酵过程中，由细菌和真菌产生的物质（碳水化合物、氨基酸、抗生素等）通过细胞膜从细胞内部转运至发酵基质，其可能为“膜转运”相对注释丰度最高的原因。此外，还发现了与疾病相关的微生物功能，如代谢性疾病、免疫系统疾病、癌症和传染性疾病，再次说明潜在致病菌可能存在于传统发酵食品中，有必要使用分子生物学方法进行检测。有趣的是，统计分析显示各发酵时期之间的细胞生长和死亡、细胞运动性和循环系统有显著差异（$P<0.05$）。具体来说，发酵前期与末期之间的异生物素生物降解和代谢、脂质代谢、循环系统、萜类化合物及聚酮化合物的代谢和转录功能表达显著不同（Wu et al.，2018）。

2. 基于 Illumina MiSeq 高通量测序技术探究豆酱自然发酵过程中微生物群落演替

进一步，本团队以三家自然发酵豆酱（S 家、F 家和 L 家）为研究对象，于 2018 年应用 Illumina MiSeq 高通量测序系统对不同发酵阶段豆酱微生物多样性进行解析（姜静，2018）。阿尔法多样性分析结果表明（表 3.4），在三家豆酱发酵过程中，菌群丰度每一阶段都在发生变化，L 家和 F 家豆酱发酵前 14 天丰度变化处于下降趋势，S 家豆酱丰度与两家相反，处于上升趋势，随后丰度上下波动，说明菌群在豆酱发酵过程中变化明显；通过辛普森指数和香农指数对样品多样性进行比较，在豆酱发酵过程中，样品中的菌群多样性均在减少，L 家豆酱发酵过程中细菌的总体多样性大于真菌，而 F 家和 S 家真菌多样性大于细菌多样性。从整体水平来看，豆酱发酵过程中细菌的波动性远大于真菌，说明细菌在豆酱发酵过程中更加活跃。

表 3.4　样品阿尔法多样性指数表

样品编号	细菌				真菌			
	Chao1 指数	ACE 指数	辛普森指数	香农指数	Chao1 指数	ACE 指数	辛普森指数	香农指数
S1	138.83	167.50	0.48	1.53	52.20	54.27	0.55	1.12
S2	256.75	330.88	0.22	1.91	52.00	67.13	0.33	1.45
S3	160.11	183.60	0.37	1.22	43.00	44.41	0.46	1.13
S4	162.27	218.39	0.26	1.74	45.60	59.82	0.45	1.17
S5	64.50	60.48	0.31	1.38	38.00	38.60	0.50	1.14
S6	70.50	87.43	0.31	1.46	42.50	45.72	0.47	1.19
S7	64.00	78.68	0.31	1.46	43.60	51.73	0.42	1.10
S8	41.20	42.72	0.34	1.39	49.33	47.07	0.61	0.90
S9	88.20	148.50	0.42	1.26	40.75	42.78	0.62	0.92
F1	236.57	258.63	0.08	3.10	43.00	47.77	0.51	1.22
F2	176.45	186.11	0.10	2.90	38.00	54.07	0.42	1.29
F3	155.00	156.88	0.13	2.60	26.00	26.47	0.46	1.23

续表

样品编号	细菌				真菌			
	Chao1 指数	ACE 指数	辛普森指数	香农指数	Chao1 指数	ACE 指数	辛普森指数	香农指数
F4	306.20	251.08	0.31	1.80	27.75	28.88	0.54	1.05
F5	166.07	192.70	0.22	2.17	31.00	36.28	0.38	1.36
F6	227.88	213.89	0.19	2.34	32.00	36.94	0.51	1.22
F7	180.35	181.81	0.15	2.46	23.00	23.71	0.49	1.08
F8	174.00	171.29	0.17	2.44	27.50	28.36	0.69	0.77
F9	186.07	180.91	0.16	2.53	57.00	60.19	0.67	0.83
L1	242.75	242.09	0.11	2.70	46.00	44.78	0.45	1.35
L2	114.00	161.29	0.48	0.88	48.00	48.28	0.24	1.96
L3	88.67	114.63	0.47	0.96	43.50	44.35	0.41	1.40
L4	107.00	211.03	0.45	1.03	44.25	45.26	0.48	1.20
L5	68.14	71.77	0.47	1.02	40.00	39.95	0.38	1.43
L6	124.50	200.83	0.41	1.18	42.00	50.80	0.36	1.45
L7	93.00	90.03	0.40	1.18	44.14	48.07	0.49	1.14
L8	68.00	74.49	0.44	1.04	42.75	48.69	0.44	1.27
L9	89.75	116.16	0.34	1.36	43.50	44.19	0.31	1.58

物种注释结果表明，S 家豆酱发酵过程中真菌的优势菌门为子囊菌门，所占比例在 69.08%～93.02%之间，其次是接合菌门，占比在 7.65%～30.91%之间，担子菌门仅在 S1 阶段占 0.01%；四平豆酱发酵过程中细菌的优势菌门为厚壁菌门，所占比例在 86.8%～99.56%之间，变形菌门仅在 S1 阶段占 10.85%，之后直到发酵结束都稳定在 1%以下。S 家豆酱发酵过程中真菌的优势菌属为青霉菌属和毛霉菌属，占比分别在 67.32%～89.47%、7.65%～30.92%之间，赤霉属和曲霉属在四平豆酱整个发酵阶段占比都在 1%以下，说明对四平豆酱发酵过程中的作用很小。在属水平上，S 家豆酱发酵过程中细菌的优势菌属为芽孢杆菌属和四联球菌属，所占比例分别在 12.56%～68.35%、30.41%～83.09%之间，随着发酵时间的延长，四联球菌属和芽孢杆菌属含量交替上升，变化浮动比较大，菌群较为活跃。明串珠菌和魏斯氏菌也存在于四平豆酱发酵的整个阶段，比例分别在 0.99%～10.69%、0.1%～7.31%之间。

F 家豆酱发酵过程中优势真菌为子囊菌门，变化范围在 71.35%～91.6%之间，接合菌门为主要菌门，占比在 8.13%～27.99%之间，担子菌门只在样品 F1 中占 2.32%，其余发酵阶段担子菌门比例均小于 1%；F 家豆酱发酵过程中优势细菌为厚壁菌门，变化范围在 78.36%～97.26%之间，放线菌门为主要菌门，所占比例在 2.55%～18.74%之间。F 家豆酱发酵过程中主要真菌属为青霉菌属和毛霉菌属，所占比例依次在66.3%～87.04%、8.13%～28%之间，小囊菌属在F1中占8.72%，随着发酵时间的增加，小囊菌属所占比例越来越小，基本维持在0.8%～2.75%之间，赤霉菌、曲霉菌、久浩酵母菌和德巴利氏酵母菌也存在于F家豆酱整个发酵时期，不过所占比例微小。属水平上，F家豆酱发酵前期主要细菌为葡萄球菌属和肠球菌属，所占比例分别在9.05%～21.84%、11.38%～24.53%之间，发酵中后期优势菌属为四联球菌属，占比在47.9%～75.44%之间，肠球菌属在整个发酵阶段所占比例在6.79%～24.53%，为F家豆酱发酵阶段主要菌属，所以肠球菌属在整个发酵阶段都占据比较重要的地位，明串珠菌属和短状杆菌属也存在于F家豆酱发酵的整个时期，比例分别在1.35%～10.87%、1.08%～7.01%之间。

L家豆酱整个发酵阶段优势真菌门为子囊菌门，占91.54%～96.6%，担子菌门和接合菌门所占比例较小，分别为1.69%～7.39%、1.02%～5.8%之间；L家豆酱整个发酵阶段优势细菌门为厚壁菌门，占比在85.85%～99.94%之间，变形菌门在发酵第0天中占12.73%，在之后的发酵过程中所占比例在1%以下。L家豆酱整个发酵阶段优势真菌为青霉属和异常威克汉姆酵母属，所占比例分别在54.23%～78.11%、8.01%～31.12%之间，主要菌属还有毛霉菌属、久浩酵母菌属和德巴利氏酵母菌属等。在属水平上，L家豆酱发酵前期优势菌属为乳杆菌属、肠球菌属和明串珠菌属，随着发酵时间的增加，发酵体系占绝对优势菌属变为四联球菌属，占78.16%～96.55%，乳杆菌属存在于发酵的整个阶段，在1.91%～14.83%之间。

综上所述，三家豆酱在自然发酵期间真菌优势菌门都是子囊菌门，细菌都是厚壁菌门，并且都占有绝对优势。在属水平上，三家豆酱主要真菌属为青霉属和毛霉属，主要细菌属为四联球菌属、肠球菌属、芽孢杆菌属和明串珠菌属。豆酱发酵过程中，除了几种主要真菌外，也含有一些占比较少的菌属，如酵母菌。三家豆酱中共含有4种酵母菌，分别为异常威克汉姆酵母属、毕赤酵母属、久浩酵母属和德巴利氏酵母菌属，酵母菌在豆酱发酵过程中与豆酱风味息息相关，例如，德巴利氏酵母菌可以在豆酱后发酵阶段产生醇和酯等提升豆酱风味相关的物质，而毕赤酵母菌在豆酱发酵过程中产生醭，分解豆酱中的有机成分，从而降低豆酱的风味，所以虽然有些真菌和细菌在豆酱发酵过程中占据主体地位，但是也不能忽视占比较小的菌株在豆酱发酵体系中发挥的作用。

3. 基于宏基因组测序技术探究豆酱自然发酵过程中细菌群落结构及代谢功能变化

1）豆酱发酵过程中细菌的群落组成及动态变化

上述研究主要是基于16S等扩增子测序。该测序结果很难注释到种水平，而宏基因组测序则能鉴定微生物到种水平甚至菌株水平。这是因为对于16S等扩增子测序而言，能够区分种水平的特异性片段可能不在扩增区域内。而宏基因组测序则是通过对微生物基因组随机打断，并通过组装将小片段拼接成较长的序列。因此，在物种鉴定过程中，宏基因组测序具有较高的优势。此外，16S 等扩增子测序主要研究群落的物种组成、物种间的进化关系以及群落的多样性。宏基因组测序在 16S 等扩增子测序分析的基础上还可以进行基因和功能层面的深入研究（GO、Pathway 等）。因此，要想全面、深入了解豆酱发酵过程中微生物的群落结构和动态变化及微生物在发酵中的功能，实现工业化、标准化生产，必须运用更为先进的宏基因组测序技术从微生物代谢的本质上进行研究。

本团队于 2019 年以收集自不同发酵时期的豆酱样品为研究对象,采用宏基因组学结合生物信息学分析方法，对其发酵过程中细菌的群落组成和动态变化进行分析，并对细菌的功能基因进行注释，分析细菌在豆酱发酵过程中参与的代谢通路,进一步从功能注释的角度解读细菌在发酵过程中的具体作用(张鹏飞,2019)。主要研究结果如下：明串珠菌属和不动杆菌属存在于所有样品中，二者的相对丰度占群落组成的 70%左右，说明明串珠菌属和不动杆菌属可能是豆酱发酵过程中的优势菌属，而肠球菌属、肠杆菌属和泛球菌属虽然相对丰富较低，但也存在于所有样品之中，说明这些物种参与豆酱发酵的全过程。此外，不同的发酵阶段物种的群落组成存在差异，豆酱的发酵是一个动态的变化过程。从属水平上的变化趋势来看，明串珠菌属的丰度先降低后升高，最后达到 70%左右，说明明串珠菌属是豆酱发酵过程的优势菌属；不动杆菌属、肠杆菌属、泛球菌属和乳球菌属的丰度呈下降趋势，说明这些菌属可能在发酵前期发挥主要作用；而乳杆菌属的丰度先升高后降低，说明其可能参与某个阶段物质的代谢；虽然假单胞菌属和四联球菌属的丰度呈上升趋势，但它们的丰度相对较低（Illeghems et al.，2015）。

宏基因组学的一大优势就是能把体系中物种定义在种水平。通过对豆酱发酵样品在种水平上的分布进行分析，得到种水平上物种的群落组成及动态变化，详细结果如下。

豆酱发酵过程中的主要细菌为肠膜明串珠菌（*Leuconostoc mesenteroides*）、洛菲不动杆菌（*Acinetobacter lwoffii*）、鲁氏不动杆菌（*Acinetobacter lwoffii*）、约氏不动杆菌（*Acinetobacter johnsonii*）、肠杆菌亚种 638（*Enterobacter* sub sp. 638）、柠檬明串珠菌（*Leuconostoc citreum*）、铅黄肠球菌（*Enterococcus casseliflavus*）、成团泛球菌（*Pantoea agglomerans*）、乳酸乳球菌（*Lactococcus lactis*）、植物乳杆菌（*Lactobacillus plantarum*）、屎肠球菌（*Enterococcus faecium*）、乳酸明串珠菌（*Leuconostoc lactis*）、肠球菌亚种 C1（*Enterococcus* sp. C1）、格氏乳球菌（*Lactococcus garvieae*）、嗜盐四联球菌（*Tetragenococcus halophilus*）和荧光假单胞菌（*Pseudomonas fluorescens*）。从种水平上的动态变化来看，肠膜明串珠菌的丰度先降低后升高，最后达到 65%左右，成为豆酱发酵后期的优势物种；洛菲不

动杆菌和约氏不动杆菌的丰度在发酵前 30 天基本不变，维持在 15%左右，但随着发酵的进行，其丰度逐渐降低，说明不动杆菌属主要在发酵前期发挥作用；肠杆菌亚种 638、成团泛球菌、荧光假单胞菌、乳酸乳球菌和格氏乳球菌的丰度较低，但它们在发酵过程中依然在逐渐减少，说明其在环境压力和营养竞争中处于劣势；植物乳杆菌的丰度先上升后下降，说明其在发酵过程的某个环节发挥主要作用；而屎肠球菌和嗜盐四联球菌直到发酵的后期才逐渐出现，说明其在发酵后期发挥作用。此外，随着发酵时间的延长，低丰度菌种的丰度逐渐降低，说明随着发酵的进行，低丰度的菌种数逐渐减少。这可能是因为各种细菌的共同繁殖存在营养竞争，一旦某些物种在竞争中处于优势，其就会抑制其他菌群的生长。从 S4 开始，肠膜明串珠菌成为发酵体系中的优势物种，发酵体系处于一种平衡状态直至发酵结束，说明肠膜明串珠菌抑制了其他细菌的生长，与其结果一致（唐筱扬，2017）。

豆酱发酵是一个动态的变化过程，因此不同发酵阶段其群落组成既有相似性又有差异性。通过对不同样品进行非度量多维尺度分析和优势物种聚类分析，得到样品间的差异性和相似性，通过核心物种统计分析，得到发酵过程中物种数的变化趋势，详细结果如下。

非度量多维尺度（nonmetric multidimensional scaling，NMDS）分析常用于比对样本组之间的差异，在 NMDS 分析中，样品在图中的距离越近，说明样品越相似，如图 3.1 所示。

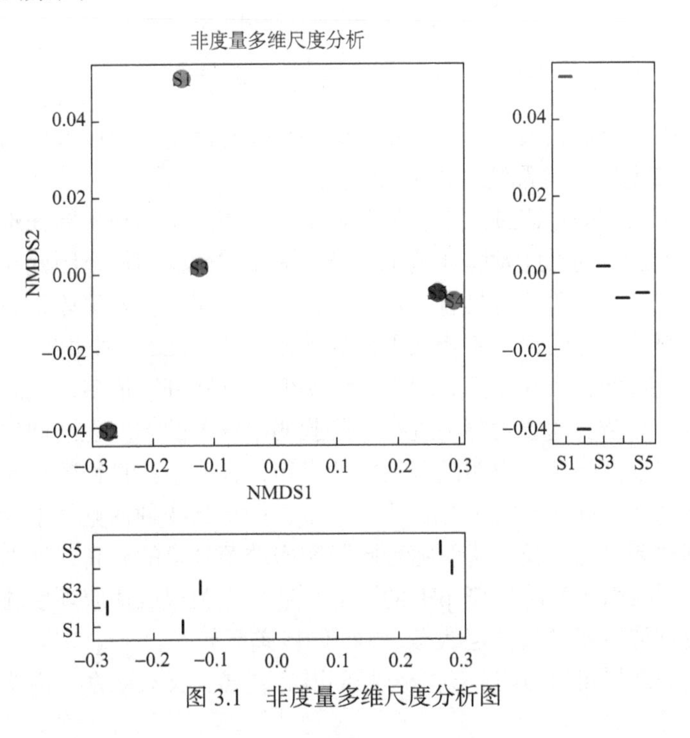

图 3.1　非度量多维尺度分析图

从图 3.1 可知，S4 和 S5 样品聚集在一起，不同的小单元之间距离较远，说明发酵前期发酵体系内微生物的代谢作用影响其内部环境，发酵体系中微生物的群落随时间的变化而变化。随着发酵的进行，发酵体系逐渐稳定，体系内微生物的群落结构达到动态平衡，从而使发酵后期不同样品之间物种差异较小。NMDS 分析表明，发酵体系内部的细菌群落结构在发酵中前期变化较大，发酵后期逐渐稳定，这与直观上的细菌群落组成图结果一致。

聚类分析可用于描述不同样品之间的距离关系，有利于看出不同样品之间的层级关系，如图 3.2 所示。

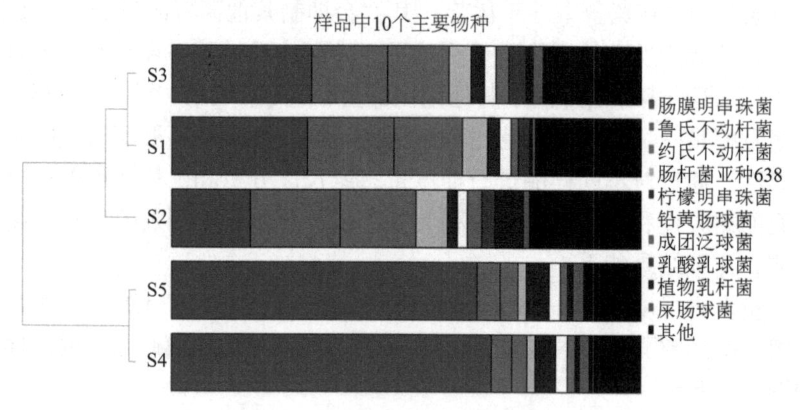

图 3.2　优势物种聚类树状图

通过图 3.2 可知，S1 和 S3 样品之间的差异很小，S4 和 S5 也是如此。但是，S2 和 S5 的距离较远，表明 S1 和 S3、S4 和 S5 样品中细菌的群体结构具有更高的相似性，S2 与其他样品之间的差异较大。

在 S2 阶段，即豆酱进入后发酵阶段不久，酱醅中的很多菌株难以在高盐状态下生长而死亡，同时此发酵环境也会产生大量的耐盐菌株，因此在发酵中前期阶段，豆酱样品的细菌群落具有一定的独特性，说明豆酱发酵体系内微生物的相互作用与外部环境之间存在着相互平衡的关系。S2 和 S3 阶段相对于 S1，优势物种的相对丰度降低，而其他部分增多，说明低丰度物种数增多，此时样品的细菌群落结构较为复杂。随着发酵的进行，肠膜明串珠菌的丰度逐渐增加，其他物种的丰度都不同程度降低，说明随着发酵的进行，样品中的物种数在减少。这可能是因为各种细菌在同一环境下存在营养竞争，一旦某物种在竞争中处于优势，其就会抑制其他菌群的生长，说明随着肠膜明串珠菌含量的升高，其抑制了其他细菌的生长，同时由于发酵环境 pH 的降低，部分细菌很难适应环境胁迫而慢慢消失，从而使发酵体系进入稳定状态，S4 和 S5 差异较小。

从前面的结果可以看出，5 个样品间既有差异，又有联系，说明每个样品中都存在共有和特有的微生物种类。统计多个样品中共有和特有的物种数，从而确定物种数的变化趋势。结果表明，S1 至 S5 分别包含 673 个、577 个、609 个、521 个和 488 个物种，其中每个阶段分别有 94 个、32 个、43 个、21 个和 14 个物种是其特有物种，说明随着发酵的进行，无论是发酵体系中的物种总数还是其特有物种数都呈下降趋势。5 个样品的共有物种数为 379 个，说明这些物种一直存在于豆酱发酵过程中；结合 NCBI 中相应数据库的比对条数可以推断，虽然 S1 样品的物种数并没有高出很多，但其测出的数据量较大，可能的原因是制曲阶段细菌的生长比较充分，而且发酵容器等外部环境还携带了大量的细菌。对各样品之间的交集进行分析，发现 S1、S2 和 S3 相互的交集数要明显高于 S4 和 S5 与其他样品之间的交集数，一方面可能是由于随着发酵时间的增加，样品中的物种数目减少，另一方面可能是由于发酵前期杂菌数较多，随着发酵的进行，杂菌消失，发酵体系稳定，从而使发酵后期与其他时期之间的交集变少；此外，通过图 3.2 也可以看出，在豆酱发酵过程中，既有原始物种的消失，也有新物种的产生，说明豆酱的发酵过程是特定环境选择微生物的演替过程。这些结果表明豆酱发酵过程中细菌的群落组成随发酵时间的变化而变化，变化趋势是向多样性逐渐降低的方向进行的。

2）豆酱发酵过程中细菌基因的功能注释与解析

宏基因组主要研究微生物的群落和功能情况，通过前面的分析已经了解了豆酱发酵过程中微生物的群落结构和动态变化，豆酱的发酵与微生物的代谢息息相关。进一步，将宏基因组序列与不同的数据库进行比对，有助于研究微生物在豆酱发酵过程中的作用。本部分主要将宏基因组序列比对 KEGG 和 eggNOG 数据库，KEGG 主要侧重于代谢通路的注释，eggNOG 主要侧重于直系同源物的注释，虽然两个数据库的侧重点不同，但都能反映发酵过程中微生物的功能途径。

豆酱中细菌的功能基因主要涉及 5 个大类，即新陈代谢（metabolism）、遗传信息加工（genetic information processing）、环境信息加工（environmental information processing）、人类疾病（human diseases）和细胞工程（cell engineering），其中与新陈代谢有关的功能基因所占比例最多，占 56%。每一大类下又包含许多的小类，其中新陈代谢分为 11 小类、遗传信息加工分为 3 小类、环境信息加工包括 2 小类、人类疾病分为 2 小类、细胞工程分为 2 小类，共计 20 小类。对每一小类进行的分析表明，与碳水化合物代谢（carbohydrate metabolism，14%）、氨基酸代谢（amino acid metabolism，11.5%）、膜转运（membrane transport，12%）、能量代谢（energy metabolism，7.5%）、信号转导（signal transduction，6.5%）、矿物质和维生素代谢（mineral and vitamin metabolism，7%）及核酸代谢（nucleic acid metabolism，6.5%）功能相关的基因在豆酱发酵过程中比例较高。此外，发酵环境中仍有少量的基因与耐药性（drug resistance）、细菌性感染疾病（bacterial infectious diseases）及细胞的生长和凋亡（cell growth and death）有关。

碳水化合物作为细胞结构和能量供应的主要成分，在调节细胞生命活动中起着重要的作用。碳水化合物是大豆的主要成分之一，在豆酱的发酵过程中被微生物分解为小分子物质，这些小分子物质作为中间产物继续参与其他的代谢途径，因此，与碳水化合物代谢有关的功能基因占有较高比例（崔亮，2019）。氨基酸的组成比例及含量与豆酱的风味密切相关，同时氨基酸的组成比例也是评价豆酱营养价值的重要指标。在此项研究中，样品中氨基酸的组成和含量更符合各种推荐模式，表明与氨基酸代谢相关的基因在豆酱发酵过程中更具活性。宏基因组学结果表明，豆酱中与氨基酸代谢相关的基因占很大比例，充分证实了氨基酸评分结果。此外，氨基酸主要由蛋白酶分解蛋白质产生，孙常雁的研究表明豆酱发酵过程中蛋白酶活性较高，蛋白质作为大豆的主要成分之一，为氨基酸的产生提供了充足的保障，不同的氨基酸参与不同的代谢途径，因此与氨基酸代谢相关的酶活性较高。在豆酱发酵过程中，细菌分泌的酶将通过跨膜转运转运到发酵底物，这可能是因为与膜转运和信号转导相关的酶含量较高。每种代谢活动都需要消耗和产生能量，因此与能量代谢相关的功能基因具有较高的比例。明串珠菌是豆酱发酵中的优势物种，但其属内所有种的生长均离不开烟酸、硫胺素、泛酸和生物素，说明豆酱发酵过程中与矿物质和维生素代谢相关的功能基因占有一定比例。值得注意的是，研究发现一小部分基因与人类疾病有关，表明豆酱发酵过程中的一些微生物可能与病原体相关的基因同源。不可否认的是，对豆酱中细菌群落的原始数据进行分析，检测到如志贺氏菌的存在，说明豆酱中存在致病菌，但其含量较低，不具有消费风险，同时这也为完善豆酱的生产条件提供一定的数据参考。

将测序基因序列比对 eggNOG 数据库，其注释结果共分为 24 类，其中未知功能（function unknown）的基因在数据库中比对数最多，与通用功能预测（general function prediction）、无机离子转运与代谢（inorganic ion transport and metabolism）、氨基酸转运与代谢（amino acid transport and metabolism）、碳水化合物转运与代谢（carbohydrate transport and metabolism）、能量的产生与转换（energy production and conversion）、细胞壁/膜/包膜生物发生（cell wall/membrane/envelope biogenesis）、信号转导机制（signal transduction mechanism）、复制、重组和修复（replication, recombination and repair）、转录（transcription）等相关的基因在数据库中比对率较高，而与染色质结构和动力学（chromatin structure and dynamics）、RNA 加工和修饰（RNA processing and modification）、细胞外结构（extracellular structure）等相关的基因在数据库中比对率较低。

传统酿造是一种半天然复杂微生物的加工系统，酿造过程中蕴含着丰富的微生物资源，因此酿造过程是研究复杂微生物加工系统的理想模型。目前已有很多学者对发酵食品中的微生物群落结构进行分析，然而相对于发酵体系中的微生物群落，人们筛选鉴定出的物种少之又少，很多物种还未筛选鉴定，仍有大量的基因功能还未被发现，因此未知功能相关的基因在数据库中比对的研究较多。豆酱发酵是微生物群落生长和繁殖的过程，因此与基础代谢相关的酶活性较高。从前文可知，随着豆酱发酵的进行，pH 逐渐降低，也有研究表明豆酱中食盐含量随发酵时间的延长逐渐上升，随着外部环境逐渐变得恶劣，微生物为了自身的生长必须改变其代谢机能和胞外结构，而开放阅读框（ORFs）序列中含有少数与染色质结构和动力学、RNA 加工和修饰及细胞外结构相关的基因。

由前文可知，豆酱发酵过程包含许多代谢过程，而每一个过程都会有微生物参与，因此研究微生物在代谢通路中的作用对于控制发酵将具有理论指导意义。尽管已有很多学者对豆酱中微生物的功能进行研究，但是对于相关通路的代谢机制仍然只停留在表面，并没有对代谢通路中具体酶的来源进行追踪。下面将对豆酱发酵过程中的部分代谢通路进行分析，找出与代谢通路有关的酶并追踪酶的来源，详细结果如下（姜静，2018）。

1）与碳水化合物代谢相关的通路分析

碳水化合物是大豆的主要成分之一，主要包括低聚糖和大豆多糖，丙酮酸和乙酰辅酶 A 是代谢通路的中心化合物，是其他代谢的物质基础。研究表明，丙酮酸是糖类、蛋白质和脂肪之间相互转化的纽带。在豆酱发酵过程中，丙酮酸通过不同的代谢机制发挥作用。首先，在丙酮酸脱氢酶复合物 E1 组分和二氢硫辛酰胺乙酰转移酶的作用下生成乙酰辅酶 A，研究表明丙酮酸脱氢酶系主要来自于细菌。乙酰辅酶 A 在不同酶的作用下生成不同的中间产物，这些中间产物分别参与三羧酸（TCA）循环，脂肪酸的生物合成，缬氨酸、亮氨酸和异亮氨酸的降解等生物过程。其次，丙酮酸与乙醇的产生有关，尽管本试验的结果显示豆酱中的细菌不能产生丙酮酸脱羧酶直接将丙酮酸氧化成乙醛，但乙醛可以通过其他途径产生，乙醛在醇脱氢酶催化下被 NADH 还原成乙醇，通过对醇脱氢酶的来源进行分析，表明大多数细菌基本都可以产生醇脱氢酶。此外，丙酮酸也可以在苹果酸脱氢酶和乳酸脱氢酶的作用下生成苹果酸和乳酸，苹果酸和乳酸继续参与其他的代谢途径，苹果酸脱氢酶和乳酸脱氢酶的来源也相对较为广泛。

2）与氨基酸代谢相关的通路分析

氨基酸代谢在豆酱发酵中发挥重要作用，氨基酸及其代谢产物与豆酱的风味密切相关，柠檬酸循环为氨基酸代谢提供了物质基础，不同的氨基酸参与不同的代谢途径。首先，柠檬酸在乌头酸水合酶的作用下生成异柠檬酸，异柠檬酸通过异柠檬酸脱氢酶的作用转变成 α-酮戊二酸，α-酮戊二酸经过谷氨酸合成酶的作用生成 L-谷氨酸，L-谷氨酸经过一系列反应参与不同的代谢途径，如氨基糖的代谢、精氨酸和脯氨酸代谢及氮代谢等；其次，柠檬酸在柠檬酸合酶的作用下生成乙酰辅酶 A，乙酰辅酶 A 参与脂肪酸的加工过程；再次，柠檬酸在柠檬酸裂解酶的作用下生成草酰乙酸，草酰乙酸也参与到其他代谢过程中；最后，缬氨酸、亮氨酸和异亮氨酸的降解、酪氨酸的代谢等都与柠檬酸循环有关。此反应过程中除了柠檬酸裂解酶没有相关基因外，其他的酶类均可以检测出来，而且并非某专一物种特有的酶，说明许多的物种都可以参与基础代谢。尽管柠檬酸裂解酶在豆酱发酵体系中没有细菌的基因表达，但草酰乙酸可以通过丙氨酸、天冬氨酸、谷氨酸代谢等其他途径释放，因此不影响其他代谢过程。

碳水化合物代谢、氨基酸代谢作为细胞生长的基础代谢过程，其代谢过程涉及的许多酶系在各物种中都可以表达，很难体现单个物种的特异性功能。

3）与豆酱颜色相关的通路分析

食品的色泽是人们评价其品质好坏的重要方面，豆酱作为饮食中的佐餐品更是如此，如何控制豆酱的色泽已成为解决其产业发展的关键问题。豆酱的色泽主要是由其色素的含量决定的，目前关于豆酱中色素的来源主要有以下几种报道：一是豆酱中的糖类经过焦糖化反应生成焦糖；二是豆酱中的糖类物质与氨基酸发生美拉德反应，从而造成类黑素的积累；三是豆酱中的酪氨酸在氧气充分的情况下，通过酪氨酸酶的作用发生酶促氧化，其产物经过分子重排及聚合反应生成黑色素。由此可知豆酱中色素的积累既包括酶促褐变又包括非酶褐变，Lertsiri 等的研究表明豆酱发酵过程中自始至终都伴随着美拉德反应，而焦糖化反应条件要求较高。因此，研究酪氨酸酶的来源及特性将有助于控制豆酱的色泽。

豆酱中的酪氨酸在酪氨酸酶的作用下进行羟基化反应生成多巴胺和多巴醌，多巴胺也可以在酪氨酸酶的作用下形成多巴醌，多巴醌经过分子的重排及聚合反应形成多巴色素，多巴色素继续反应生成黑色素。此反应既包括酶促反应又包括非酶反应。由此可以看出，酪氨酸酶在此通路中发挥关键的作用，如果能够减少酪氨酸酶的含量将有利于减缓豆酱中黑色素的产生。对与酪氨酸酶合成相关的基因在豆酱发酵过程中的含量变化的分析表明，其基因的含量随着发酵时间的延长而降低，说明酪氨酸酶主要在发酵前期发挥作用。在 KEGG 中对酪氨酸酶的来源进行追踪发现，酪氨酸酶是由绿针假单胞菌（*Pseudomonas chlororaphis*）分泌，而绿针假单胞菌是豆酱中微生物的重要组成部分，有研究人员从土壤中分离出 5 株假单胞菌，生理生化实验表明绿针假单胞菌可以降解酪氨酸，也有分析表明绿针假单胞菌可以抑制许多杂菌的生长。因此，如果发酵前期控制绿针假单胞菌的生长而接种敲除相关基因的绿针假单胞菌将有利于减缓豆酱色泽的形成。此外，酪氨酸酶在豆酱发酵过程中还参与了其他的代谢通路，如次级代谢产物的生物合成、异喹啉生物碱的生物合成及其他代谢途径，抑制豆酱中酪氨酸酶的含量是否影响其他的代谢通路仍需要继续研究。

4）与生物胺合成相关的通路分析

豆酱在发酵过程中含有一定量的杂菌，这些杂菌的存在使豆酱发酵的结果存在不确定性，本部分对豆酱中部分潜在的有害物质的形成机制也进行了分析。生物胺是一类具有生物活性含氮有机化合物的总称，包括组胺、酪胺、色胺、尸胺、腐胺和精胺，在人和动物活性细胞中发挥着重要生理作用，但当摄入过量时，会引起人头痛、呼吸紊乱等过敏性反应和症状，严重时可危及生命。豆酱作为传统的发酵食品，是我国乃至亚洲人民饮食中重要的调味品，其生产环境较为开放、蛋白质含量丰富，发酵过程中易产生生物胺，致使豆酱存在一定的危险性。因此，探究豆酱发酵过程中生物胺的合成途径，找到关键微生物对产生生物胺的调控作用，对降低豆酱中生物胺含量，提高豆酱的安全性至关重要。

豆酱中的精氨酸在精氨酸酶的作用下生成鸟氨酸，此后鸟氨酸在鸟氨酸脱羧酶的催化作用下转变为腐胺，腐胺经过亚精胺合成酶的作用转为亚精胺，亚精胺进一步反应生成精胺，此代谢通路主要涉及三种酶，即精氨酸酶、鸟氨酸脱羧酶和亚精胺合成酶。通过在 KEGG 中对酶的来源进行追踪发现，精氨酸酶主要由四种菌产生，即鞘氨醇杆菌（*Sphingomonas* sp.）、运动发酵单胞菌亚种（*Zymomonas mobilis* subsp.）、克雷伯氏杆菌（*Klebsiella oxytoca*）和嗜麦芽窄食单胞菌（*Stenotrophomonas maltophilia*），鸟氨酸脱羧酶和亚精胺合成酶的来源较为广泛。通过对与精氨酸酶合成相关基因的来源进行分析，发现与精氨酸酶合成相关的基因来自于发酵前期阶段，结合豆酱发酵过程中细菌的群落组成分析，发现鞘氨醇杆菌、运动发酵单胞菌亚种、克雷伯氏杆菌和嗜麦芽窄食单胞菌存在于豆酱整个发酵过程中，说明精氨酸酶主要在发酵前期发挥作用。在 KEGG 代谢通路中，也发现地衣芽孢杆菌可以产精氨酸酶，但对精氨酸酶合成基因的来源分析表明，地衣芽孢杆菌在豆酱发酵中不产精氨酸酶，说明环境因素影响基因的表达，豆酱中的微生物是发酵体系自然选择的结果。此外，在之前关于豆酱微生物多样性的研究中很少检测到鞘氨醇杆菌、运动发酵单胞菌亚种、克雷伯氏杆菌和嗜麦芽窄食单胞菌，通过宏基因组学技术检测到其存在于豆酱发酵体系中，说明其在豆酱发酵过程中含量极低，或者其在酱醅发酵阶段就已经出现，随着酱醅进入到发酵体系，在此证明宏基因组学精准度较高。

酪氨酸、L-赖氨酸以及 L-组氨酸分别经过酪氨酸脱羧酶、赖氨酸脱羧酶和 L-组氨酸脱羧酶的作用生成酪胺、尸胺和组胺。通过在 KEGG 中对酶的来源进行追踪发现，酪氨酸脱羧酶和 L-组氨酸脱羧酶来自于荧光假单胞菌（*Pseudomonas fluorescens*），而赖氨酸脱羧酶来源较为广泛，如肠杆菌亚种 638（*Enterobacter* subsp. 638）、阪崎克罗诺杆菌（*Cronobacter sakazakii*）等。

本部分主要研究了豆酱发酵过程中细菌的群落组成及其动态变化，对于豆酱体系中的生物胺含量及种类并没有深入研究，因此并不确定本试验样品中生物胺的含量是否超标，但本试验通过宏基因组学技术对豆酱发酵过程中生物胺的合成机理进行了分析，对于后续控制豆酱中生物胺的含量提供了理论支持。

3.3.3 酱醅与豆酱微生物关联组学研究

为进一步探究酱醅与豆酱微生物间的关联，研究人员分别取 S 家、F 家和 L 家成熟酱块和发酵前三阶段豆酱，分析酱醅与液态酱中微生物的演替关系。

1. S 家酱块与豆酱微生物关系研究

从 S 家酱块与豆酱真菌门水平分布来看，共检测出 2 个已知真菌门，其中酱块中，子囊菌门占 77.55%，接合菌门占 22.31%，为酱块中的优势菌门；酱块下酱后，豆酱前三阶段子囊菌门和接合菌门依然为豆酱中的优势菌门，占比分别在 77.55%～82.6%、17.4%～22.31%。从 S 家酱块与豆酱细菌门水平来看，共检测出 3 个已知细菌门，其中酱块厚壁菌门占 90.01%，为酱块的优势菌门，变形菌门占 8.83%；下酱后，豆酱前三阶段 S1～S3 中，厚壁菌门依然为优势菌门，所占比例在 86.8%～99.56%，变形菌门仍有 7%左右存在于 S1 阶段，但 S2、S3 阶段变形菌门迅速减少至 1%以下。

S 家酱块和豆酱发酵前三阶段共检测出 4 个已知真菌属，其中共有的 OTU 个数为 20。酱块中的优势菌属为青霉属、毛霉属和赤霉属，占比分别在 55.75%、22.31%、19.73%；酱块加入盐水后，青霉属和毛霉属依然为前三阶段的优势菌群，所占比例分别在 80.02%～82.29%、11.89%～18.23%，赤霉属在下酱后迅速减少，S1 阶段占 1.55%，S2、S3 阶段逐渐减少到 1%以下。

S 家酱块和豆酱样品共检测出 10 个已知细菌属，其中共有的 OTU 个数为 15。酱块中存在 3 个细菌属，分别为芽孢杆菌属、假单胞菌属和乳杆菌属，其中芽孢杆菌属占 86.88%，为酱块的优势菌属，假单胞菌属占 12.86%，为次优势菌属，乳杆菌属仅占 0.01%；酱块加入盐水后，前三阶段芽孢杆菌逐渐减少，由 S1 阶段的 68.35%减少到 S3 的 12.56%，在豆酱中代表芽孢杆菌为枯草芽孢杆菌（*Bacillus subtilis*）和地衣芽孢杆菌（*Bacillus licheniformis*），减少的原因可能是随着发酵的进行，发酵体系内的乳酸菌产乳酸使总酸升高，pH 下降，较低的 pH 对地衣芽孢杆菌的生长产生抑制作用。假单胞菌属在豆酱发酵阶段逐渐减少，在 S3 阶段仅占 0.06%，假单胞菌属为导致食品腐败的重要腐败细菌，其为非发酵菌属，严格需氧型细菌，可能豆酱发酵过程中的无氧环境不利于假单胞菌属的生长。四联球菌属在 S2 阶段迅速增加，到 S3 阶段成为豆酱中占绝对优势的细菌。

2. F 家酱块与豆酱微生物关系研究

F 家酱块和豆酱发酵前三阶段共检测出 3 个已知真菌门，分别为子囊菌门、担子菌门和接合菌门。在酱块阶段，子囊菌门和接合菌门为优势菌门，占比分别在 54.21%和 42.38%，担子菌门占 3.41%；加入盐水发酵后，子囊菌门依然为豆酱发酵前期的优势菌门，并且随着发酵时间的延长而增加，占比在 68.84%～77.17%

之间，接合菌门为第二优势菌门，占比在 22.47%～28.82%之间，并且随着发酵时间的延长而减少，猜测子囊菌门和接合菌门之间可能存在某些菌群之间的相互作用，从而导致子囊菌门的增加和接合菌门的减少。F 家酱块和豆酱发酵前三阶段共检测出 3 个已知细菌门，分别为厚壁菌门、放线菌门和变形菌门。在酱块阶段，厚壁菌门占 75.2%，为 F0 的优势菌门，放线菌门和变形菌门为主要菌门，占比分别为 9.61%和 15.19%；加入盐水后，厚壁菌门依然为优势菌门，并且随着发酵时间的延长而增加，所占比例在 78.36%～92.3%之间，放线菌门在 F1 阶段含量增加，占 18.74%，F2、F3 阶段放线菌门含量又减少，分别占 10.4%、7.48%。变形菌门在下酱后迅速减少，由于 S 家变形菌门在下酱后也迅速减少，所以可能原因是变形菌门不适应环境的改变。

F 家酱块和豆酱发酵前三阶段共检测出 7 个真菌属，其中共有的 OTU 个数为 21。在酱块中，优势菌属为毛霉菌属，占 41.96%，主要菌属为青霉菌属和赤霉菌属，分别占 23.91%和 21.37%，加入盐水后，豆酱发酵前期的优势菌属为青霉菌属，占比在 57.22%～71.65%之间，毛霉菌属为主要菌属，占比在 22.46%～28.82%之间，赤霉菌属在下酱后迅速减少，占比仅在 1.05%～1.33%之间。

F 家酱块和豆酱发酵前三阶段共检测出 11 个已知细菌属，其中共有的 OTU 个数为 94。在酱块阶段优势细菌为乳杆菌属，占 16.79%，主要细菌为欧文氏菌属、芽孢杆菌属、葡萄球菌属和短状杆菌属，分别占 8.29%、5.32%、5.41%和 5.89%；加入盐水后，豆酱发酵前期，优势菌群为葡萄球菌属和肠球菌属，所占比例分别在 10.06%～25.38%、11.38%～24.53%，酱块中的葡萄球菌和肠球菌都随着酱块进入到豆酱中，且所占比例比酱块中的大，乳杆菌随着发酵时间的延长而减少，酱块中欧文氏菌消失。在 F3 阶段四联球菌占 42.03%，为豆酱发酵过程中的优势菌群，加入盐水后，嗜盐乳酸菌适应环境大量繁殖，导致四联球菌属占据主导地位。

3. L 家酱块与豆酱微生物关系研究

L 家酱块和豆酱发酵前三阶段共检测出 3 个已知真菌门，分别为子囊菌门、担子菌门和接合菌门。在酱块中，子囊菌门是绝对优势菌门，占 99.99%；加入盐水后，子囊菌门依然为辽中豆酱发酵前期的优势菌门，占比在 91.54%～94.32%之间，酱块中没有出现的担子菌门和接合菌门，在豆酱发酵前期出现，占比分别在 2.66%～7.39%和 1.02%～5.8%之间。L 家酱块和豆酱发酵前三阶段共检测出 3 个已知细菌门，分别为厚壁菌门、放线菌门和变形菌门。在酱块中，厚壁菌门为优势菌门，占 75.2%，放线菌门和变形菌门为主要菌门，分别占 9.61%和 15.19%；加入盐水后，在豆酱发酵初期，厚壁菌门随着发酵时间的延长而增加，所占比例在 78.36%～92.3%之间，放线菌门基本维持在 7.48%～10.4%之间，变形菌门在

F1 阶段占 12.9%，在随后的 F2 和 F3 阶段下降到 1%以下，再次验证了变形菌门不适应环境条件的改变，导致含量下降。

L 家酱块和豆酱发酵前三阶段共检测出 8 个真菌属，其中共有的 OTU 个数为 18。酱块中小囊菌属占 81.63%，青霉属占 16.19%，为酱块的优势菌属；L1 中青霉菌属占 81.55%，异常威克汉姆酵母菌属占 8.02%，而小囊菌属仅仅占 0.42%；L2 中青霉菌属占 68.6%，小囊菌属占 0.67%，异常威克汉姆酵母菌属占 11.3%；L3 中青霉菌属占 71.36%，异常威克汉姆酵母菌属占 18.45%，小囊菌属占 0.19%；酱块中青霉菌属在豆酱中得到了延续，豆酱中所占比例基本保持稳定，酱块中含量极少的异常威克汉姆酵母菌属在豆酱中所占比例仅比青霉菌属低，是豆酱中的第二优势菌属，有研究表明，酵母菌属主要存在于豆酱发酵前期，成为优势菌群的原因可能是酵母菌属喜好潮湿环境，酱块阶段，体系内缺少水分，而在豆酱发酵时期由于盐水的加入，发酵体系内潮湿多水，酱块中含量极少的酵母菌属在适合的条件下迅速繁殖。

L 家酱块和豆酱发酵前三阶段共检测出 9 个已知菌属，其中共有的 OTU 个数为 28。酱块乳杆菌属占 88.17%，明串珠菌属占 7.95%，肠球菌属占 1.38%；豆酱 L1 阶段乳杆菌属占 51.55%，肠球菌属占 12.59%，明串珠菌属占 10.9%，可以看出在酱块和豆酱 L1 中优势菌群都是乳杆菌属，其次是明串珠菌属，肠球菌属在 L1 中比例上升，但 L2、L3 阶段肠球菌比例又下降，L2 中四联球菌属占 96.55%，而乳杆菌属只占到 1.91%，L3 中四联球菌属占 95.23%，乳杆菌占 2.59%，随着发酵的进行，豆酱中的优势菌群变成四联球菌属，这是由于下酱过程中加入盐水，导致发酵过程中嗜盐乳酸菌大量繁殖，而四联球菌中的嗜盐四联球菌在高盐浓度下能够快速繁殖。

分析以上三家酱块与豆酱微生物关系可知，酱块与豆酱优势菌门基本相同；酱块与豆酱中的优势真菌属主要为青霉菌属；变形菌门存在于酱块中，并且存在比例远远大于豆酱中的变形菌门；酱块中存在极少的四联球菌属，由于生存环境的改变，其在豆酱发酵过程中迅速成为占绝对优势的细菌属。

4. 工业发酵酱醅与豆酱微生物关系研究

如图 3.3 所示，工业发酵酱醅（FK）和豆酱发酵前三阶段（F1、F2、F3）共检测出 3 个已知真菌菌门，分别为子囊菌门、担子菌门和接合菌门。在酱醅阶段，子囊菌门（54.21%）和接合菌门（42.38%）为优势菌门，担子菌门占 3.41%；后期发酵过程中，子囊菌门依然为豆酱发酵的优势菌门，并且随着发酵时间的增加而呈增加趋势，含量在 68.84%～77.17%之间，接合菌门为次优势菌门，含量在 22.47%～28.82%之间，但随着发酵时间的延长含量呈减少趋势。F 样品酱醅和豆酱发酵前三阶段共检测出 3 个已知细菌菌门，分别为厚壁菌门、放线菌门和变形菌门。在酱醅阶段，厚壁菌门（75.2%）为 F 样品的优势菌门，放线菌门（9.61%）和变形菌门（15.19%）为次要菌门；后期发酵过程中，厚壁菌门依然为优势菌门，并且随着发酵时间的延长含量逐渐增加，所占比例在 78.36%～92.3%之间，放线菌门在 F1 阶段含量增加，占 18.74%，F2、F3 阶段放线菌门含量减少，分别占 10.4% 和 7.48%。变形菌门含量在下酱后迅速减少。

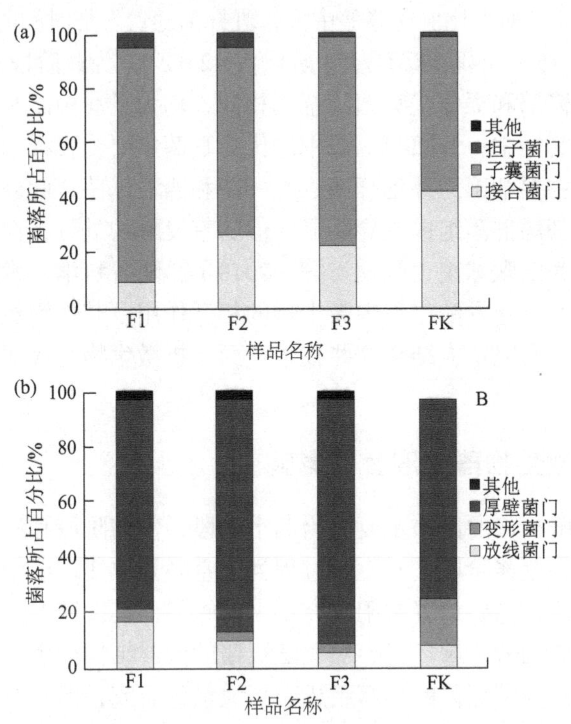

图 3.3　酱醅与豆酱样品真菌和细菌在门水平分布

（a）真菌，“其他”类含量过少，未显示；（b）细菌

在属水平上，工业发酵酱醅和豆酱发酵前三阶段共检测出 5 个真菌菌属。在酱醅中，优势菌属为毛霉菌属（41.96%），主要菌属为青霉菌属（23.91%）和赤霉菌属（21.37%）；后期发酵过程中，发酵前期的优势菌属为青霉菌属，占比在 57.22%～71.65%之间，毛霉菌属为主要菌属，含量在 22.46%～28.82%之间，赤霉菌属在下酱后迅速减少，含量仅在 1.05%～1.33%之间。毛霉菌属在酱醅中大量存在，毛霉菌属可以分泌多种多样的酶，如蛋白酶、淀粉酶、脂肪酶等，这些酶可以将蛋白质、淀粉和脂肪等大分子物质降解为利于其他微生物利用的小分子物质，它也可以协同细菌、酵母菌的发酵作用，生成一些有机酸、酯类等物质。研究表明，毛霉菌属是腐乳发酵的主要菌种，其可以提高大豆蛋白的水解率。酱醅中的青霉菌属和毛霉菌属在豆酱中继续生长，但青霉菌属在豆酱中所占比例基本

保持稳定，毛霉菌属在下酱后含量降低，说明相对于青霉菌属，毛霉菌属在高盐环境中很难生存。此外，共检测出 11 个已知细菌菌属。在酱醅阶段优势细菌属为乳杆菌属（16.79%），主要细菌为枝芽孢杆菌（6.32%）、葡萄球菌（5.41%）、短状杆菌（5.89%）和肠球菌（3.57%）；后期发酵过程中，优势菌为葡萄球菌和肠球菌，占比分别在 10.06%～25.38%和 11.38%～24.53%，葡萄球菌和肠球菌在酱醅和豆酱中均检测到，且豆酱中所占比例比酱醅中大，乳杆菌随着发酵时间的增加而减少，欧文氏菌在豆酱中消失。四联球菌在 F3 阶段占 42.03%，为此阶段的优势菌属。

综上所述，酱醅和豆酱优势菌门基本相同，均为子囊菌门和厚壁菌门，变形菌门主要存在于酱醅中；酱醅与豆酱中的优势真菌主要为青霉菌和毛霉菌，但细菌的组成不同，主要细菌为芽孢杆菌、乳杆菌和四联球菌；此外，不同酱醅发酵的豆酱发酵前期细菌群落组成差异明显，但随着发酵的进行，优势菌属无明显差异，主要优势菌为四联球菌（张鹏飞等，2019）。随着科学技术的发展，多组学技术为研究酱醅及豆酱发酵过程中微生物的相互作用及其作用机制提供了技术支持，因此在此后的研究中应结合这些技术全面分析微生物的代谢作用，从而指导工业化生产。

3.3.4 环境对微生物群落演替的影响

传统自然发酵豆酱的制作主要分为两个阶段，酱醅阶段和制酱阶段。与酱醅阶段不同的是，在制酱阶段，其发酵过程处于室外开放式环境中。由于传统农家自然发酵豆酱的酱缸都要放置在阳光充足、能够保证其发酵温度的田地上，因此有理由怀疑酱缸周围的土壤环境会对发酵豆酱的菌群结构产生一定影响。近年来，虽然国内外对自然发酵豆酱的群落组成做了大量的研究，但鲜有研究指出土壤环境对自然发酵豆酱微生物菌群结构的影响。目前，关于土壤环境对发酵食品菌群结构影响的报道大多集中于白酒窖泥及酒厂土壤的研究，已有报道称土壤环境会对白酒发酵过程中的微生物的数量和优势菌群产生影响，从而影响酒质的优劣。因此，探究土壤环境对自然发酵豆酱细菌菌群结构影响具有重要意义。基于前文提到的研究结果，研究人员进一步对采集自吉林四平、辽中两家传统自然发酵的成熟酱醅、豆酱以及酱缸周围土壤环境的细菌群落结构进行系统分析，以期探究土壤环境对发酵豆酱细菌菌群结构的影响。研究结果表明，样品 S1、S2、S3 与土壤单独共有（排除与酱醅共有）的 OUT 数分别为 27（36.49%）、15（26.79%）、7（16.67%）。到了发酵后三个阶段，单独共有 OUT 数分别减少为 24（34.78%）、7（19.44%）、10（23.26%）。样品 L1、L2、L3 与土壤单独共有的 OUT 数分别为 47（40.51%）、9（21.95%）、13（25%）。到了发酵后三个阶段，单独共有的 OUT 数分别减少为 11（23.40%）、5（11.90%）、18（28.13%），变化趋势与四平样品结果相似。

结果表明，两家豆酱在发酵的第一个阶段（S1、T1），豆酱与土壤单独共有 OUT 数目及比重均达到峰值，说明此阶段土壤环境对发酵豆酱的 OUT 影响最大。随着发酵的进行，这种影响逐渐减弱并上下波动，且与多样性指数分析结果一致。可能的原因为：在发酵的第一个阶段，也就是下酱时期，土壤环境与豆酱直接接触的机会最多，存在较大规模的细菌相互扩散，从而对豆酱初期的菌群结构产生了一定影响。后期随着发酵的进行，菌群结构会趋于相对稳定，同时土壤环境与豆酱接触的机会减少，因此土壤环境对后期豆酱菌群结构影响较小。

相较于发酵豆酱而言，土壤中的细菌菌属较为复杂，其中放线菌门中的考克氏菌属（0.28%～1.57%）仅在土壤及豆酱样品中（尤其是发酵前期）有较高丰度，而在酱醅样品中并未大量发现。有报道称，考克氏菌属是自然发酵腐乳中的优势菌属之一，其菌株胞外蛋白酶可以水解大豆蛋白产生氨基酸等风味物质。同时这也再次印证了，土壤环境的确会对豆酱菌群结构产生一定影响，且主要的扩散菌门为放线菌门的这一观点。

在辽中样品丰度前二十的菌属中并未找到土壤与豆酱有明显相关性的菌属，其原因可能为：①下酱过程中操作手法的不同，使土壤环境与豆酱接触少；②辽中土壤样品中放线菌门的相对丰度较低，无法深入影响发酵豆酱菌群结构或是所影响的菌属丰度较低，无法在图中体现。该结果也与之前门水平的研究结果一致。两家豆酱细菌群落结构有较大差异，表明传统发酵豆酱中细菌菌群结构组成与原料、制作手法、地区差异均有密切联系，因此还需要进行后续试验和数据积累，并结合如转录组、代谢组等其他组学共同研究，以期进一步了解传统自然发酵豆酱风味和微生物组成差异的原因。

综上所述，土壤环境的确会对豆酱菌群结构产生一定影响，且主要的扩散细菌为放线菌门中的考克氏菌属，但随着发酵的进行，这种影响会逐渐减弱，并维持在一定水平。此外，土壤环境中的霉菌对豆酱菌群结构是否存在影响还有待探讨，同时还需结合其他组学共同研究，以期进一步了解环境对豆酱发酵过程中微生物群落演替的影响。

第 4 章

蛋白质组学在发酵豆酱功能研究中的应用

4.1 蛋白质组学

4.1.1 蛋白质组学概述

蛋白质组学（proteomics）的概念最早由 Wilkins 和 Williams 等于 1994 年提出，是指在特定环境和时间内，大规模水平上分析蛋白质的变化（Pandey and Mann，2000）。其内容包括蛋白质的鉴定、定位和定量，以及蛋白质修饰的分析和蛋白质-蛋白质网络的阐明。蛋白质组学是最直接的对特定环境和生物功能本质的研究，结合分子和生化工具，针对功能基因和相应的蛋白质，从功能的角度重新审视微生物生态学的概念，这种研究具有巨大的生物学意义。

近 20 年来，伴随着人类基因组计划的实施和推进，生命科学研究已进入了后基因组时代。作为后基因组时代的蛋白质组学研究成为前沿热点研究领域之一，取得了空前的发展。

1989 年，电喷雾离子化技术发明，使得用质谱分析生物大分子成为可能。

1993 年，肽指纹图谱技术发明，推动了蛋白质鉴定技术的发展。

1994 年，澳大利亚学者 Wilkins 和 Williams 第一次提出蛋白质组学概念。

1996 年，利用二维凝胶电泳技术，实现了对酵母全蛋白的分析。同年，澳大利亚建立了世界上第一个蛋白质组研究中心：Australian Proteome Analysis Facility（APAF）。丹麦、加拿大、日本也先后成立了蛋白质组研究中心。

2001 年，国际人类蛋白质组组织（Human Proteome Organization，HUPO）正式宣告成立，推动了蛋白质组学研究领域的发展。在 2002 年国际蛋白质组研讨会上，科学家明确提出了开展“人类肝脏蛋白质组计划”（Human Liver Proteome Project，HLPP）的建议，并于 2003 年正式启动，至此人类蛋白质组计划的帷幕正式拉开，该项目也是我国科学家在生命科学领域领导的一次重大国际合作项目。我国于 1998 年启动了“人类肝脏蛋白质组计划”。2010 年，我国团队完成肝脏蛋白质组的检测，共鉴定到 6788 个蛋白质，至此第一个人类器官的全蛋白质组检测工作得以完成。中国人类蛋白质组计划（Chinese Human Proteome Project，CNHPP）于 2014 年 6 月全面启动实施。这是中国科学界乃至世界生命科学领域一件具有里程碑意义的大事。目前已有胃癌（2018 年）、肝癌（2019 年）、肺腺癌（2020 年）等多方面的临床转化的研究成果，实现了蛋白质组研究和应用的系统突破。这是中国科学家主导的“蛋白质组学驱动的精准医学”的重大突破，引领了国际蛋白质组学与精准医学研究的汇聚，具有广泛的社会意义。

蛋白质组学根据其研究目的可分为结构蛋白质组学、功能蛋白质组学和比较蛋白质组学。结构蛋白质组学侧重于亚细胞蛋白质组的分析，对于细胞组成及通路研究具有重要意义。功能蛋白质组学则是蛋白质组研究的最终目的，即阐明某功能相关蛋白质的活动规律以及蛋白质间相互作用的问题。比较蛋白质组学是以重要的生理过程为研究对象，研究病理或生理过程中蛋白质的差异表达；比较蛋白质组学是蛋白质组学研究的重要策略，通过比较蛋白质组学能够揭示蛋白质调控网络并对其有更深入的认识。

经过 20 多年的发展，蛋白质组学研究技术不断发展、完善，已经形成了多种广泛应用的技术手段。以凝胶分离技术、生物质谱技术等为主的蛋白质组学技术体系，被广泛应用于基础医学、动物学、植物学、微生物学等诸多蛋白质组研究领域。基于凝胶的技术有二维凝胶电泳（2-DE）、二维荧光差异凝胶电泳（2D-DIGE）、蓝绿温和聚丙烯酰胺凝胶电泳（BN-PAGE）、清澈温和聚丙烯酰胺凝胶电泳（CN-PAGE）、高分辨 CN-PAGE、四维正交凝胶电泳系统（4-DES）、广谱四维正交凝胶电泳系统（BS4-DES）等。2-DE 是最早开发的蛋白质组学技术，具有高通量、高分辨率、可与质谱联用的特点，被广泛应用于比较蛋白质组学研究。差异凝胶电泳（DIGE）是 2-DE 的一种改良形式，该技术避免了 2-DE 重复性差的问题，可准确检测不同样品间蛋白质丰度差异。这些基于凝胶的方法被用于质谱（MS）分析，以及用于相对表达谱分析。目前，用于蛋白质组学研究的质谱技术分为非靶向蛋白质组学质谱技术和靶向蛋白质组学质谱技术。其中，非靶向蛋白质组学质谱技术是检测样本中所有在检测限范围内的蛋白质，多用于外泌体差异蛋白质的筛选或信号通路分析，根据用于蛋白质定量的方法，它可分为标记定量技术[多肽体外标记（TMT）技术、同位素标记相对和绝对定量（iTRAQ）技术、细胞培养条件下稳定同位素标记（SILAC）技术等]和非标记定量技术。而靶向蛋白质组学质谱技术是对数十个目标蛋白质进行检测，多用于已知蛋白质的验证，主要包括多反应监测质谱技术和平行反应监测质谱技术。蛋白质组学是一门严重依赖质谱仪器的学科，随着质谱仪器性能（分辨率、质量精确度和扫描速度等）、复杂生物样品分离技术和基于人工智能的生物信息学数据处理方法等的不断发展，高灵敏度蛋白质组学将广泛应用于各个领域。

综上所述，蛋白质组学是采用高分辨率的蛋白质分离手段，结合高效率的蛋白质鉴定技术，全面研究在各种特定情况下蛋白质谱的一门新兴学科，同时也是对基因组学的补充，是转录组学和代谢组学之间的重要联系。蛋白质组学的建立为研究蛋白质水平的生命活动开辟了更为广阔的前景，提供了新型有效的研究手段。

4.1.2 宏蛋白质组学发展现状及新技术

宏蛋白质组学（metaproteomics）定义为“在给定时间点对环境微生物群的整个蛋白质补体的大规模表征”（Kolmeder and de Vos，2014），是直接从环境来源回收的所有蛋白质的研究。宏蛋白质组能够对特定样品中微生物菌群代谢产生的全部蛋白质进行大规模研究，探索微生物组成及代谢方式；揭示环境中蛋白质的组成与丰度、蛋白质的不同修饰、蛋白质和蛋白质之间的相互关系，可以认识微生物群落的发展、种内相互关系、营养竞争关系等。

宏蛋白质组技术分析因蛋白质复杂多样的特点，对检测技术要求具有高通量、高灵敏度、动态范围广、质量估计精确等特点。目前，宏蛋白质组学分析常常使用基于液相色谱的分离技术以及基于质谱的肽段鉴定技术。①色谱技术。双向凝胶电泳-质谱技术是一种应用较为广泛的经典方法，但该技术在分离一些低丰度、疏水性蛋白时，效果不佳。色谱技术能够获得更加精确的蛋白质信息，将会在宏蛋白质组学的研究中得到较为广泛的应用。近年来，人们提出了一种荧光差异显示双向凝胶电泳（F-2D-DIGE）的定量蛋白质组学分析方法。此外，DIGE 技术所检测到的蛋白质丰度变化是真实的，已经在各种样品中得到应用。②质谱技术。宏蛋白质组学研究中常用的质谱检测方法是：串联质谱（MS/MS）法、基质辅助激光解吸电离-飞行时间质谱（MALDI-TOF-MS）以及四极杆-飞行时间串联质谱（QTOF-MS）。特别是新兴的轨道阱（orbitrap）质谱技术，可利用痕量样品鉴定蛋白质，可以用于环境样品中低丰度的蛋白质分析检测（田露等，2019）。以质谱技术为基础的蛋白质分析目前主要依靠非标记（lable-free）定量技术与同位素标记相对和绝对定量（iTRAQ）、多肽体外标记（TMT）、细胞培养条件下稳定同位素标记（SILAC）等体内外标记技术（苟萌，2020）。非标记定量技术可分析大量蛋白质质谱数据，操作简便，多用于微生态中宏蛋白研究。这些定量技术主要采取数据依赖采集（DDA）模式，随着动态范围更广、准确度更高的数据非依赖采集（DIA）模式的发展与成熟，蛋白质的定量与定性将达到前所未有的深度。随着质谱技术的不断发展，衍生出了新型 4D 蛋白质组学技术，实现了蛋白质组学更深度的覆盖。4D 蛋白质组学在基于保留时间（retention time）、质荷比（m/z）、离子强度（ion intensity）这三个维度对肽段离子进行定性和定量研究的基础上，增加了第四维度——离子淌度（ion mobility）的分离，实现了蛋白质组学鉴定深度、检测周期、定量准确性等性能的革命性提升。

此外，生物信息学分析是宏蛋白质组学所有步骤中最具挑战性的。计算分析困难是由于宏蛋白质组的数据结构复杂，缺乏关于微生物群落的先验信息以及有限或低质量的参考元组数据库。与自然群落共生的物种可能还不完全清楚，这意味着不能从参考数据库（RefSeq、UniProt 或 IMG）收集蛋白质数据库。因此，能够自动化处理大规模数据的工具与信息全面准确的数据库是蛋白质组学发展的必然要求。目前，宏蛋白质组数据库主要通过两种手段获取：通过 16S 测序得到大体物种组成后在公共数据库中提取相应物种序列数据库进行整合；或者通过全基因组/转录组测序等手段深度测序样品中的 DNA/转录组信息。

在近 10 年中，宏蛋白质组学技术已经应用于多个环境微生物群落的研究中，从活性污泥、土壤到人类肠道微生物群，对微生物生态系统功能产生了许多重要见解。随着蛋白质组学研究中样品制备方法及高通量测序技术的进步，宏蛋白质组学必将在将来的研究中发挥更加重要的作用。宏蛋白质组学揭示了微生物的代谢途径、与环境的响应关系和微生物间相互作用等；可以更好地开发传统发酵食品，对推进传统发酵食品的产业化具有极其重要的意义。

4.2　蛋白质组学技术在发酵食品中的应用

4.2.1　蛋白质组学研究

近年来，蛋白质组学研究技术已被应用到生命科学的各种领域，如细胞生物学、神经生物学、食品科学、微生物学等。在研究对象上，覆盖了原核微生物、真核微生物、植物和动物等范围，涉及各种重要的生物学现象，如信号转导、细胞分化、蛋白质折叠等。在未来的发展中，蛋白质组学的研究领域将更加广泛。

在发酵食品领域，蛋白质组学为研究发酵食品中的微生物、改进发酵食品的生产工艺以及提高发酵食品的质量等方面提供了新的研究思路。为了揭示微生物的耐盐机制，Li 等从传统发酵的大酱中筛选了植物乳杆菌 FS5-5（Li et al., 2019），采用液相色谱-串联质谱联用技术（LC-MS/MS）通过 iTRAQ 的定量蛋白质组学方法测定了各组的差异表达蛋白（DEP）。耐盐微生物分泌的蛋白质参与氨基酸代谢、碳水化合物代谢、核苷酸代谢和 ABC 转运蛋白的功能。FS5-5 在盐胁迫下的生长依赖于不同调控系统的共同作用，揭示了微生物耐盐反应的分子机制。米曲霉是酱油制曲环节的主要菌株，在大曲发酵阶段能产生丰富的酶类物质分解原料，对酱油风味的形成具有至关重要的作用。Zhao 等通过对米曲霉沪酿 3.042 和米曲霉 100-8 的二维凝胶图蛋白质点的比较（Zhao et al., 2012），经过一级质谱验证以后确认了 522 个蛋白点。其中有 288 个蛋白点在米曲霉 100-8 中有较高的表达丰度，而有 163 个蛋白点的表达丰度较低。进一步分析表明，其中 63 个丰富的蛋白质参与了糖酵解和柠檬酸循环，与氨基酸生物合成和代谢相关的蛋白有 43 个丰度较高，10 个丰度较低；其中两种含量较高的蛋白质参与了维生素的生物合成；其中 5 种含量较高的蛋白质和 4 种含量较低的蛋白质与次生代谢物有关。研究结果揭示了酱油发酵过程中米曲霉的关键基因和蛋白对酱油风味产生的影响，为酱油工艺的改进提供了理论基础。

4.2.2 宏蛋白质组学研究

迄今为止，宏蛋白质组学研究涵盖了各种环境样品，包括发酵食品、酸性矿山废水、生物膜废水、海洋采样、土壤系统、冻土、人类微生物组和各种环境生态及肠道菌群。其中，发酵食品体系作为一个独特的微生态系统，其微生物群落结构复杂、功能多样，与发酵食品的品质和风味有直接的关系。宏蛋白质组学可用于在蛋白质水平上探索发酵食品微生物的功能和关键酶，从而加深对发酵食品生态系统的认识。

1. 发酵豆制品

为了验证蚕豆醅这种高盐高渗胁迫环境下潜在蛋白及多肽降解功能的微生物，鲍奕达（2020）选取发酵后期样品进行胞外宏蛋白质组学分析，共检测到 318 种蛋白，在 COG 注释中检测到 145 种蛋白，其中有 9 种有氨基酸代谢活性。有 5 种肽酶来自曲霉，2 种来自芽孢杆菌，2 种来自葡萄球菌。因此，曲霉属、芽孢杆菌属和葡萄球菌属可能是郫县豆瓣蚕豆醅潜在的蛋白及多肽降解功能微生物。Zhang 等（2018）对大酱中的蛋白质进行研究，建立了 SDS-PAGE 分离纯化蛋白质的方法，并对大酱后发酵阶段的微生物蛋白质进行了鉴定。大酱的 51 种常见蛋白质中，有 25 种来源于微生物，真菌蛋白的主要微生物来源是酿酒酵母和裂殖酵母，细菌蛋白的主要微生物来源是粪肠球菌、肠膜明串珠菌、鲍曼不动杆菌和枯草芽孢杆菌，从而揭示大酱发酵的关键微生物。Xie 等（2019a）对 12 个酱醅进行宏基因组学分析的基础上，运用宏蛋白质组学对其蛋白质组分类和功能多样性进行了分析。此外，还监测了群落功能水平的变化，尽管肠杆菌、肠球菌和其他九个属是酱醅的主要属，但大多数蛋白质是通过地霉、根霉和青霉表达的。同时，Xie 等根据对传统大酱关键微生物、酶和风味形成途径的了解，通过比较宏蛋白质组学的方法，研究了传统大酱与商品大酱在微生物分类学、功能特征、代谢模式等方面的差异。在传统发酵和商业发酵大酱中分别鉴定出 3493 种和 1987 种蛋白质，并对其微生物来源进行了分类。大多数蛋白质可归因于五种主要代谢途径：戊糖磷酸途径、淀粉代谢、蔗糖代谢、半乳糖代谢和丙酮酸代谢。

2. 发酵酒精制品

1）白酒

Zheng 等（2015）对中国 30～300 年浓香型白酒的窖泥进行了宏蛋白质组学比较，在 300 年窖泥中鉴定出 63 种蛋白差异表达，59 种蛋白高表达。它们参与了甲烷生成、己酸和丁酸的形成，可能有助于在 300 年的窖泥发酵过程中产生更多的有机化合物。在白酒的糖化发酵过程中，丝状真菌等微生物产生水解酶，将淀粉降解为可发酵糖，而酿酒酵母同时将糖转化为乙醇和风味化合物。Wu 在酱香型白酒生产中，通过调节其接种比，研究了稻瘟病菌和酿酒酵母之间的相互作用。通过详细的代谢谱对比分析，发现稻瘟病菌不仅为酿酒酵母提供了可发酵的糖，而且在食糖消耗上与酿酒酵母竞争，产生了不同的风味成分。链霉菌污染和由此产生的土黏蛋白造成了一种泥土味，是中国白酒中普遍存在的问题（Zhi et al.，2016）。研究人员从茅台大曲中分离出拮抗芽孢杆菌菌株，在模拟发酵实验中，这些芽孢杆菌菌株明显抑制了优势菌 *Streptomyces sampsonii* 的生长，有效降低了土臭素的产量，且通过质谱鉴定出抗菌物质为脂肽，这两项研究突出了基于综合代谢组学分析的白酒发酵优化和生物控制的潜力。宏蛋白质组学方法促进了对发酵酒精饮料更深入的认识。张武斌等（2013）对汾酒大曲宏蛋白质组的制备与双向电泳的条件进行了研究，分别对样品制备方法、蛋白溶解方法、上样量等进行了优化，建立了汾酒大曲宏蛋白质组的双向电泳体系。

2）黄酒

孔令琼等（2012）以黄酒麦曲浸提物为研究对象，分别比较了三氯乙酸（TCA）-丙酮沉淀法、丙酮沉淀法、2D Clean-up 试剂盒法对麦曲宏蛋白组提取的影响，初步建立了适用于黄酒麦曲提取液的宏蛋白质组制备方法，获得了较为理想的二维电泳图谱。在此基础上，Zhang 等（2012）通过双向电泳技术结合串联质谱分析对绍兴黄酒生麦曲进行了宏蛋白质组学研究，共成功鉴定蛋白 144 个，其中 18 个蛋白点来源于米曲霉、黑曲霉、烟曲霉、米根霉、木霉、产黄青霉、蜡样芽孢杆菌等 14 种微生物所分泌的 16 种蛋白，通过对蛋白功能进行分类，共包括水解酶类、糖代谢酶、氧化还原酶、抗性蛋白、贮藏蛋白以及功能未知的假定蛋白 6 类。研究结果为深入了解麦曲功能及黄酒酿造机制奠定了基础。

3. 发酵乳制品

发酵过程中微生物群落的变化和相互作用对奶酪的质量有重要影响。从蛋白质的角度研究奶酪，有助于提高对功能性微生物作用的认识，为控制发酵过程和食品安全提供理论依据。Dugat-Bony 等（2015）通过在实验奶酪中进行宏基因组分析、宏蛋白组分析和理化性质分析，研究了一种成熟奶酪群落的功能特性，发现在奶酪发酵的早期，在表达高水平的乳酸脱氢酶途径中，乳球菌和克鲁维酵母的活动使乳糖快速消耗，由乳糖产生的乳酸盐随后被汉斯德巴氏酵母菌（*Debaryomyces hansenii*）和白地霉（*Geotrichum candidum*）快速消耗。

4. 发酵肉制品

Ji 等（2017）通过“鸟枪”宏蛋白质组学方法，对中国传统发酵鱼翘嘴鳜的 2175 个蛋白质进行了鉴定和注释，共发现其中 1217 个蛋白参与代谢途径，352 个蛋白与氨基酸代谢有关。其中，在链球菌、芽孢杆菌、埃希菌和交替单胞菌中鉴定出 63 种氨基酸降解相关蛋白，表明这些菌株具有产生香气化合物的潜力，为发酵鱼的特殊风味做出了贡献。这一发现揭示了发酵鱼中菌株及其表达蛋白的信息，有助于更好地改善发酵鱼的品质和风味。

5. 发酵茶

普洱茶是一种典型的发酵茶，分为生茶和熟茶两种，是在较高温度和湿度下加速发酵制得。Zhao 等（2015）采用组学方法对普洱茶 21 天发酵过程中的微生物组学和蛋白质组学进行了研究；比较了宏蛋白质组学的四种提取方法，并对蛋白质组进行了鉴定。研究发现，假单胞菌属和乳球菌属是主要的细菌属，曲霉属是主要的真菌属，代谢 50.45%的鉴定蛋白。该方法可以为普洱茶中微生物群落的功能状态提供机理上的见解。Zhao 等通过宏蛋白质组学的深入分析，发现了酚苷、没食子酸酯、儿茶酚等酚类物质代谢相关的酶，构建了酚类物质的代谢网络，这对了解茶叶发酵加工和品质控制机制至关重要。由此可见，宏蛋白质组学在分子表型分析中具有重要作用。

尽管已经有一些宏蛋白质组学在发酵食品当中的应用，如高酸度米醋、普洱茶的固态发酵、中国白酒的发酵都已经开展了宏蛋白质组学的研究，但宏蛋白质组学仍然是一个在发酵食品中前景广阔但尚未被充分开发的领域。因此，随着宏蛋白质组学技术在食品发酵领域的应用日益广泛，对微生物群落结构及其酿造机理的认识将会更加全面。

4.3 蛋白质组学技术在发酵豆酱功能研究中的应用

豆酱发酵时间较为漫长，精准解析豆酱发酵过程中的关键发酵微生物及其相关酶类的功能本质，可对提升豆酱产品品质起指导作用。蛋白质组学技术是研究特定环境和时刻中生物功能本质的有效手段。豆酱微生物宏蛋白质组研究，可为发现功能蛋白质标记物、种系发生以及微生物群体的功能性分析提供依据，也为进一步揭示微生物与豆酱品质形成关系提供参考依据。

4.3.1　豆酱中微生物胞内和胞外宏蛋白质组提取及分析

1. 豆酱微生物宏蛋白质组提取方法的建立

豆酱中的蛋白质组成复杂，微生物种类繁多，无法通过纯培养等技术进行逐一的分析鉴定，而宏蛋白质组学技术对研究对象限制性小，不依赖纯培养，一次可做大量研究，能够有效地解决豆酱研究中面临的种种问题。豆酱微生物的宏蛋白质组包括胞内宏蛋白质组和胞外宏蛋白质组，蛋白质样品提取作为研究的第一步，直接影响最终的试验结果。本试验利用 SDS-PAGE 建立了豆酱中胞内和胞外宏蛋白质组的提取方法（薛亚婷，2016），为以后的研究奠定基础。

（1）胞内宏蛋白质组提取方法：2000 r/min 离去杂质，6000 r/min 收集菌体，液氮研磨破碎菌体，TCA-丙酮沉淀蛋白质，丙酮清洗蛋白质，26W 功率超声裂解。

（2）胞外宏蛋白质组提取方法：6000 r/min 除去杂质，12000 r/min 收集蛋白质沉淀，丙酮清洗蛋白质，26W 功率超声裂解。

2. 不同样品的胞内蛋白质功能及微生物来源

豆酱中微生物的宏蛋白质组是指所有微生物产生的全部蛋白质，包括胞内宏蛋白质组和胞外宏蛋白质组。豆酱的宏蛋白质组是一个复杂庞大的体系，对不同豆酱样品微生物宏蛋白质组进行提取和分析，可了解不同样品中微生物宏蛋白质组在组成、功能和微生物来源上的异同点，从而为解决豆酱生产过程中的种种问题、保障消费者的安全使用奠定基础。

以实验室、沈阳、葫芦岛和朝阳的四份豆酱为原料，提取其微生物胞内宏蛋白质组，利用 SDS-PAGE 和 LC-MS/MS 联用技术鉴定蛋白质种类，通过蛋白质生物信息学技术分析蛋白质的微生物来源，比较不同样品的胞内蛋白质功能及微生物来源的异同点。四份豆酱样品微生物胞内宏蛋白质组的功能主要分为与蛋白质合成有关的蛋白质、与糖代谢有关的蛋白质、与核酸合成有关的蛋白质和其他功能蛋白质。四份豆酱中微生物胞内宏蛋白质组在种水平上的共同微生物来源包括明串珠菌、肠膜明串珠菌、粪肠球菌、乳酸乳球菌、鲍曼不动杆菌、清酒乳杆菌、植物乳杆菌、德氏保加利亚乳杆菌、干酪乳杆菌和酿酒酵母。四份豆酱胞内宏蛋白质组的微生物来源，在目水平上的共同来源包括异单胞菌目、杆菌目和双核菌目。

3. 不同样品的胞外蛋白质功能及微生物来源

以实验室、沈阳、葫芦岛和朝阳的四份豆酱为原料，提取其微生物胞外宏蛋白质组，利用 SDS-PAGE 和 LC-MS/MS 联用技术鉴定蛋白质种类，通过蛋白质生物信息学技术分析蛋白质的微生物来源，比较不同样品的胞外蛋白质功能及微生物来源的异同点。四份豆酱样品微生物胞外宏蛋白质组的功能主要分为与蛋白质合成有关的蛋白质、与糖代谢有关的蛋白质、与核酸合成有关的蛋白质和其他功能蛋白质。四份豆酱中微生物胞外宏蛋白质组在种水平上的共同微生物来源包括明串珠菌、鲍曼不动杆菌、解淀粉芽孢菌、酿酒酵母和裂殖酵母。四份豆酱胞外宏蛋白质组的微生物来源，在目水平上的共同来源包括杆菌目、肠杆菌目和双核菌目。

4.3.2　自然发酵不同时期豆酱酱醅宏蛋白质组学分析

东北传统豆酱的制作主要分为两个阶段，制醅阶段和制酱阶段，其中制醅阶段尤为重要，酱醅为豆酱提供丰富的微生物，不同的微生物参与豆酱发酵会产生独特的风味。不同地区的气候差异和制作习惯的差异使豆酱中的微生物不同，风味也略有不同，为了使商品酱的风味达到自然发酵豆酱的水平，探究自然发酵豆酱酱醅中的微生物显得尤为重要，深入了解其微生物群和所涉及的基因及作用方面具有重要的科学意义。唐筱扬（2017）于 2017 年对辽宁省沈阳市品质较好的农家豆酱酱醅进行采样。从制成酱醅起，分别在其发酵 0 天、20 天、40 天、60 天采集试验样品进行宏蛋白质组提取和质谱鉴定，为发现豆酱中功能蛋白质标记物以及微生物群体的功能性分析提供依据，也为进一步揭示微生物与豆酱品质形成关系提供参考依据。

1. 蛋白质检测结果

沈阳地区豆酱酱醅发酵不同阶段 4 份样品蛋白在 14～120 kDa 范围内得到一定的分离，蛋白条带较为单一，其中 40 kDa 左右的蛋白条带丰度较高，无降解现象，可以进行下一步试验。图 4.1 是本次鉴定到肽段的长度分布。肽段长度为 3～10 时，被鉴定到的肽段数目较多，且随着肽段长度的增加，鉴定到的肽段数目减少。

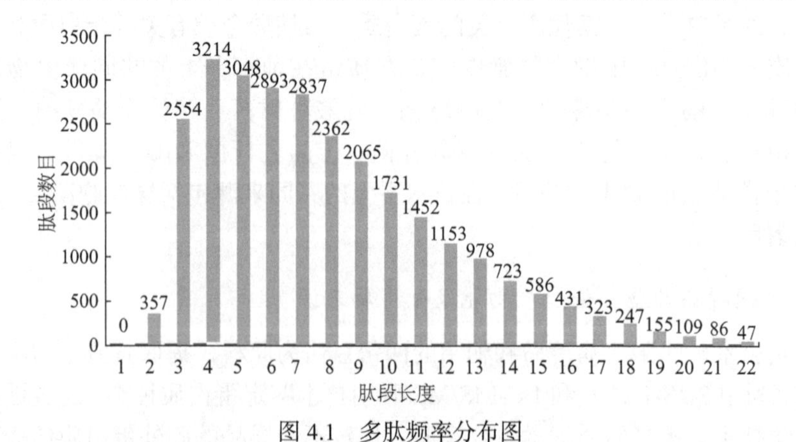

图 4.1　多肽频率分布图

2. 蛋白质鉴定结果

对提取的蛋白质进行质谱鉴定分析，查库结果以假阳性率（FDR）≤0.01筛选过滤后，4个不同发酵时期（0天、20天、40天、60天）共得到1415个蛋白质。

3. 宏蛋白物种注释分析

利用UniProt数据库上的蛋白质物种信息，对鉴定得到的1415个蛋白质进行分类学分析，逐级往上进行，获得蛋白质在各个分类学水平上的物种注释，使用物种对应的蛋白质丰度总和计算该物种的丰度,并统计物种在各个样品中的丰度，最后得到相应分类学水平上的丰度谱。其中来自根霉菌的蛋白质222种，占总蛋白质的15.7%；来自青霉菌的蛋白质196种，占总蛋白质的13.9%；来自横梗霉的蛋白质42种，占总蛋白质的3.0%；来自酵母属的蛋白质41种，占总蛋白质的2.9%；来自曲霉菌的蛋白质40种，占总蛋白质的2.8%；来自球孢子菌的蛋白质33种，占总蛋白质的2.3%；来自隐球菌的蛋白质33种，占总蛋白质的2.3%；来自假裸囊菌属的蛋白质25种，占总蛋白质的1.8%；来自假丝酵母的蛋白质23种，占总蛋白质的1.6%；来自肺囊虫菌的蛋白质20种，占总蛋白质的1.4%；来自地霉菌的蛋白质19种，占总蛋白质的1.3%；来自德巴利氏酵母属的蛋白质18种，占总蛋白质的1.3%。

4. 宏蛋白功能注释分析

Cluster of Orthologous Groups的缩写为COG，即直系同源聚簇，是对蛋白质进行直系同源分类的数据库。COG数据库除了可以预测单个蛋白质的功能，还可以预测整个基因组中蛋白质的功能。对鉴定得到的1415个蛋白质与COG数据库中的蛋白质进行对比，其中参与翻译、核糖体结构和生物转化的酶有400个；参与RNA加工和修饰的酶有14个；参与转录的酶有8个；参与复制、重组和修复的酶有5个；参与染色质的结构和动态的酶有14个；参与细胞周期调控、有丝分裂和减数分裂的酶有6个；参与细胞核结构的酶有2个；参与信号转导基质的酶有18个；参与细胞壁/膜的生物合成的酶有2个；参与细胞骨架的酶有37个；参与胞内运输分泌和膜泡运输的酶有28个；参与翻译后修饰、蛋白代谢、分子伴侣的酶有244个；参与能源生产和转换的酶有147个；参与碳水化合物运输和代谢的酶有149个；参与氨基酸运输和代谢的酶有41个；参与核苷酸运输和代谢的酶有6个；参与辅酶运输和代谢的酶有16个；参与脂质运输和代谢的酶有16个；参与无机离子运输和代谢的酶有23个；参与次级代谢产物的合成、转运和分解的酶有13个；参与一般性功能预测的酶有59个；参与未知功能的酶有1个。

在鉴定得到的 1415 个蛋白质中，参与碳水化合物运输和代谢的酶有 149 个，主要有 3-磷酸甘油醛脱氢酶、烯醇酶、3-磷酸甘油酸激酶、尿苷二磷酸葡萄糖焦磷酸化酶、6-磷酸葡糖酸脱氢酶、葡萄糖-6-磷酸异构酶、丙酮酸激酶、果糖-1,6-酮糖醛缩酶等。参与碳水化合物运输和代谢的蛋白质大多来自根霉菌和青霉菌。豆酱制作过程中，酱醅发酵为发酵的前期阶段，依靠微生物分泌复杂的酶类降解原材料，将蛋白质降解成多肽和氨基酸，淀粉转化为多糖、双糖和单糖，为后期酵母菌和乳酸菌发酵提供物质条件。本试验鉴定到的烯醇酶、3-磷酸甘油酸激酶、6-磷酸葡糖酸脱氢酶、丙酮酸激酶为糖酵解的关键酶，糖酵解可以为微生物发酵提供所需能量。进一步通过 KEGG 对鉴定到的蛋白质进行代谢途径分析，发现这些蛋白质主要参与糖酵解途径（Q96VN5，EC:5.3.1.1；M7SQA8，A1C5E9，P78958R7SAE5，A5DDG6，P0CN74，EC:1.2.1.12；B2AYB4，F8N1J9，W4KMI6，A3LQD6，EC:4.2.1.11；G2XDD2，EC:2.3.1.12；Q6CU43，EC:1.2.1.3；O13309，EC:1.1.1.1）。还有少部分蛋白质参与淀粉和蔗糖代谢（A0A0D1DVU2，EC:2.7.7.9；Q9UUI7，EC:3.1.3.12）、磷酸戊糖途径（Q754E1，EC:1.1.1.44；G2X2G4，EC:1.1.1.49）。

参与蛋白代谢的酶有 24 个，主要有天门冬氨酰蛋白酶、丝氨酸羧肽酶、枯草杆菌蛋白酶相关蛋白酶等。参与蛋白代谢的蛋白质大多来自根霉菌和青霉菌。

参与氨基酸运输和代谢的酶有 41 个，主要有蛋氨酸合成酶Ⅱ、顺乌头酸酶、腺苷三磷酸酶、丝氨酸羧肽酶等。参与氨基酸运输和代谢的蛋白质大多来自根霉菌、青霉菌、孢子丝菌及酵母菌。通过 KEGG 对上述蛋白质进行代谢途径分析，这些蛋白质主要参与半胱氨酸和蛋氨酸代谢（C4R024，F8MGW5，EC:1.1.1.37；O13639，EC:3.3.1.1；A0A0D1CD28，EC:2.1.1.4）、精氨酸生物合成（R7SJV1，A0A0D1DPM6，EC:3.5.1.5）、精氨酸和脯氨酸代谢（Q6CU43，EC:1.2.1.3；K5X0U2，EC:3.4.11.5）、酪氨酸代谢（R7SBS4，EC:1.1.1.1）等。

此外，还鉴定出参与辅酶运输和代谢的酶 16 个，主要有 S-腺苷高半胱氨酸水解酶、C1 四氢叶酸合酶等。参与辅酶运输和代谢的蛋白质大多来自根霉菌和青霉菌。参与核苷酸运输和代谢的酶有 6 个，主要为二磷酸核苷激酶。

4.3.3　宏蛋白组基因数据库的构建及酱醅宏蛋白质组系统研究

上述研究表明，宏蛋白组学是用于微生物生态系统功能表征的有效方法。但由于微生物群落的复杂性和异质性，很难为宏蛋白质组学研究构建合适的序列数据库。一方面，当使用公共数据库（如 NCBI、UniProt、Ensembl 等）时，收集了大量其他物种的序列，容易造成搜索灵敏度下降，尤其是导致对某些菌种的信息偏好性，如肠道致病菌等。另一方面，运用传统的质控方法对大数据库的搜索进行过滤可能导致大量的假阳性结果，而采用严苛的条件过滤假阳性则会产生许多假阴性结果，可能无法识别表征不佳的微生物类群的蛋白质，而通过胰蛋白酶肽片段化产生的可检测数据库促进了基于质谱的蛋白质鉴定。因此，利用样本自身分离的 DNA 中获得的宏基因组序列创建数据库，相比于搜索公共数据库，这种方法得到的数据库与样本高度匹配，且不包含其他物种信息，有效地规避了误差，从而提高了蛋白质鉴定率。

因此，本研究团队根据以往研究结果，选择品质较好的三组酱醅为试验样品，并选择了发酵第 0 天、第 20 天、第 40 天及第 60 天的共 12 份酱醅（编号为：KY0、KY20、KY40、KY60；XY0、XY20、XY40、XY60；Lab0、Lab20、Lab40、Lab60）。首先将酱醅样品混合，构建了首个酱醅微生物宏基因集，测序后得到的数据库应用于宏蛋白质组的鉴定，该实验方法的初探也将为后续实验奠定基础（解梦汐，2019）。

1. 蛋白质检测结果

三个地区发酵不同阶段的酱醅共 12 份样品蛋白质在 14～100 kDa 范围内得到一定的分离，蛋白质条带较为单一，其中 30 kDa 左右的蛋白条带丰度较高，无降解现象，可以进行下一步试验。图 4.2 是本次鉴定到肽段的长度分布。肽段长度为 7～11 时，被鉴定到的肽段数目较多，且随着肽段长度的增加，鉴定到的肽段数目减少。

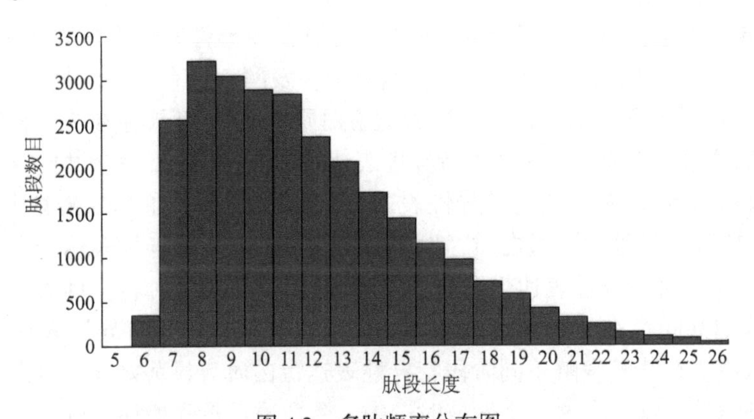

图 4.2　多肽频率分布图

2. 蛋白质鉴定结果

提取的蛋白质经质谱分析查库，结果以 Peptide FDR≤0.01 筛选过滤。并利用 T 检验分析出两样本间显著差异表达的蛋白质，各组样品间总体蛋白显著差异数量见表 4.1。

表 4.1 酱醅差异蛋白结果统计

A *vs*. B 比较	A 独有	B 独有	A and B 共有	A 上调	A 下调
KY *vs*. XM	252	593	256	105	55
KY *vs*. Lab	223	521	285	175	37
XM *vs*. Lab	527	484	322	159	60

在 KY 和 XM 比较组中，KY 特有蛋白质 252 种，XM 特有蛋白质 593 种，两者共有蛋白质 256 种，其中 KY 上调蛋白质 105 种，下调蛋白质 55 种；在 KY 和 Lab 酱醅比较组中，KY 特有蛋白质 223 种，Lab 特有蛋白质 521 种，两者共有蛋白质 285 种，其中 KY 上调蛋白质 175 种，下调蛋白质 37 种；在 XM 和 Lab 酱醅比较组中，XM 特有蛋白质 527 种，Lab 特有蛋白质 484 种，两者共有蛋白质 322 种，其中 XM 上调蛋白质 159 种，下调蛋白质 60 种。此外，主成分分析也表明，Lab 酱醅的发酵初期与其他两种酱醅具有显著性差异，这可能由于其制作环境在实验室，而 KY 和 XM 酱醅制作地点在农家，这与制作初期的环境及手法有极大的关系。

3. 基于特异性蛋白质的韦恩图分析

在 XM 酱醅中，发酵 0 天存在 66 种特异性表达蛋白质，发酵 20 天存在 661 种特异性表达蛋白质，发酵 40 天存在 456 种特异性表达蛋白质，发酵 60 天存在 25 种特异性表达蛋白质，四个发酵期共同存在的特异性表达蛋白质有 37 种，占总特异性表达蛋白质的 3.8%；在 KY 酱醅中，发酵 0 天存在 80 种特异性表达蛋白质，发酵 20 天存在 122 种特异性表达蛋白质，发酵 40 天存在 375 种特异性表达蛋白质，发酵 60 天存在 352 种特异性表达蛋白质，四个发酵期共同存在的特异性表达蛋白质有 31 种，占总特异性表达蛋白质的 5.4%；在 Lab 酱醅中，发酵 0 天存在 170 种特异性表达蛋白质，发酵 20 天存在 37 种特异性表达蛋白质，发酵 40 天存在 788 种特异性表达蛋白质，发酵 60 天存在 121 种特异性表达蛋白质，四个发酵期共同存在的特异性表达蛋白质有 13 种，占总特异性表达蛋白质的 1.4%。这说明在酱醅发酵不同阶段特异性表达蛋白质有显著差异，且发酵中后期蛋白质表达量丰富。在这三个发酵时期中，蛋白质数量先增加后减少。第一个原因是微生物的生长和代谢在前 40 天相对较强，对氮源的需求较大。发酵基质中的游离氨增加，真菌生长缓慢，不需要更多的氮源，导致酸性、中性蛋白酶活性缓慢下降。第二个原因是氮源和碳源的分解代谢过程诱导和抑制蛋白酶。通过酶诱导蛋白质，增加蛋白酶的活性。此外，葡萄糖等易代谢的碳水化合物对细菌和真菌蛋白酶的产生具有抑制作用，酶的数量先增加后减少。

具体来说，Lab 酱醅 4 个阶段共有蛋白质 13 个，包括甘油醛-3-磷酸脱氢酶、肌动蛋白相关蛋白、外膜脂蛋白等，这些蛋白质的主要来源是地霉属、根霉菌和葡萄球菌等菌属；KY 酱醅 4 个阶段共有蛋白质 31 个，包含甘油醛-3-磷酸脱氢酶、核糖体蛋白以及促进氨基酰基 tRNA 合成、促细胞膜合成等相关蛋白质，甘油醛-3-磷酸脱氢酶是参与糖代谢的关键酶，这些蛋白质的主要来源是葡萄球菌、地霉属、根霉菌和毛霉菌等菌属；XM 酱醅 4 个阶段共有蛋白质 37 个，包含热休克蛋白、催化苹果酸可逆氧化为草酰乙酸的蛋白、琥珀酸脱氢酶以及促进氨基酰基-tRNA 与核糖体 A 位点的 GTP 依赖性结合等相关蛋白质，这些蛋白质的主要来源是葡萄球菌、地霉属、根霉菌等菌属。

4. 宏蛋白物种分析

基于宏基因组学数据基础，宏蛋白物种注释结果表明：在门水平上，这些微生物蛋白质来自子囊菌门、变形菌门、厚壁菌门；在属水平上，微生物蛋白质主要来自根霉属、青霉属、地丝菌属、肠杆菌属和明串菌属。

各物种随发酵时间的变化动态没有明显趋势，例如，来自子囊菌门的蛋白质在 KY 酱醅中随发酵时间的延长而增加，在 Lab 酱醅中呈波浪变化，而在 XM 酱醅中先增加后减少；变形菌门则在 KY 酱醅中逐渐减少，在 Lab 酱醅中逐渐增加，在 XM 酱醅中先减少后增加；厚壁菌门在 KY 酱醅中含量较少，而在 Lab 酱醅发酵前期大量存在，在 XM 酱醅中前期较少末期明显增加。

此外，以往的宏基因组数据显示，肠杆菌和肠球菌在酱醅样品中具有更高的相对含量，与宏蛋白质组的数据不太一致。这可能是由于对 DNA 是检测所有存在的 DNA，而微生物在生长过程中会产生 DNA 的累积，因此检测到的 DNA 是所有已经死亡或正在生长的微生物的 DNA 的总和。而宏蛋白质组主要检测的是正在活动的微生物所分泌出的具有活性的蛋白质，且蛋白质具有半衰期，很容易被其他微生物吸收或被蛋白酶所降解，因此，宏蛋白质组是检测活的微生物的活性。由此看来，相比于宏基因组，宏蛋白质组技术可实时原位地检测正在活动的微生物。

5. 宏蛋白功能注释

在酱醅发酵过程中，蛋白质的功能经常是相互之间的作用，并不是单独发挥作用，因此，为了进一步分析不同发酵酱醅中微生物蛋白的作用途径，分别将三份酱醅发酵 0 天、20 天、40 天、60 天的宏蛋白通过 KEGG 在线数据库对比检索进行通路分析，结果如下：这些差异蛋白主要富集在代谢组中，其中在 KY *vs.* Lab 酱醅比较组中，与“次生代谢产物的生物合成”相关的蛋白有 158 种，与“碳代谢”相关的蛋白有 126 种，与“糖酵解/糖质新生”相关的蛋白有 90 种，与“氨基酸生物合成”相关的蛋白有 82 种，与“脂肪酸降解”相关的蛋白有 18 种；在

KY *vs.* XM 酱醅比较组中，与“次生代谢产物的生物合成”相关的蛋白有 219 种，与“碳代谢”相关的蛋白有 189 种，与“糖酵解/糖质新生”相关的蛋白有 127 种，与“氨基酸生物合成”相关的蛋白有 222 种，与“脂肪酸降解”相关的蛋白有 25 种；在 XM *vs.* Lab 酱醅比较组中，与“次生代谢产物的生物合成”相关的蛋白有 257 种，与“碳代谢”相关的蛋白有 202 种，与“糖酵解/糖质新生”相关的蛋白有 116 种，与“氨基酸生物合成”相关的蛋白有 223 种，与“脂肪酸降解”相关的蛋白有 28 种；可见，不同发酵酱醅的微生物蛋白参与的生物活动有显著差异，且主要与微生物的代谢活动相关。

将鉴定到的差异蛋白和 COG 数据库进行比对，预测这些蛋白可能的功能并对其做功能分类统计，结果表明：代谢途径主要参与碳水化合物、能量以及氨基酸的代谢，以及蛋白质翻译、信号转导等功能：在 KY *vs.* Lab 酱醅比较组中，有 219 个差异蛋白与代谢途径相关，其中有 126 个与碳代谢相关，有 90 个与糖酵解相关，有 82 个与氨基酸的生物合成相关，有 33 个与柠檬酸循环相关，有 18 个与脂肪酸降解相关，有 17 个与淀粉和蔗糖代谢相关，有 15 个与氨基糖和核苷酸糖代谢相关；在 KY *vs.* XM 酱醅比较组中，有 373 个差异蛋白与代谢途径有关，其中有 189 个与碳代谢相关，有 127 个与糖酵解相关，有 51 个与柠檬酸循环相关，有 25 个与脂肪酸降解相关，有 26 个与淀粉和蔗糖代谢相关，有 20 个与氨基糖和核苷酸糖代谢相关；在 XM *vs.* Lab 酱醅比较组中，有 397 个差异蛋白与代谢途径有关，其中有 202 个与碳代谢相关，有 116 个与糖酵解相关，有 138 个与核糖体相关，有 60 个与柠檬酸循环相关，有 28 个与脂肪酸降解相关，有 32 个与淀粉和蔗糖代谢相关，有 23 个与氨基糖和核苷酸糖代谢相关。通过 COG 功能检索分析，发现这些差异蛋白质主要参与碳水化合物的运输与代谢、能量的生产和转化、蛋白质翻译和核糖体结构。

4.3.4 不同发酵时期豆酱宏蛋白质组差异研究

传统发酵豆酱生产周期长，随着社会的发展，生活节奏逐渐加快，导致豆酱漫长的自然发酵过程无法满足人们的生活需要，越来越多的现代人选择工业化的豆酱产品，然而，人们发现工业化的豆酱虽然外观更加美观、产品更加丰富，但是风味始终不及传统发酵豆酱，这主要是因为在工业生产中，人们无法还原自然发酵过程中豆酱中的微生物体系，而且为了利润最大化，工业生产中人们尽量压缩豆酱发酵时间，使豆酱中各种代谢未能充分发挥作用，从而导致风味不够饱满。一些调查走访发现，东北地区普遍喜食农家发酵豆酱。因此，本科研团队从蛋白层面比较了传统农家豆酱与工厂豆酱在菌群结构、分子功能方面的差异，将传统发酵豆酱与工厂商业化豆酱之间联系起来，研发出工业化程度高、营养丰富、仍保留良好风味的新产品，同时对提高企业积极性，实现整个豆酱行业的清洁生产，提高企业的经济和社会效益具有重大意义。

1. 发酵不同时期农家豆酱的宏蛋白质组分析结果

选择了发酵前中后三个时期的豆酱样品，具体如下。

农家豆酱：14 天（L2，S2，F2）、28 天（L4，S4，F4）、42 天（L6，S6，F6）。

工厂豆酱：14 天（G2）、28 天（G4）、42 天（G6）。

1）蛋白质定量及电泳

将豆酱样品中微生物蛋白质的含量制作成标准曲线，如图 4.3 所示，可得到回归方程，$y = 0.0505x + 0.8775$，$R^2 = 0.9917$。式中，x 为蛋白含量（mg/mL）；y 为吸光度。

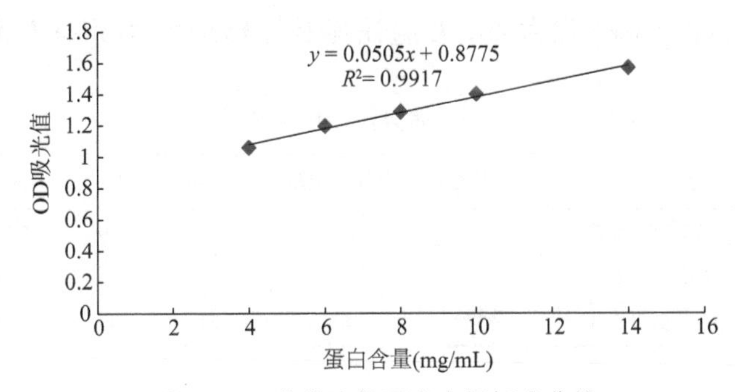

图 4.3　豆酱微生物蛋白含量标准曲线

三个地区豆酱发酵不同阶段共 9 份样品的 SDS-PAGE 结果如图 4.4 所示。9 份样品蛋白在 10～130 kDa 范围内得到一定的分离，蛋白条带较为单一，其中 25 kDa 左右的蛋白条带丰度较高，无降解现象，可以进行下一步试验。

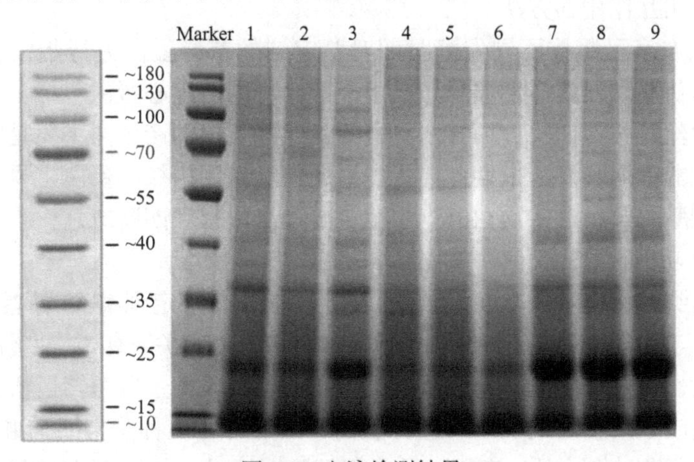

图 4.4　电泳检测结果

2）蛋白质基本鉴定结果

提取的蛋白经质谱分析查库，结果以 Peptide FDR≤0.01 筛选过滤。二级谱图总数为 387930，匹配到的谱图数量为 24954，鉴定到的肽段数量为 4250，鉴定到的总蛋白质数量为 3493，鉴定到的蛋白质集数量为 1075。

3）显著性差异蛋白质

利用 *T* 检验分析豆酱两样本间显著差异表达的蛋白。三组共鉴定到 3228 个差异蛋白，组间微生物蛋白显著差异数量见表 4.2。其中在 L *vs.* F 比较组中，两组共有 509 种蛋白，203 种差异蛋白，表达量上调的蛋白个数为 174，下调个数为 29，L 组独有蛋白 178 种，F 组独有蛋白 163 种；在 S *vs.* F 比较组中，共有 457 种蛋白，261 种差异蛋白，表达量上调的蛋白个数为 238，下调个数为 23，S 组独有蛋白 188 种，F 组独有蛋白 215 种。在 L *vs.* S 比较组中，两者共有蛋白 532 种，差异蛋白 61 种，蛋白个数上调 21，下调个数为 40，L 组独有蛋白 155 种，S 组独有蛋白 113 种。

表 4.2　差异蛋白结果统计

组别	蛋白总数	共有	差异蛋白数	上调	下调	A 独有	B 独有
L *vs.* F	1076=509+567	509	203	174	29	178	163
S *vs.* F	1076=457+619	457	261	238	23	188	215
L *vs.* S	1076=532+544	532	61	21	40	155	113

4）蛋白网络互作分析

蛋白-蛋白相互作用（PPI）数据是间接推断未知蛋白功能的重要信息来源，具有相似功能的蛋白容易相互作用，具有相似功能的蛋白更容易定位于蛋白复合体中。PPI 为我们提供了另一种检测微生物蛋白功能以及它们在豆酱发酵环境中与其他蛋白相互作用的方法。

对三地农家豆酱按不同发酵时期对鉴定到的差异蛋白进行蛋白网络互作分析，在发酵初期和发酵中期差异蛋白组成的互作网络核心蛋白包括：乙醛乙醇脱氢酶、碱性丝氨酸蛋白酶、糖苷水解酶等，这些蛋白的产生菌主要是四联球菌和青霉菌。发酵中期和发酵末期差异蛋白组成的互作网络核心蛋白主要包括过氧化氢酶、转酮醇酶等，这些蛋白的产生菌主要是米曲霉和四联球菌。

5）GO 功能注释

将鉴定到的蛋白进行 GO 注释，在分子功能中共鉴定到 1368 种差异蛋白，有 720 种蛋白与催化活性有关，有 478 种蛋白与结合力有关，有 75 种蛋白与结构分子活动有关，有 52 种蛋白与抗氧化活性有关，有 35 种蛋白与转运活性有关；在参与细胞组成中共鉴定到 925 种差异蛋白，其中有 314 种参与细胞组分，有 133 种参与包含复杂的蛋白质，有 127 种参与细胞器组成，有 81 种与细胞膜有关，有

73种与细胞器有关，有71种与细胞膜有关；在参与生物过程中共鉴定到1476种蛋白，其中有726种蛋白参与代谢过程，有452种蛋白参与细胞过程，有69种蛋白参与定位，有69种蛋白参与生物调节，有58种蛋白参与应激反应。

6）COG功能分类

将鉴定到的所有蛋白和COG数据库进行比对，预测这些蛋白可能的功能并对其做功能分类统计。结果表明，鉴定得到的蛋白主要与代谢有关，在代谢途径中参与碳水化合物的运输和代谢的蛋白有243个，参与氨基酸的转换与代谢的蛋白有79个，参与能量的生产与转化的蛋白有68个，参与无机离子的转运和代谢的蛋白有60个，参与脂质运输和代谢的蛋白有15个，参与次生代谢产物生物合成、转运和分解代谢的蛋白有12个，参与辅酶运输和代谢的蛋白有7个，参与核苷酸运输和代谢的蛋白有6个。

7）KEGG代谢途径分析

通过KEGG对鉴定到的蛋白质进行代谢途径分析，9份农家豆酱发酵过程中鉴定的差异蛋白质主要参与代谢，数量为408个，其次是参与人类疾病（human diseases）标准类别分类的代谢通路，数量为198个，其余的差异蛋白平均分布于环境信息处理（environmental information processing）、生物系统（organismal systems）、细胞转化（cellular processes）、遗传信息处理（genetic information processing）等四个KEGG代谢通路类别当中，蛋白数量分别为150个、145个、143个及129个。在次级KEGG分类中，包含最多微生物蛋白数量的通路为抗生素合成和碳代谢，数量分别为175个和155个。

2. 发酵不同时期工厂豆酱的宏蛋白质分析结果

1）蛋白质定量及电泳

将酱醅样品中蛋白质的含量制作成标准曲线，如图4.5所示，可得到回归方程$y=0.0505x+0.8775$，$R^2=0.9917$。式中，x为蛋白含量（mg/mL），y为吸光度。

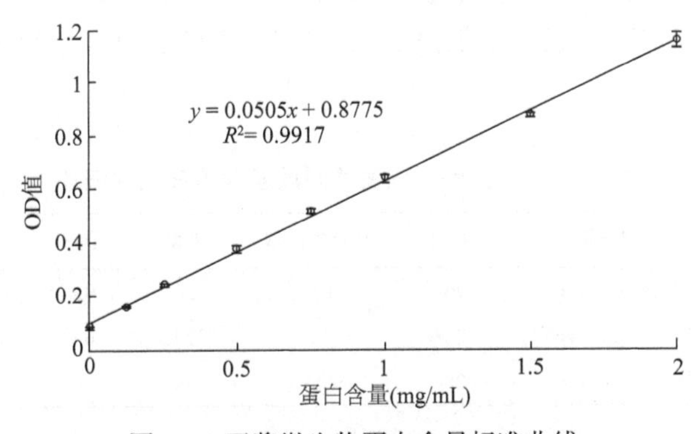

图4.5　豆酱微生物蛋白含量标准曲线

三批工厂豆酱发酵不同阶段共 3 份混合样品的 SDS-PAGE 结果如图 4.6 所示。3 份样品蛋白在 10～130 kDa 范围内得到一定的分离，蛋白条带较为单一，其中 20 kDa 左右的蛋白条带丰度较高，无降解现象，可以进行下一步试验。

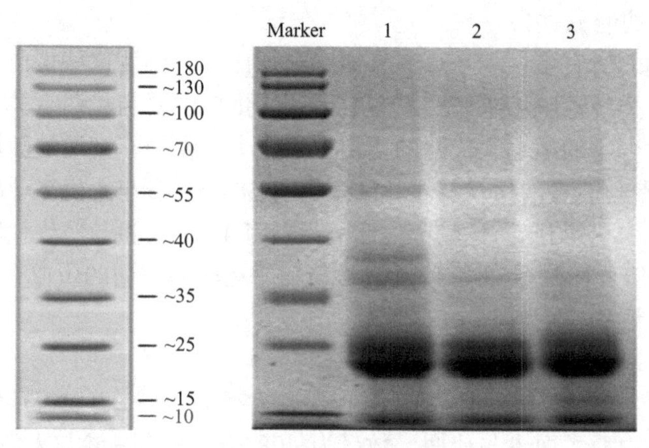

图 4.6　电泳检测结果

2）蛋白质基本鉴定结果

提取的蛋白经质谱分析查库，结果以 Peptide FDR≤0.01 筛选过滤。二级谱图总数为 130373，匹配到的谱图数量为 4689，鉴定到的肽段数量为 1421，鉴定到的蛋白质数量为 1987，鉴定到的蛋白质集数量为 457。

3）组内显著性差异蛋白质

在 1.5 差异倍数（FC= fold change）阈值条件下，进行差异蛋白筛选。FC≥1.5 为上调（Up），FC≤0.667 为下调（Down），0.667 <FC <1.5 认为表达量无明显变化。两组样品间蛋白显著差异数量见表 4.3。其中在 G6 *vs.* G2 比较组中表达量上调的蛋白个数为 30 个，下调个数为 92 个，两者共有蛋白有 264 个。在 G6 *vs.* G4 比较组中表达量上调的蛋白个数为 22 个，下调个数为 65 个，两者共有蛋白有 268 个。在 G4 *vs.* G2 比较组中蛋白上调个数为 55 个，下调个数为 103 个，两者共有蛋白有 284 个。

表 4.3　工厂豆酱不同发酵时期差异蛋白结果统计

组别	蛋白总数	共有	差异蛋白数	上调	下调	A 独有	B 独有
G6 *vs.* G2	1433=264+1169	264	122	30	92	97	30
G6 *vs.* G4	1433=268+1165	268	87	22	65	62	26
G4 *vs.* G2	1433=284+1149	284	158	55	103	77	46

4）工厂豆酱物种注释

蛋白序列与宏基因数据库比对获得物种注释，然后使用物种对应的蛋白丰度总和计算该物种的丰度，3 组工厂豆酱微生物一共归类为 2 个域、2 个界、19 个门、31 个纲、95 个目、118 个科、125 个属、259 个种，结果如下。

在门水平上，工厂豆酱三个不同时期的微生物蛋白主要来自担子菌门，含量分别为 52%、47.29%、54.01%；其次是子囊菌门，含量分别为 31.19%、42.2%、32.39%；厚壁菌门含量分别为 2.68%、4.4%、3.64%；其余微生物来源于少量变形菌门和小孢子门。

在属水平上，工厂豆酱的微生物蛋白来源主要以黏滑菇属为主，在三个发酵时期所占比例分别为 50.3%、46.66%、53.11%；其次是米曲霉属，比例分别为 25.92%、39.88%、29.64%；来自芽孢杆菌属的蛋白所占比例分别为 3.73%、2.04%、2.26%；来自优杆菌属的蛋白分别为 1.55%、1.59%、2.04%；来自脉孢菌属的蛋白所占比例分别为 3.25%、0.39%、1.12%；其余微生物蛋白均不到 1%。由于这些属分泌的酶在低 pH 和高温下具有较强的适应性，因此它们可能对工业有潜在的应用价值。

5）蛋白互作网络分析

对工厂豆酱不同发酵时期鉴定到的差异蛋白进行蛋白网络互作分析，在发酵 14 天和发酵 28 天差异蛋白组成的互作网络中发现 I2HWZ6（catalase，过氧化氢酶）、A0A0U0D988（铁锰族超氧化物歧化酶）和 A0A0D7XYD8（有机过氧化氢抗性蛋白）等为核心差异蛋白，来源菌分别为芽孢杆菌、肺炎双球菌和解淀粉芽孢杆菌，相比发酵 14 天，在发酵 28 天时三种蛋白均下调。而在发酵 28 天和发酵 42 天差异蛋白组成的互作网络分析则表明 A0A0X8KKB6（乙二醛还原酶）、A0A0D7XYD8（有机过氧化氢抗性蛋白）为核心差异蛋白，均来自芽孢杆菌。

6）COG/KOG 功能分类

COG 分为两类，一类是原核生物，称为 COG 数据库；另一类是真核生物，称为 KOG 数据库。

将鉴定到的工厂豆酱微生物蛋白和 COG 数据库进行比对，预测这些蛋白可能的功能并对其做功能分类统计，发现参与碳水化合物运输和代谢的蛋白有 195 个，参与翻译、核糖体结构与生物发生的有 100 个，参与一般函数预测的有 80 个，参与翻译后修饰、蛋白质转换的有 59 个，参与能量的生产与转化的有 56 个，参与氨基酸的转换与代谢的有 51 个，参与无机离子的转运和代谢的有 54 个，其他 COG 功能蛋白数量均小于 20 个。

再将真核微生物蛋白和 KOG 数据库进行比对，发现参与翻译后修饰、蛋白质转换的有 65 个，参与翻译、核糖体结构与生物发生的有 61 个，参与碳水化合物的运输和代谢的有 42 个，参与一般函数预测的有 28 个，参与能量的生产与转化的有 27 个，其他 COG 功能蛋白数量均小于 20 个。

7）KEGG 代谢途径分析

工厂豆酱发酵过程中鉴定的差异蛋白质主要参与代谢，数量为 514 个，其次是参与人类疾病标准类别分类的通路，数量为 244 个，其余的差异蛋白平均分布于环境信息处理、生物系统、细胞转化及遗传信息处理等四个 KEGG 通路图类别当中，蛋白数量分别为 190 个、180 个、179 个及 190 个。

4.3.5　不同发酵工艺豆酱宏蛋白质组差异研究

将三组农家豆酱按发酵时间 14 天、28 天、42 天混合形成三组样品，编号 H2、H4 和 H6，将三批次工厂豆酱按发酵时间 14 天、28 天、42 天混合形成三组样品，编号 G2、G4 和 G6；分别与工厂豆酱相同发酵时间的样品两两对比，比较组编号为：H2 *vs.* G2、H4 *vs.* G4 及 H6 *vs.* G6。

1. 工厂豆酱与农家豆酱差异蛋白统计

使用 R 语言中 T 检验函数计算样本间差异显著 P 值，在所有豆酱样品中，显著性差异表达蛋白的筛选标准为 $P<0.05$ 和 FC<0.83（或 FC>1.20）。三组共鉴定到 4299 个蛋白，组间微生物蛋白显著差异数量见表 4.4。其中在发酵初期，农家豆酱与工厂豆酱相比，表达量上调的蛋白个数为 27 个，下调个数为 16 个，两者共有蛋白有 49 个，差异蛋白 43 个，农家豆酱独有蛋白 946 个，工厂豆酱独有蛋白 312 个；在发酵中期，农家豆酱与工厂豆酱相比，表达量上调的蛋白个数为 19 个，下调个数为 8 个，两者共有蛋白有 33 个，差异蛋白 27 个，农家豆酱独有蛋白 899 个，工厂豆酱独有蛋白 297 个；在发酵后期，农家豆酱与工厂豆酱相比，表达量上调的蛋白个数为 23 个，下调个数为 9 个，两者共有蛋白有 36 个，差异蛋白 32 个，农家豆酱独有蛋白 890 个，工厂豆酱独有蛋白 258 个。

表 4.4　工厂豆酱与农家豆酱微生物差异蛋白结果统计

组别	蛋白总数	共有	差异蛋白数	上调	下调	A 独有	B 独有
H2 *vs.* G2	1433=49+1384	49	43	27	16	946	312
H4 *vs.* G4	1433=33+1400	33	27	19	8	899	297
H6 *vs.* G6	1433=36+1397	36	32	23	9	890	258

2. 主成分分析

主成分分析（principal component analysis，PCA）是一种对数据进行简化的分析方法，主成分分析可以有效找出数据中最“主要”的元素和结构，运用特征值分解方法，将多组数据的差异反映在二维坐标图上，坐标轴取能够最大反映方差值的两个特征值。如图4.7所示，2个组分PC1、PC2总和达到97.49%，说明说2个组分占绝对优势，是差异的重要来源，从PC1指标来看，G组工厂豆酱与H组（S、L、F混样）农家豆酱差异显著。

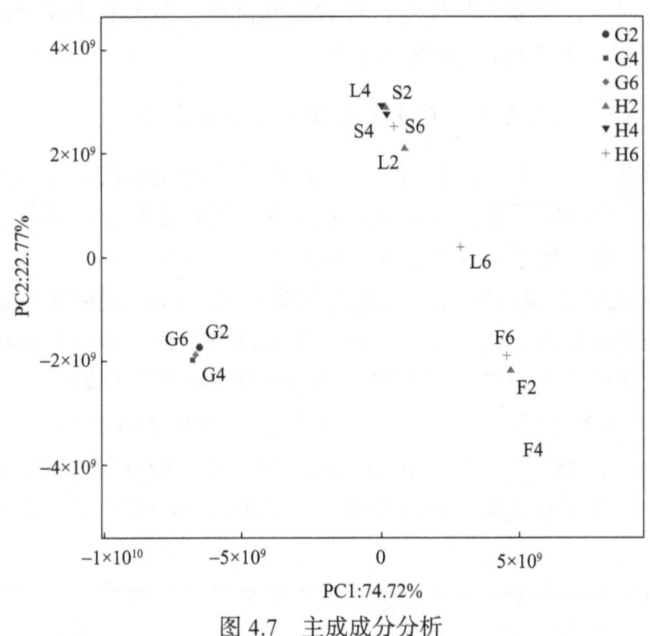

图4.7　主成成分分析

H2：包括L2、F2、S2；H4：包括L4、F4、S4；H6：包括L6、F6、S6

3. 工厂豆酱与农家豆酱差异蛋白GO注释

H2 *vs.* G2发酵14天比较组：将两组发酵14天鉴定到的差异蛋白进行GO注释，在分子功能中，主要集中在蛋白与催化活性中，共有677种蛋白上调和219种蛋白下调，其次集中在结合力，共有455种蛋白上调和146种蛋白下调；在细胞组分中，主要参与细胞组成，共鉴定到346种差异蛋白上调和123种蛋白下调；在参与生物过程中，主要参与代谢过程和细胞过程，分别有633种和507种差异蛋白上调，211种和165种差异蛋白下调。

H4 *vs.* G4发酵28天比较组：将两组发酵28天鉴定到的差异蛋白进行GO注释，在分子功能中，主要集中在蛋白与催化活性中，共有637种蛋白上调和202种蛋白下调，其次集中在结合力，共有427种蛋白上调和123种蛋白下调；在细胞组分中，主要参与细胞组成，共鉴定到339种差异蛋白上调和92种下蛋白调；在参与生物过程中，主要参与代谢过程和细胞过程，分别有495种和480种差异蛋白上调，190种和141种差异蛋白下调。

H6 *vs.* G6 发酵 42 天比较组：将两组发酵 42 天鉴定到的差异蛋白进行 GO 注释，在分子功能中，主要集中在蛋白与催化活性中，共有 630 种蛋白上调和 180 种蛋白下调，其次集中在结合力，共有 421 种蛋白上调和 112 种蛋白下调；在细胞组分中，主要参与细胞组成，共鉴定到 334 种差异蛋白上调和 84 种蛋白下调；在参与生物过程中，主要参与代谢过程和细胞过程，分别有 588 种和 466 种差异蛋白上调，172 种和 129 种差异蛋白下调。

4. 工厂豆酱与农家豆酱差异蛋白 KEGG 通路富集分析

H2 *vs.* G2 发酵 14 天比较组：将两组发酵 14 天鉴定到的差异蛋白进行 KEGG 通路富集分析，由结果可知，两组差异蛋白的 KEGG 通路主要富集在磷酸转移酶系统、肌萎缩性脊髓侧索硬化症和磷酸戊糖途径（$P<0.5$）。

H4 *vs.* G4 发酵 28 天比较组：两组差异蛋白的 KEGG 通路主要富集在抗生素生物合成、半乳糖代谢、核糖体、结核、果糖和甘露糖代谢、1 型糖尿病、丙酮酸代谢、淀粉和蔗糖代谢以及缬氨酸、亮氨酸和异亮氨酸降解。

H6 *vs.* G6 发酵 42 天比较组：两组差异蛋白的 KEGG 通路主要富集在 FoxO 信号通路、RNA 降解、军团病、帕金森病、肺结核、精氨酸、脯氨酸代谢、果糖和甘露糖代谢、组氨酸代谢、赖氨酸降解、其他糖基降解、胰岛素信号通路、长寿调节通路。

从以上结果可以看出，存在一些与人类疾病相关的途径，说明传统农家豆酱发酵过程中的一些微生物可能与致病菌同源，说明与工厂豆酱相比，家族传统自然发酵豆酱具有更多的食品安全危害。

未来可以将宏蛋白质组和宏转录组学，以及多元变量靶向代谢组学结合，将差异显著性基因、差异代谢等数据进行调控网络构建，多层面挖掘豆酱发酵过程中潜在的调控代谢机制。

第 5 章

转录组学在发酵豆酱功能研究中的应用

5.1 转录组学

5.1.1 转录组学概述

转录组由 Velculescu 等（1997）在研究酵母基因表达时提出，属于功能基因组学研究范畴。转录组学利用全部基因的表达调控、蛋白质功能等信息来解决生物学问题，其研究目的不仅是不同转录组样本中每个基因的表达水平的变化，也包括转录组的定位和注释及每个基因在基因组中的功能和结构的测定。广义转录组指从一种细胞或者组织的基因组所转录出来的 RNA 总和，包括编码蛋白质的 mRNA 和各种非编码 RNA（ncRNA），如 rRNA、tRNA、核仁小 RNA（snoRNA）、核小 RNA（snRNA）、微 RNA（miRNA）和其他 ncRNA 等；狭义的转录组学是指全部能编码蛋白的 mRNA，提供细胞或组织内所有基因的表达调节情况并反映蛋白的功能。转录组学研究最初只能进行极少数特定基因的结构功能分析和表达研究，随着分子生物学技术的快速发展，高通量分析逐渐进入人们的视野，为转录组学飞速发展奠定了基础。高通量研究方法主要分为两类：一类是基于杂交的方法，主要是指微阵列（microarray）及基因芯片（gene chip）技术；另一类是基于测序的方法，包括表达序列标签（expression sequence tags，EST）、基因表达系列分析（serial analysis of gene expression，SAGE）、大规模平行测序（massively parallel signature sequencing，MPSS）、RNA 测序（RNA sequencing，RNA-seq）技术。其中，微阵列和 EST 技术是较早发展起来的先驱技术，SAGE、MPSS 和 RNA-seq 是高通量测序条件下的转录组学研究方法，有助于了解特定生命过程中相关基因的整体表达情况，进而从转录水平揭示生命过程的代谢网络及调控机理。

转录组学在第一代、第二代和第三代测序技术推动下不断发展，为揭示生物体基因转录图谱及其调控规律、阐明复杂生物性状与疾病的分子机制、理解遗传因素与环境因素互作机制等提供了重要基础。第一代测序技术包括早期基于

Sanger 测序的 EST、SAGE、MPSS 等技术，其基本原理是以 mRNA 反转录得到的 cDNA 两端具有的一段序列为序列标签来反映基因的表达水平；第二代测序技术 RNA-Seq 技术通过提取样品中总 RNA，对 mRNA 富集后进行片段化处理，然后反转录为 cDNA，连接测序接头，利用 PCR 扩增后使用高通量测序仪进行测序。测序结束后对下机数据进行质控与过滤，将得到的高质量净读段与已知参考基因组比对或进行从头组装，从而获得转录本的全面遗传信息；近年来新兴的第三代测序技术具有高平均序列读长（30～100 kb）、高序列一致性、均匀覆盖和高单分子分辨率等特点，目前已被广泛应用于转录组研究。

转录组测序已经凸显出其优势。首先，转录组测序不需要物种基因信息，可以应用于任意物种的全基因组分析，不需要预先设计特异性探针。其次，转录组测序可以单碱基分辨率水平准确定位基因的转录区域。在针对复杂转录本研究方面，不同大小的测序片段可以准确解析基因中外显子之间的联系。另外转录组测序可以分析转录区域的序列变化，如单核苷酸多态性（SNPs）。转录组测序技术具有基因表达检测范围广和检测灵敏度高等特点，其动态检测范围达到 6 个数量级，可以同时定性和定量表达量极低的稀有转录本和常规转录本，同时可以检测未知基因，发现新的基因转录本。转录组测序技术还具有测序重复性好、测序所需样本较少等优点，尤其适用于测序样本来源极为有限的珍贵生物样本分析，如稀有物种和临床医学研究。

转录组学的广泛应用离不开测序技术的不断更新，众多的新型测序技术赋予转录组学高信噪比、高通量、高灵敏度、检测领域大、成本低等众多特点，增加它作为常规实验手段研究复杂多变的基因表达过程及差异基因表达情况的优势，以及探索关键基因表达的功能性和健康角色。近年来，转录组学与其他组学技术联合分析方法应用于药物作用机理研究、畜牧业、医药业、林业等，为研究者提供了更加精准的技术支撑。

5.1.2　宏转录组学发展现状及新技术

宏转录组首先由 Velculescu 等（1997）提出，定义为特定的细胞在某一功能状态下全部表达的基因总和，代表基因的遗传信息和表达水平。宏转录组兴起于宏基因组之后，以生态环境中的全部 RNA 为研究对象，有效扩展微生物资源利用空间，在转录水平研究复杂的微生物群落变化，发掘潜在的新基因，赋予转录组学更宽泛的应用范围。宏转录组学在共生体系中微生物、肠道微生物、代谢、土壤、海洋生态环境研究中发挥重要作用，为庞大、复杂的自然界微生物群落演替和优势菌群的分析提供了强有力的技术手段。宏转录组学可用于原位衡量微生物群宏基因组表达水平，筛选出高表达活性功能基因和微生物，揭示特定生境因素，特定时间下微生物基因表达和调控机制，发现具有重要作用的潜在基因，也可揭示生物在特定生理阶段或胁迫下，基因的动态表达与调控以及胁迫响应，分析差异表达基因。

宏转录组学以微生物群落的总 RNA 为研究对象，提取样品总 RNA，将 mRNA 反转录为 cDNA，进而对 cDNA 分析反映特定时间和空间下基因表达情况。宏转录组技术可分为：①cDNA-AFLP 技术。即 cDNA 扩增性片段长度多态性图谱技术，在扩增片段长度多态性的基础上发展起来的 RNA 指纹图谱技术，通过对 cDNA 限制性酶切片段进行选择性扩增，获取扩增片段的基因表达信息。该技术可以有效地分析单个样品中一些生物进程的基因表达情况，具有较高的灵敏度和特异性，在没有经过测序的情况下对未知的一个基因组或多个基因组进行研究，检测表达基因和区别同源基因。②微阵列技术。微阵列技术被广泛应用于宏转录组学的研究，其中寡核苷酸微阵列技术，由于特异性高、便于构建等特点，成为微生物宏转录组学研究的重要方法。③焦磷酸测序技术。焦磷酸测序技术适合大量样本的快速检测，具有操作简便、高通量、自动化、无需进行电泳、DNA 序列无需荧光标记等特点，是理想的 DNA 序列分析技术平台，在宏转录组学研究中具有广泛的应用。

随着测序、MS 技术的进步和统计算法软件快速更新换代，宏基因组学与其他组学技术联系将会更加紧密。将这些“组学”有效地结合起来并用于研究复杂的发酵食品体系中的微生物资源，可使人们从系统角度全面认识微生物群落与其功能，利用其规律挖掘新的微生物菌种及其酶资源等，这将是未来微生物生态学研究的新趋势。未来微生物学、食品化学、生物信息学、分子生物学等多学科理论知识以及新的测序技术、更加完善的基因数据库、先进的数据分析工具以及多种组学方法的结合必将给发酵食品微生物的研究带来新的曙光。

5.2　转录组学技术在发酵食品中的应用

5.2.1　转录组学测序

转录组学在动植物体内代谢途径研究、植物抗逆性研究、藻类和微生物研究、临床医学和疾病生物学机制等领域已取得重要结果。不同领域的转录组学应用，为学者深层次了解生命体基因表达概况，精准分析其基因转录表达情况提供基础，有利于进一步的机制解析。

转录组学在发酵食品研究中应用为发酵基质与发酵菌株间的特定关系解析提供了重要分析手段。对奶酪样培养基中鼠李糖乳杆菌 PR1019 过度表达的 20 个转录本的研究发现丙酮酸和核糖降解涉及转录本的存在。丙酮酸通过奶酪中存在的碳源以不同的代谢途径产生，并可以通过发酵剂裂解而释放到奶酪基质中。同样，通过起始剂裂解而释放的核糖核苷可以在缺乏游离碳水化合物的环境（如奶酪）

中递送可发酵碳水化合物的核糖。丙酮酸降解和核糖分解代谢均诱导代谢产物乙酸盐，并通过乙酸盐激酶产生 ATP。通过比较 *Lactococcus chungangensis* 和 *Lactococcus lactis* 的转录组学分析来鉴定与乳业应用相关的功能基因。在表达微阵列数据中，分析的全部 1915 个探针中的 415 个基因被上调，而 1500 个基因被下调。面包面团发酵过程中三种遗传上不同的酿酒酵母菌株转录组的变化研究表明，所有三种菌株在表达模式上均表现出相似的变化。在发酵开始时，葡萄糖调节基因的表达发生巨大变化，并且渗透胁迫反应被激活。中间发酵阶段的特征在于诱导参与氨基酸代谢的基因。最后阶段，细胞营养缺乏，并激活与饥饿和应激反应相关的途径。进一步的分析表明，由高渗透性甘油（HOG）途径调控的基因是发酵开始时表达最差的基因之一，而 HOG 途径是对渗透压和甘油稳态反应的主要途径。更重要的是，HOG1 和该途径其他基因的缺失会大大降低发酵能力。奶酪蒸煮温度 38℃和盐化对四个乳酸杆菌亚种密切相关菌株的转录谱的影响研究发现，对于在 38℃下加热接种牛奶后的核心基因表达，鉴定了两组差异表达的基因分别涉及应激反应以及碳水化合物和氨基酸代谢。对热、酸和盐的综合胁迫的响应导致与细胞分裂和代谢有关的功能普遍下降，增加与应激有关的特异性响应，以及表达某些菌株的前消化系统。

5.2.2　宏转录组测序

宏转录组学在分析微生物群落分类和功能性中的优越性，使其应用范围逐渐扩大，由最初的海洋和土壤样品群落微生物研究，扩展至发酵食品微生物群落、肠道菌群微生物群落等在食品工业和人体健康中具有重要健康意义和代谢调节功能的微生物研究。近年来，宏转录组学技术已用于传统酸面团、奶酪、泡菜、酸菜、豆酱等（安飞宇等，2020b）具有区域特色发酵食品的研究，用于探索各种微生物在发酵过程中的代谢途径并揭示特定的功能和对风味贡献。

1. 发酵豆制品

发酵豆制品中，宏转录组学研究可可豆发酵过程微生物多样性表明（Illeghems et al.，2012），优势菌株包括葡萄汁有孢汉逊酵母（*Hanseniaspora uvarum*）、仙人掌有孢汉逊酵母（*Hanseniaspora opuntiae*）、酿酒酵母（*Saccharomyces cerevisiae*）、发酵乳杆菌（*Lactobacillus fermentum*）和巴氏醋酸杆菌（*Acetobacter pasteurianus*）。酱油发酵菌株米曲霉 3.042 转录组学分析表明糖酵解、氧化磷酸化、氨基酸代谢和氧化基因表达上调，为米曲霉发酵剂中高活性酶种类参与发酵提供依据。

2. 发酵蔬菜

宏转录组学方法应用于蔬菜发酵过程中的微生物群落研究，研究表明为期 29

天发酵的泡菜中 6 种主要微生物演替规律为全发酵过程中与碳水化合物运输、水解及乳酸发酵相关的基因表达活跃，在前期发酵过程中肠明串珠菌是最活跃的菌株，而在之后的过程中沙克乳杆菌和韩国魏斯氏菌（*Weissella koreensis*）基因呈高表达，在第 25 天时沙克乳杆菌的基因表达急剧下降（Jung et al.，2013）。魏雯丽等（2020）利用宏转录组学技术解析豇豆泡菜中活性微生物群落结构，发现乳杆菌属、片球菌属、魏斯氏菌属、粉状米勒氏酵母属和晋宁斯塔莫酵母属（*Starmerella*）是主要活性微生物菌属，乳杆菌在发酵前中期起主导作用，*Starmerella* 在发酵后期为绝对优势活菌属。

3. 发酵酒和发酵茶

在米酒酒曲和越南米酒微生物演替和功能特性研究中，应用宏基因组学揭示其中微生物，包括以乳酸菌为主的细菌、根霉、毛霉、曲霉、威克汉酵母、西弗酵母和酿酒酵母。此外，在酱香型白酒发酵过程中，宏基因组数据表明，宛氏拟青霉具有最高的葡糖淀粉酶活性，在酒曲堆积发酵过程中发挥重要作用。在浓香型白酒中，克氏梭菌是己酸乙酯前体己酸生产者。针对茅台酒制造环境中分离出的酿酒酵母 MT1（Lu et al.，2015）进行宏转录组学研究，MT1 具有独特的多碳协同作用，具有利用葡萄糖、蔗糖、半乳糖、蜜二糖、棉子糖和松二糖等糖类的功能特性。利用宏转录组学技术解析浓香型白酒主发酵期过程中酒醅活性生物群落的多样性、演替及差异转录基因，酒醅活性生物群落由 6 个界、124 个门、195 个纲、2824 个属及部分未知和不可鉴定的种属组成，其中可鉴定生物主要由细菌和真菌组成。随着发酵时间延长，真菌相对含量由 42.8%降至 0.01%，细菌含量由 17.7%增至 56.3%，其中厚壁菌门和子囊菌门分别是驱动细菌和真菌组成变化的主要菌门。发酵过程中，下调差异基因数量明显多于上调差异基因数量。从发酵 3 天至第 7 天，酒醅微生物上调的差异基因显著富集到与糖和醇类化合物代谢的功能条目，而在整个主发酵期，下调的差异基因主要富集到与细胞组分或与其相关的生物学过程条目中（胡晓龙等，2022）。在发酵茶类研究中，通过宏转录组学确定微生物群落的分类及功能特性，Lyu 等（2013）确定变形杆菌、放线菌、厚壁菌门和子囊菌门为普洱茶优势菌门，并分析 69 个参与 16 种途径的酶基因功能，结合宏基因组学、宏蛋白质组学和代谢组学阐明发酵茶类微生物丰度和发酵过程中代谢综合概况，同时 mRNA 测序结果注释表明普洱茶发酵前期和发酵中期黑曲霉占绝对优势（Zhao et al.，2015；杨晓苹等，2013），并对发酵过程起决定性作用。

4. 发酵肉制品

在基于宏转录组学解析不同贮藏时期冷鲜滩羊肉微生物代谢过程的研究中，以托盘密封包装的冷鲜滩羊肉表面微生物为研究对象，利用宏转录组学技术解析

3 个不同贮藏时期微生物基因组差异转录、代谢途径与 3 个贮藏时期微生物群落演替的关系。结果表明：3 个贮藏时期的冷鲜滩羊肉微生物差异表达基因数分别为 429 个、15 个、1529 个。通过对这些微生物差异表达基因进行 KEGG 代谢途径富集分析发现，参与核苷酸代谢、脂质代谢、能量代谢、碳水化合物代谢以及氨基酸代谢相关过程的差异表达基因显著富集，说明这几种代谢途径在滩羊肉微生物的演替过程中占据重要地位，且在 3 个贮藏时期，变形菌门都是优势微生物，变形菌门下的假单胞菌属和肠杆菌科利用贮藏环境中的氧气与滩羊肉中的葡萄糖为碳源，迅速生长繁殖，成为最主要的优势微生物（杨晓苹等，2013）。

5. 发酵乳制品

奶酪微生物群落由各种细菌、酵母菌和霉菌等组成，因此，奶酪表皮微生物群落丰富的参考基因序列，为奶酪成熟过程中宏转录组分析提供更大的可能。Monnet 等（2016）分别在第 5 天、14 天、19 天和 35 天通过宏转录组学分析了瑞布罗申奶酪（Reblochon）中微生物的活性，de Filippis 等（2016）通过宏转录组学揭示不同温度和湿度意大利奶酪成熟过程中微生物群落变化及其功能变化，宏转录组学结合生化分析揭示表面成熟奶酪在成熟期内 6 种细菌和 3 种酵母的群体变化。Escobar-Zepeda 等（2016）利用宏基因组学揭示了 Cotija 奶酪中独特的微生物群落组成，确定乳杆菌、明串珠菌和魏斯氏菌属是主要优势菌群，参与 Cotija 奶酪风味形成的微生物代谢活动主要涉及支链氨基酸和游离脂肪酸的代谢。在 9 种微生物组成的奶酪表皮成熟过程中，宏转录组结合宏基因组、生化分析表明（Dugat-Bony et al.，2015），在发酵早期具有高水平乳酸脱氢酶转录本的汉逊德巴利酵母和假丝地霉酵母参与乳酸利用，并且后者与酪氨酸和脂肪降解密切相关，成熟末期表皮生长旺盛的假丝地霉酵母、干酪棒杆菌和蜂房哈夫尼亚菌为氨基酸降解主要菌株。对酸马奶（布仁其其格，2014）的大量研究中缺乏对其传统发酵过程的关注。了解发酵过程中酸马奶微生物的群落结构与功能基因表达的动态变化，可以优化微生物群落结构，对调整群落功能具有重要意义，还能为酸马奶食品安全、临床应用、改进传统发酵的可控性等研究提供理论依据。

5.3 转录组学技术在发酵豆酱功能研究中的应用

5.3.1 基于宏转录组学技术对豆酱中活菌群落分析方法的建立

1. 豆酱样品总 RNA 提取前处理方法的选择

豆酱样品中的大豆经过高温高压蒸煮并长时间发酵，因此提取物中不含植物源 RNA。此外，自然发酵豆酱体系复杂且处于开放式的发酵环境，豆酱中存在着大量的核糖核酸酶（RNase），其会对总 RNA 的提取造成影响，从而使得从豆酱中提取 RNA 存在一定难度。因此与传统动植物组织及发酵食品总 RNA 提取方式不同，本试验尝试不同的前处理方式，通过对总 RNA 抽提效果的比较来建立最适用于豆酱这一复杂体系的总 RNA 提取方法。琼脂糖凝胶电泳检测结果如图 5.1 所示，不同前处理方式所获得的 RNA 质量有明显的差异。同时，不同发酵时期的总 RNA 提取效果也存在一定差异。如图 5.1 所示，经过离心处理后的样品能得到 23S、16S 条带，条带清晰，无明显拖尾现象，且 23S 的亮度高于 16S 条带，说明经离心处理后提取的总 RNA 完整性较好，纯度较高，可用于后续试验；而未经离心处理的样品 RNA 条带相对较暗，尤其是发酵第 0 天条带拖尾严重，完整性较差，无法满足宏转录组建库要求。同时试验表明，发酵第 0 天的豆酱电泳条带亮度明显弱于发酵第 56 天，说明发酵初期豆酱所抽提的 RNA 浓度可能低于发酵末期。

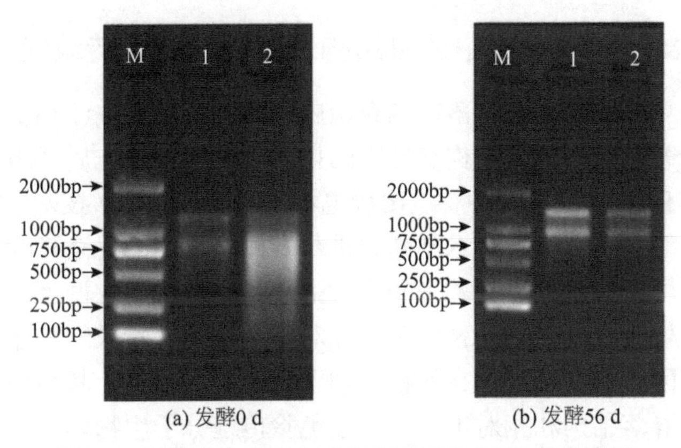

图 5.1　不同离心处理方式提取豆酱总 RNA 的电泳图

1 为样品经离心处理；2 为未经离心处理

2. 总 RNA 质量分析

使用 Aglient 2100 检测 RNA 样品的纯度、浓度和完整性。如表 5.1 所示，除有明显拖尾的 H0（b）外，样品通过离心处理所提取的 RNA 浓度较高，分别为 30.45ng/μL 和 44.68ng/μL。该结果与琼脂糖凝胶电泳检测结果一致，说明发酵初期豆酱所抽提的 RNA 浓度低于发酵末期。其可能的原因为：在发酵第 0 天豆酱体系刚刚混入盐水，水分含量较高，并且发酵环境的巨大改变也可能会造成 RNA 降解。而到了发酵后期，豆酱水分含量降低且豆酱体系稳定，因此抽提相对容易。

纯度较好的 RNA 其 $OD_{260/280}$ 值应介于 1.8～2.0。若 $OD_{260/280}$ 值小于 1.8，则表明多糖、蛋白质和酚类物质较多；若 $OD_{260/280}$ 值大于 2.0，则表明 RNA 有部分

降解。本试验各样品所抽提 RNA 的 $OD_{260/280}$ 值在 1.90～2.11 之间，其中通过离心处理的样品所抽提的 RNA 降解较少；而 $OD_{260/230}$ 值均低于 1.7，说明可能仍有部分杂质残留，但不影响后续文库的建立。除未经离心处理的 H0（b）样品外，RNA 完整数目（RNA integrity number，RIN）值均大于 7，所提取的 RNA 完整性较好。检测结果表明，经离心处理提取的 RNA 质量浓度、纯度和总量符合转录组测序要求。

表 5.1 RNA 检测结果

样品	浓度（ng/μL）	$OD_{260/280}$ 值	$OD_{260/230}$ 值	RIN 值
H0（a）	30.45	1.90	0.81	7.4
H0（b）	294.51	2.04	1.69	NA
H56（a）	44.68	2.08	0.99	7.8
H56（b）	21.21	2.11	0.60	7.9

5.3.2 不同发酵时期豆酱中菌群结构及其功能的宏转录组学研究

自然发酵豆酱中微生物群落结构在国内外得到广泛的关注和研究的同时，也发展了许多研究微生物群落结构和功能的技术。研究方法先后经历了传统的平板培养法、基于 PCR 扩增的变性梯度凝胶电泳（PCR-DGGE）技术、构建克隆文库和 DNA 测序等。随着测序技术不断的进步及测序成本的逐渐降低，科学界开始越来越多地应用高通量测序技术来研究发酵食品中的微生物群落。由于宏转录组学技术是以微生物群落的总 RNA 为研究对象，因此宏转录组测序技术在一定程度上弥补了基因组测序结果存在死亡菌种干扰的这一缺陷，其结果只反映取样时体系中活菌的群落结构和相对丰度。除了免除传统分子生物学手段所带来的死亡菌群干扰这一优势之外，该技术对于提供微生物群落中各菌种的功能表征也是非常有帮助的。在具有复杂微生物群落结构的发酵食品样品中，不同的菌种彼此相互作用，以降解或发酵基质的有机成分。从这些样品中纯化总 RNA 并测序将有助于解释其菌群结构是如何进行相互作用的。

基于本课题组的前期研究，在豆酱宏转录组学研究中，成功建立了基于宏转录组学技术对豆酱中活菌群落的分析方法，实验室成员安飞宇等确立在 4℃、8000 r/min 离心 5 min 后弃上清液的样品预处理方法，所提取的豆酱 RNA 质量浓度、纯度和总量更高，在此基础上，深入解析自然发酵豆酱在不同发酵阶段微生物的功能基因表达变化以及微生物对环境的适应性反应，从功能丰度谱和物种组成谱两个层面，分别比较了不同发酵时期的差异表达量大小，发现细菌在酱醪发酵阶段起主导作用，主要的细菌属为四联球菌属（*Tetragenococcus*）和乳杆菌属（*Lactobacillus*），而真菌仅在发酵初期有一定丰度，发酵末期时丰度很低，菌群功能主要集中在碳水化合物和氨基酸的代谢，且大多富集在发酵末期。本研究为反映自然发酵豆酱菌落的真实情况，免除传统分子生物学手段所带来的死亡菌群干扰，尝试使用宏转录组学技术来对豆酱发酵体系中的活菌群落进行分析，并结合气相色谱质谱联用技术对比分析自然发酵豆酱在不同发酵时期的活菌群落结构及其代谢功能，为揭示豆酱发酵过程中真正发挥作用的微生物和优良发酵菌种的选育提供基本的技术支持，也可作为其他半固态发酵食品菌群分析的技术参考。

试验首先对豆酱总 RNA 提取的前处理方法进行了对比研究，结果表明，与传统植物组织或发酵食品样品前处理方式不同，对豆酱样品进行离心处理可以很好地解决复杂发酵体系对 RNA 提取的影响，这种样品前处理方式对发酵初期豆酱总 RNA 提取的帮助尤为明显。接下来对豆酱活菌菌群结构及功能进行注释，根据 NCBI 的注释结果，以相对丰度≥0.01 为阈值，共鉴定出 13 个属的 15 种微生物，其中细菌占绝大多数，主要的细菌属为四联球菌属（*Tetragenococcus*）和乳杆菌属（*Lactobacillus*）。根霉菌属（*Rhizopus*）、曲霉菌属（*Aspergillus*）仅在发酵初期有较高丰度，其可能是由酱醅引入的，但随着发酵的进行，真菌丰度大幅降低，说明在酱醪发酵阶段，细菌为优势微生物，在发酵过程中起主导作用。其物种注释结果与先前报道可以相互印证，证明宏转录技术完全可以用于自然发酵豆酱活菌群落结构分析，在显示出豆酱发酵初期与末期间活菌群落的差异的同时，也证明豆酱在自然发酵过程中微生物群落演替是一个趋于稳定的过程。在功能注释方面，通过 KEGG 功能注释和 CAZy 功能比较分析，发现自然发酵豆酱中微生物功能主要集中在碳水化合物和氨基酸代谢，其中在真菌丰度较高的发酵初期，糖苷水解酶和糖基转移酶相关代谢反应活性较高，该结果也与宏转录组物种注释结果相一致，再次印证宏转录技术可以用于分析自然发酵豆酱活菌群落结构及功能，且具有良好的灵敏度及稳定性。将该技术与其他组学技术数据整合，将有利于挖掘出更多的有益菌株和潜在的功能基因应用于未来的工业生产，同时还可将该试验体系应用于其他半固态发酵食品的活菌群落分析。

1. 物种组成的丰度和均匀度分析

如图 5.2 所示，当序列数小于 500000 时，多样性指数随着序列数的增加而迅速增加，当序列数在 500000～1000000 之间时，多样性指数随着序列数的增加而缓慢增加，当序列数大于 1000000 时，稀释曲线趋于平台期，表明测序结果准确有效，可以充分反映样品的多样性。Alpha 多样性反映微生物的多样性和群落的物种丰度。ACE 和 Chao1 都是用来计算菌群丰度的，ACE 指数或 Chao1 指数越大，表明群落的丰度越高。与 Chao1 和 ACE 指数不同，香农多样性指数和辛普森多样性指数综合考虑了菌群的丰度和均匀度。香农多样性指数值越高，表明菌群的多样性越高。辛普森指数值越低，表明菌群多样性越高。如表 5.2 所示，在发酵前期（H0～H14）

豆酱中活菌菌群的丰度相对较高，随着发酵的进行，菌群丰度下降并保持在一定水平上下波动。豆酱中活菌菌群多样性在发酵初期（H0）就达到峰值，然后迅速下降又逐渐上升。联系菌群丰度指数的变化规律，说明在发酵中后期（H28～H56），其菌群结构的均匀度升高，从而使得整体的多样性指数提高。

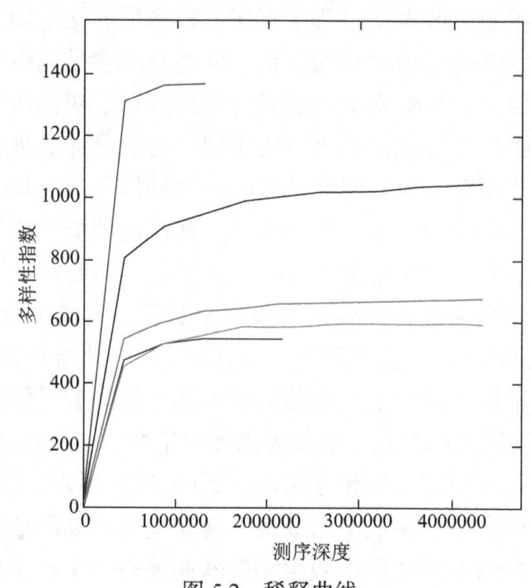

图 5.2　稀释曲线

表 5.2　多样性指数统计表

样品	Chao1 指数	ACE 指数	香农多样性指数	辛普森多样性指数
H0	1370.98	1373.51	4.47	0.15
H14	1054.08	1055.33	1.27	0.73
H28	594.80	600.45	1.96	0.40
H42	672.47	677.22	2.27	0.43
H56	546.00	551.84	1.76	0.53

2. 宏转录组物种注释和丰度分析

自然发酵豆酱的主要微生物门类为厚壁菌门（95.2%），其中发酵第 0 天豆酱的活菌群落结构较为复杂，除厚壁菌门外（81.6%），毛霉门（3.8%）和子囊菌门（3.8%）为主要菌门，其他四个发酵时期厚壁菌门占绝对优势，其相对丰度分别为 98.1%、98.4%、99.1%、99.0%。在属水平，自然发酵豆酱的主要微生物菌属为四联球菌属（60.7%）、乳杆菌属（19.0%）、葡萄球菌属（6.4%）、太平洋海洋杆菌属（2.0%）及肠球菌属（1.4%），均为细菌属，说明在自然发酵液态酱阶段，细菌起主导作用。

在发酵初期（H0），其活菌群落结构相对复杂，除相对丰度最高的四联球菌属（34.6%）外，还鉴定出大量的葡萄球菌属（24.9%），但随着发酵的进行，葡萄球菌属相对含量迅速降低，说明其可能为制酱初期所引入的杂菌，或是仅在酱醅阶段发挥作用，对液态酱的发酵作用影响不大。在发酵 14 天时（H14），四联球菌属（85.3%）相对丰度迅速升至峰值，并在随后的发酵过程中也保持较高丰度（51.6%～70.9%）。此时，太平洋海洋杆菌属（4.0%）的相对丰度与发酵 0 天相比略有上升，但随着后续发酵的进行降低至较低水平（0.3%～1.3%），说明其可能仅在发酵初期起到一定作用。

到了发酵中期（H28），乳杆菌属（41.5%）相对含量迅速升高，由 2.4%升至 41.5%。后续随着发酵的进行逐渐降低，但也保持在较高的丰度水平（20.0%～28.9%），同时，在其相对丰度降低的过程中，四联球菌属的相对含量逐渐升高，说明细菌间可能存在相互作用。

发酵中后期（H42～H56），自然发酵豆酱中活菌群落结构相对稳定，主要的菌属为四联球菌属（61.0%～70.9%）和乳杆菌属（20.0%～28.9%）。

总的来说，自然发酵豆酱在发酵初期（H0～H14）菌群结构变化显著，发酵中期（H28）开始形成较为稳定的菌群结构，发酵中至末期（H42～H56）菌群结构保持相对稳定，这与其阿尔法多样性分析及功能注释结果保持一致。其中，优势菌属四联球菌属的丰度变化趋势与碳水化合物代谢（carbohydrate metabolism）表达量变化趋势完全一致，它是促进健康的益生菌，广泛存在于豆酱、酱油、鱼酱等发酵食品中，在改善豆酱风味方面具有重要作用。

研究表明，豆酱中的乳杆菌主要是植物乳杆菌，它不仅有利于食品的发酵，可以改善食物的风味，还具有一定益生特性，包括维持肠道内菌群平衡、抑制肿瘤细胞的形成、降低血清胆固醇等。此外，有部分序列被注释为病毒，但其相对含量极低，一些潜在致病菌如葡萄球菌属也仅在发酵初期才有较高丰度，其含量会随着发酵时间的延长而降低，因此认为豆酱不具消费风险。本试验证明宏转录技术完全可以用于自然发酵豆酱活菌群落结构分析，而且此技术具有一定的敏感性，可以显示出豆酱发酵初期与末期间活菌群落的差异，同时也证明豆酱在自然发酵过程中微生物群落演替是一个逐渐趋于稳定的过程。

基于各样本在属水平的组成结构，根据其相对丰度分布和样本间的相似程度加以聚类，根据聚类结果对菌属和样本分别排序。研究表明，自然发酵豆酱的菌群结构随发酵时间的推移而逐渐变化，到了发酵中期（H28）已基本稳定，且发酵末期（H42～H56）功能结构最为相似。这说明豆酱在自然发酵过程中微生物群落演替是一个逐渐趋于稳定的过程。其中，大多数真菌如蔷薇色酵母属、曲霉菌属、毛霉菌属、根霉菌属等仅在发酵初期（H0）有较高丰度，随着发酵的进行，真菌菌属丰度大幅降低，说明在液态酱发酵阶段，细菌为优势微生物，在发酵过程中起主导作用。此外，一些潜在致病菌如葡萄球菌属也仅在发酵初期才有较高丰度，其含量会随着发酵时间的延长而降低，该结果与功能注释结果一致。

3. 优势微生物物种的关联网络分析

关联分析结果表明，绝大部分物种呈正相关，但乳杆菌属与芽孢八叠球菌属、曲霉菌属及太平洋海洋杆菌中的菌种呈负相关关系，该结果与物种注释结果一致，说明在豆酱发酵过程中微生物间可能存在一定的相互作用。

4. 功能-物种一致性分析

通过上述一系列分析，从功能丰度谱和物种组成谱两个层面分别考察了样本间的差异大小。在此基础上，需要进一步评估样本在功能和物种两个层面的差异模式是否具有一致的共性，并且通过关联分析，量化两者之间一致性的高低。使用 Procrustes 分析，将功能丰度谱和物种组成谱的主坐标排序结果相互关联。其结果如图 5.3 所示。图中，每个点代表一个样本，同一个样本在功能和物种层面的主坐标分析结果通过直线连接，形成配对样本。其中，蓝线连接样本在功能水平的排序坐标，粉线连接在物种水平的排序坐标。同一对样本的连线越短，表明拟合效果越好，功能和物种层面的一致性越高。

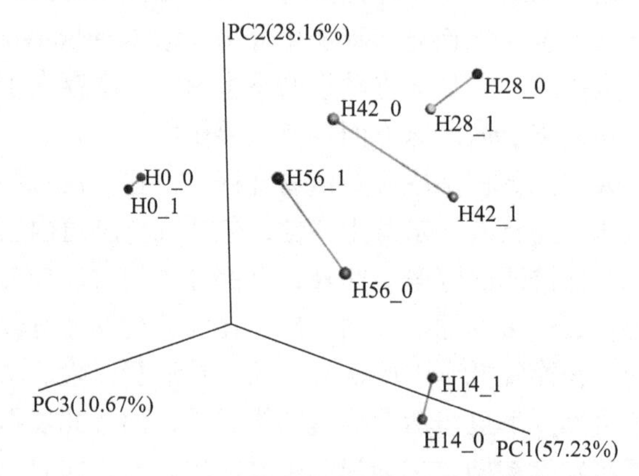

图 5.3　主坐标分析结果的三维排序图

5. 单基因簇表达量差异分析

根据表达量倍数变化（表达量倍数>2）和表达量差异的统计学显著性（$P < 0.05$），筛选出样本间差异显著的单基因簇，其结果如表 5.3 所示。根据单基因簇在各样本表达量分布表，可以比较不同发酵时期样品之间的单基因簇表达量差异。结果显示，H0～H14 间差异表达基因有 26130 个；H14～H28 间差异表达基

因有 13673 个；H28～H42 间差异表达基因有 10278 个；H42～H56 间差异表达基因有 10389 个。可以看出发酵初期（H0～H14）单基因簇表达量变化最为明显。

表 5.3　单基因簇表达量差异分析结果统计表

样品	上调	下调	总计
H0 *vs*. H14	10519	15611	26130
H14 *vs*. H28	5368	8305	13673
H28 *vs*. H42	6311	3967	10278
H42 *vs*. H56	5390	4999	10389

6. KEGG 功能注释相对表达量分布

基于各单基因簇在各数据库中的功能注释结果，结合其对应的表达谱，可以在不同分类等级上分析各样本的表达量分布。其中，KEGG 分为 4 个等级，第一等级为生物代谢通路，第二等级为代谢通路的子功能，第三等级即对应代谢通路图，而第四等级为 KEGG 直系同源（KEGG orthologous, KO）编号，对应代谢通路上各个 KO 的具体注释信息；使用 QIIME 软件，获取各样本对应于 KEGG 第一和第二功能等级的相对表达量分布。在第一等级的代谢通路分类中，代谢（metabolism）表达量占比最高，达到总体表达量的 54.2%。发酵 0 天（H0）代谢功能占其总表达量的 41.7%，后随着发酵的进行（14 天、28 天、42 天、56 天）迅速升高并保持相对稳定，其相对表达量分别为 54.1%、59.6%、57.8%和 57.7%。接下来进一步对代谢通路子功能进行分析，在第二等级的代谢通路分类中，碳水化合物代谢表达量占比最高，达到总体表达量的 27.9%。与第一等级代谢表达量相比，第二等级中的各发酵时期碳水化合物代谢表达量变化较明显，发酵第 0 天、14 天、28 天、42 天、56 天的相对表达量分别为 18.1%、36.8%、24.8%、27.6%、32.4%，呈先迅速升高后降低再逐渐升高的变化趋势。这也与单基因簇表达量差异分析结果基本一致。同时，试验结果也与其他组学研究结果相一致，说明宏转录技术可以用于分析自然发酵豆酱活菌群落功能。

基于功能注释及丰度分析，发现参与碳水化合物代谢的功能基因比例很高，这表明自然发酵豆酱菌群对淀粉具有较高的利用率。其中糖酵解/糖异生（glycolysis/gluconeogenesis）和三羧酸循环（tricarboxylic acid cycle，TCA）所注释到的表达量最高，分别为总体表达量的 6.8%和 5.1%。且其变化规律都是在发酵 14 天时（H14）迅速升高，后降低再逐渐升高。微生物可通过糖酵解途径将糖类分解成乙醇和二氧化碳，以利于豆酱的风味产生。由于发酵初期（H0～H14）糖酵解/糖异生功能注释结果变化最为显著，通过样本 H0 和 H14 间比较，获取它们彼此共有及各自独有的 KO，发现 2,3-二磷酸甘油酸-3-磷酸酶（MINPP1，EC:3.1.3.80）仅在发酵 14 天后被注释出来，说明随着发酵的进行，糖酵解/糖异生代谢途径更为完整，发酵反应更为剧烈。

7. KEGG 代谢通路富集分析

H0～H14 两个样品间共有 4702 个具有显著差异的 KEGG 直系同源基因簇，其缩写为 KO，通过 KEGG 代谢通路富集分析，$P\leqslant0.05$ 时共富集到 18 条代谢通路，在代谢功能类别中注释到显著差异 KO 最多的是“果糖与甘露糖代谢”，有 35 个相关蛋白质或酶；其次为“烟酸与烟酰胺代谢”（19 个），接着是“糖基磷脂酰肌醇（GPI）-锚定生物合成”，有 17 个。进一步运用 Benjamini-Hochberg 法校正，当 FDR≤0.05 定义为显著富集的代谢通路时，仅筛选到“光合作用”（Photosynthesis）这一条显著富集的代谢通路。

H14～H28 两个样品间共有 3436 个具有显著差异的 KO。$P\leqslant0.05$ 共富集到 38 条代谢通路，在代谢功能类别中注释到显著差异 KO 最多的是“淀粉和蔗糖代谢”，有 42 个；其次为“苯丙氨酸代谢”，有 29 个；接着是“泛醌”和“其他萜类醌生物合成”，有 20 个。当 FDR≤0.05 时，仅筛选到“鞭毛组装”（Flagellar assembly）这一条显著富集的代谢通路。

H28～H42 两个样品间共有 2479 个具有显著差异的 KO。$P\leqslant0.05$ 共富集到 25 条代谢通路，在代谢功能类别中注释到显著差异 KO 最多的是“氨基酸生物合成”，有 84 个；其次为“氧化磷酸化（作用）”，有 73 个；接着是“嘧啶代谢作用”，有 37 个。当 FDR≤0.05 时，仅筛选到“减数分裂-酵母”（Meiosis-yeast）这一条显著富集的代谢通路。

H42～H56 两个样品间共有 2602 个具有显著差异的 KO。$P\leqslant0.05$ 共富集到 40 条代谢通路，在代谢功能类别中注释到显著差异 KO 最多的是“氧化磷酸化（作用）”，有 88 个；其次为“苯丙氨酸、酪氨酸和色氨酸的生物合成”，有 28 个；接着是“2-氧羧酸代谢”，有 24 个。当 FDR≤0.05 时，在遗传信息处理及代谢功能类别中分别筛选到“蛋白酶体（proteasome）”、“氧化磷酸化作用”这两条显著富集的代谢通路。此外，还注释到两条显著下调的与人类疾病相关的通路，表明豆酱发酵过程中的一些微生物可能与病原体相关的基因同源。相关研究表明致病菌的含量会随着发酵时间的延长而降低，但仍有必要使用分子生物学方法进行检测。同时，随着发酵的进行，显著差异 KO 数量的减少也说明豆酱发酵是一个逐渐趋于稳定的过程。

8. CAZy 功能比较分析

基于各样本在碳水化合物活性酶数据库（Carbohydrate-Active EnZYmes

Database，CAZy）中注释得到的各等级功能类群的相对表达量分布，可以两两比较它们在样本间的倍数差异关系，从而评估各样本所分别富集的功能类群。如图 5.4（a）所示，发酵 0 天与发酵 14 天间各种碳水化合物活性酶的表达发生了一定变化，糖基转移酶（GTs）、碳水化合物酯酶（CEs）在 H0 中表达活性较高，而多糖裂解酶（PLs）、辅助氧化还原酶（AAs）以及碳水化合物结合模块（CBMs）在 H14 中有较高表达。糖苷水解酶（GHs）在两个发酵阶段间差异较小。到了发酵中前期，如图 5.4（b）所示，除糖苷水解酶（GHs）在 H14 中有较高表达量外，其他 5 个功能类群均在 H28 中有较高的活性表达。发酵中后期，如图 5.4（c）所示，在发酵第 28 天时，6 大蛋白功能中的 5 个功能类群丰度相对较高。仅糖苷水解酶（GHs）在 H42 中有较高的表达。如图 5.4（d）所示，随着发酵的进行，到了发酵末期，除糖苷水解酶（GHs）仍在 H42 中有较高表达量外，其他 5 个功能类群均在 H56 中有较高的活性表达，但这两个发酵时期间的差异较小。值得一提的是，多糖裂解酶（PLs）差异倍数虽然较大，但由于其整体丰度很低，因此对整体代谢功能影响不显著。

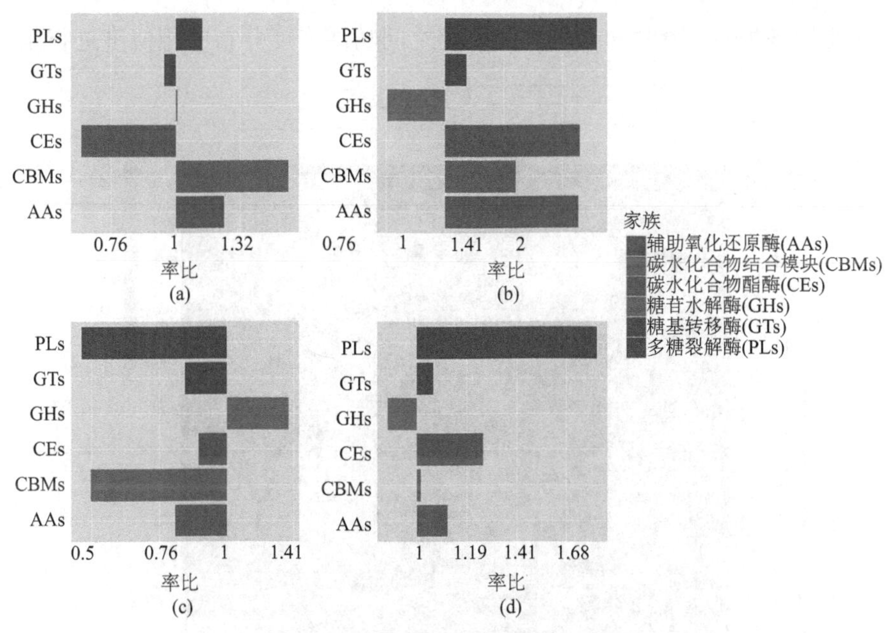

图 5.4　CAZy 蛋白质模块比较分析图

（a）H0～H14；（b）H14～H28；（c）H28～H42；（d）H42～H56

结合 CAZy 注释结果以及 KEGG 功能注释相对表达量分布统计，发现自然发酵豆酱在发酵过程中，水解糖苷或寡糖糖苷键的酶的总称——“糖苷水解酶”在 H14 时表达活性最高，且此时 KEGG 功能注释碳水化合物代谢表达量占比也达到峰值，说明此阶段发酵反应剧烈，其微生物菌群结构可能正发生变化，且活性较高。此外，糖基转移酶、多糖裂解酶、碳水化合物酯酶、辅助氧化还原酶以及碳水化合物结合模块均在发酵第 28 天时有较高表达，但糖苷水解酶活性相对较低，可能的原因为：此时糖苷水解酶相关代谢反应已经基本完成，其代谢产物可能会导致自然发酵豆酱微生物群落结构及功能再次发生变化。到了发酵末期，H42 和 H56 这两个发酵时期间的差异较小，说明此时豆酱已逐渐成熟，其菌群结构趋于稳定。相关研究表明，发酵末期有机碳和可溶性糖含量都逐渐下降并保持恒定，说明糖苷水解酶及糖基转移酶相关代谢反应已经基本完成。此外，由于在液态酱发酵阶段，发酵前期盐浓度较高且含氧量较低，霉菌已经基本停止生长，细菌成为主要优势菌，但由霉菌分泌的各种酶类仍继续发挥作用，而到了发酵末期，霉菌丰度极低，无法分泌相关酶类，这可能是发酵末期糖苷水解酶和糖基转移酶表达活性降低的主要原因。该结果也与宏转录组物种注释结果相一致，再次印证宏转录技术可以用于分析自然发酵豆酱活菌群落结构及功能，且分析结果准确。

9. CAZy 功能注释丰度聚类分析

如图 5.5 所示，图中样本先按照彼此之间功能丰度分布的相似度进行聚类，

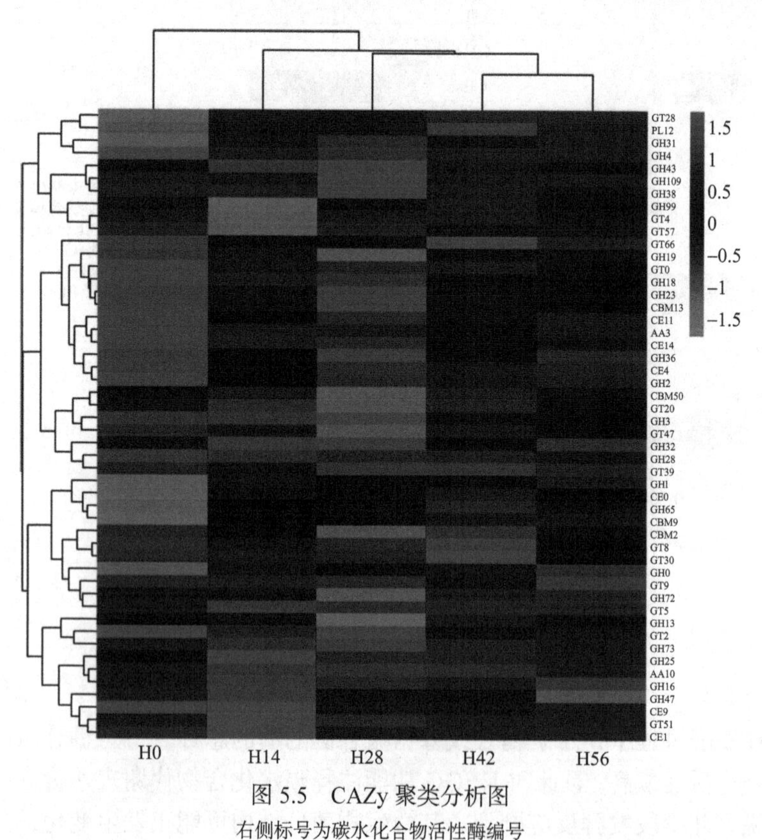

图 5.5　CAZy 聚类分析图

右侧标号为碳水化合物活性酶编号

根据聚类结果横向依次排列。同理，功能类群也按照彼此在不同样本中分布的相似度进行聚类，根据聚类结果纵向依次排列。根据样品间功能丰度聚类结果可以看出，自然发酵豆酱碳水化合物活性酶功能随发酵时间的推移而逐渐变化，且发酵末期（H42～H56）功能结构最为相似。这说明豆酱在自然发酵过程中碳水化合物的代谢是一个逐渐趋于稳定的过程。在样本间具有显著差异的相对表达量前 50 位的 CAZy 蛋白家族中，44%被注释为糖苷水解酶，28%被注释为糖基转移酶，8%被注释为碳水化合物结合模块，仅有 4%和 2%的蛋白家族被分别注释为辅助氧化还原酶及多糖裂解酶。这说明自然发酵豆酱中糖苷水解酶及糖基转移酶相关代谢反应较为活跃，并随着发酵时间的推移而发生动态变化。

10. 微生物群落与代谢物的相关性

皮尔逊相关分析表明，微生物群落与代谢物之间存在显著相关性（$|r|>0.6$，$P<0.05$），如图 5.6 所示，24 个细菌属和 8 个真菌属与代谢物的相关性较强，表明细菌在液态酱发酵过程中的参与程度较大。1 个真菌属和 11 个细菌属与主要挥发性成分相关，24 个属（16 种细菌和 8 种真菌）与游离氨基酸显著相关。包括嗜盐四联球菌（*Tetragenococcus halophilus*）、蛋白原酶乳杆菌（*Lactobacillus rennini*）、酸鱼乳杆菌（*Lactobacillus acidipiscis*）、植物乳杆菌（*Lactobacillus plantarum*）、粪肠球菌（*Enterococcus faecalis*）、枯草芽孢杆菌（*Bacillus subtilis*）等，说明它可能为对挥发性风味物质合成有重要影响的核心微生物种。

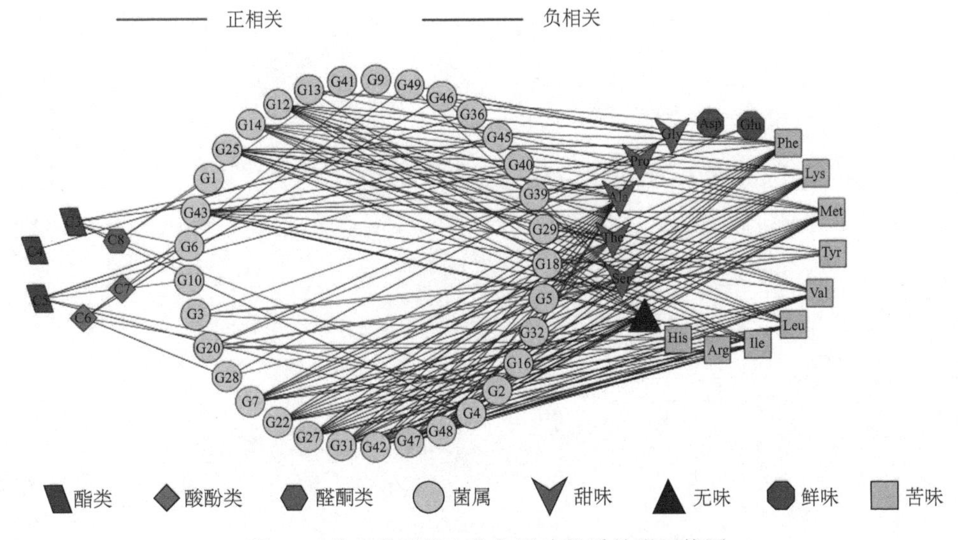

图 5.6　核心发酵微生物与风味物质关联网络图

挥发性酯、乙酸和苯甲醛对传统大豆酱的味道至关重要。研究表明，自然发酵豆酱中有 11 个属与这些挥发性成分显著相关,其中嗜盐四联球菌和乳杆菌属分别与苯甲醛和乙酸呈正相关。乳杆菌属和未分类肠球菌科与挥发性酯呈显著正相关，进一步说明它们可能为脂质代谢主要功能菌。

第 6 章

代谢组学在发酵豆酱功能研究中的应用

6.1　代 谢 组 学

6.1.1　代谢组学概述

代谢组学（metabolomics/metabonomics）又称代谢物组学，其主要目标是识别、表征和量化生物体中存在的全部代谢物的代谢体，是对生物体内代谢物的综合分析，用于检测生物体整体水平代谢特征的组学技术，并通过代谢物组成来确定生物体系的系统生化谱（吕铭守等，2019）。它是对构成代谢体的初级和次级代谢产物等小分子量物质进行定性和定量分析的一门新学科。代谢组学的研究对象为复杂的生物体系，常见的生物样本包括生物体液（尿液、血清、血浆、唾液、眼泪等）、动物或人体组织（肿瘤、肝脏、脂肪组织等）和细胞。代谢组学以组群指标分析为基础，采用高灵敏度、高通量和高特异性的现代分析仪器技术，并结合模式识别等数据分析方法，研究机体在受外界干扰后其代谢产物的变化规律。基于分析技术和信息技术的迅猛发展，代谢组学发展迅速，与基因组学、转录组学、蛋白质组学等共同组成“系统生物学”，并在系统生物学研究中起着重要作用。

代谢组学所研究的代谢物位于生理和生化活动调控的末端，能够反映生物体变化规律的整体性，与基因组学、转录组学以及蛋白质组学相比，有如下优势：①由于基因和蛋白质表达的微量变化会引起代谢产物水平的明显变化，代谢组学分析更能揭示生物体的生理生化状态；②无需对全基因组测序，无需建立庞大的表达序列数据库；③代谢物在各个生物体中种类相似，且数目远远小于基因和蛋白质的数目，有利于建立代谢物的数据库和进一步研究分析；④生物样本的代谢物和代谢通路变化可以系统地揭示机体的生理病理状态。

6.1.2　代谢组学发展现状及新技术

代谢组学是 20 世纪 90 年代末期迅速发展起来的一门新兴学科，是系统生物学研究的重要组成部分。20 世纪 70 年代，Devaux 等基于代谢轮廓分析（metabolic profiling）第一次提出代谢组学的概念。1999 年，代谢组学之父、英国帝国理工大学的 Jeremy Nicholson 教授首次提出代谢组学的概念：代谢组学是生物体在病理生理刺激和遗传因素改变的条件下，在不同时间，多方位定量检测其代谢变化，通过测定整个机体的代谢图谱来探讨基因功能调控机制的学科。Fiehn 提出代谢组学的另一种表述——metabolomics，指出代谢组学是对生物体内所有代谢产物的定性定量分析（Fiehn et al.，2002）。代谢组学在疾病研究、药物开发及毒性评价、微生物代谢组学、植物育种和作物质量评估、毒理学、环境科学等研究领域都有所应用。代谢组学在食品科学领域起步较晚，Wishart 等于 2008 年对应用于食品科学相关领域的代谢组学研究进行了综述，阐述了代谢组学在食品科学领域的含义。此后，研究人员对蜂蜜、食用油、饮料、肉类等基于代谢组学的食品鉴伪研究进行了综述，提出该领域代谢组学是基于分析生物体系内所有小分子代谢产物（分子量小于 1000），通过高通量、高灵敏度和高分辨率的现代仪器，结合模式识别等化学计量学方法分析生物体内代谢产物变化规律的一种新兴研究工具。

代谢组学的研究方法主要有靶向分析和非靶向分析两种，如图 6.1 所示。靶向代谢组学旨在研究与生物学问题相关的潜在生物标记物或预选代谢物，是对特定目标代谢物的检测和分析，尤其是对单个或已知代谢途径的检测和分析。在敏感性、准确性和绝对定量指标方面具有显著优势。但有通量低、需采用分析标准品进行准确定性定量分析的缺点。相反，非靶向涉及对所有内源性代谢物进行无偏向性的分析，具有通量高、操作简单等优势，但在敏感性、准确性和定量方面劣势明显，同时较依赖公共数据库，难以发现新物质。发展至今，代谢组学在系统医学、动植物研究、微生物研究等领域已得到广泛的应用（于跃等，2019）。

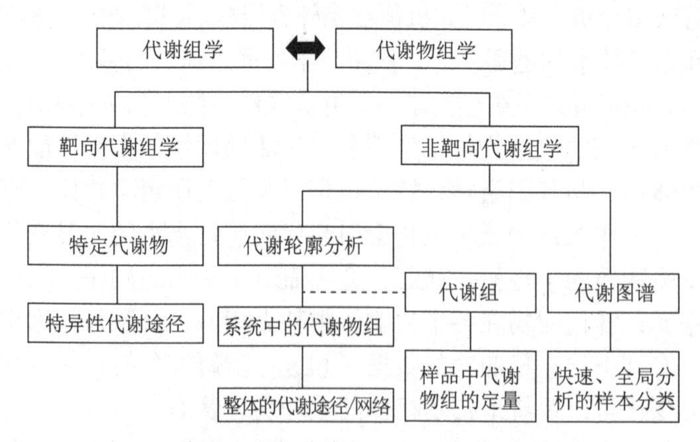

图 6.1　代谢组学与代谢物组学及其分类研究内容

根据代谢组学的研究方法，可将其划分为 4 个层次：一是代谢物靶标分析，即对一个或几个特定组分进行分析；二是代谢轮廓分析，即针对预设的少量代谢产物进行定量分析；三是代谢物组学分析，针对特定条件下样品中的所有代谢产物进行定性和定量研究；四是代谢物指纹分析，无需分离鉴定样品的具体组分，只进行快速识别分类或判别分析。对于不同的研究领域，研究流程的侧重点有所差异，样品采集的多样性和真实性对结果的准确性和数据的代表性起着决定性作用，样品的检测保证了数据的有效性和全面性，数据处理的效果决定了判别模型的预测能力和拟合能力（刘刚，2014）。

如表 6.1 所示，代谢组学研究所用到的三大分析技术中，液相色谱-质谱（liquid chromatograph-mass spectrometry，LC-MS）联用技术是最晚在代谢组学领域得到开发与应用的。由于液相色谱-质谱技术的巨大优势及其与核磁共振技术（nuclear magnetic resonance，NMR）和气相色谱-质谱（gas chromatography-mass spectrometry，GC-MS）联用技术互补，虽然应用时间比较短，但它的发展速度及应用频率有着很大幅度的提升。在代谢组学的研究中，液相色谱-质谱联用技术已经广泛应用在疾病诊断、毒理学分析、中药机理研究、植物代谢组学、物种差异的研究以及微生物代谢物研究等方面。而为了更加清晰地得出结果，通常采用化学计量学的方法，应用特殊的统计学软件，对大批量的数据进行聚类分析。在应用液相色谱-质谱联用技术进行代谢组学的研究中通常使用的是主成分分析（PCA）法和偏最小二乘（PLS）法。根据信息及与其他技术的联用就能够确认这些生物标记物的化学结构。在临床应用中通过对代谢组学分析寻找与疾病、毒性相关的生物标记物具有重要意义。

表 6.1　代谢组学的分析手段

	核磁共振	气-质联用	液-质联用
样本前处理	无需分离，样本用量少	较为烦琐，需衍生化	步骤简单
适用范围	主要是丰度高的初级代谢产物如糖类、有机酸、氨基酸等，特别适用于生物体液	适用于分子量小，易挥发，热稳定，极性小的物质	适用范围最广泛
数据库	—	较为健全	相对不健全
灵敏度	低	中	高
仪器稳定性	最高，重复性好	不够稳定	不够稳定
发现新物质	可以	不可以	不可以

毛细管电泳-质谱（capillary electrophoresis-mass spectrometry，CE-MS）也被用于代谢组学研究。相对其他分离技术，毛细管电泳-质谱的最大优点是其可在单次分析实验中分离阴离子、阳离子和中性分子，因此可以同时获得不同类代谢物的谱图，这使得其成为高通量非目标分析代谢组学研究中一个很有吸引力和发展前景的分析技术。

除此之外，还有振动光谱技术（vibrational spectroscopy），振动光谱技术是一种非入侵性快速无损的指纹图谱分析技术，近几年已被广泛应用于食用油的掺假、茶叶的产地溯源及品质监控、蜂蜜蜜源鉴定等食品的真实属性快速鉴别中。但是，该技术易受到水分的影响且不能鉴定特征标记物，缺点较为明显。这些技术的不断发展和完善都为代谢组学的研究提供了很好的分析研究平台。

随着这些分析技术逐渐改进，获得数据已不是难题，然而能否将呈多维的、海量的波谱数据进行有效压缩和转换却是首要解决的问题，这就要借助于专门的数据分析方法。代谢组学技术数据研究分析包括预处理和统计分析两个步骤。代谢组学研究流程及其相关技术见图 6.2。七种代谢组学技术数据研究分析的预处理过程包括：谱图的处理、生成原始的数据矩阵、数据的归一化以及标准化处理过程。针对实验性质、条件以及样品等因素采用不同的预处理方法。在实际应用过程中，预处理可以通过实验系统自带的软件如 XCMS 软件进行，因此一般较容易获得所需的数据形式。多元统计分析方法主要分为两大类：监督方法和非监督方法。监督方法包括主成分分析(principal component analysis，PCA)、聚类分析(cluster analysis，CA）等；非监督方法包括判别分析（discriminant analysis，DA）、偏最小二乘（partial least square，PLS）法、偏最小二乘-判别分析联合法（PLS-DA）和人工神经网络（artificial neural network，ANN）等，其中 PCA 和 PLS-DA 是代谢组学研究中最常用的模式识别方法。这两种方法通常以得分图（score plot）获得对样品分类的信息。载荷图（loading plot）获得对分类有贡献变量及其贡献大小，从而用于发现可作为生物标志物的变量，用来获得变量资料信息来进行分析研究。

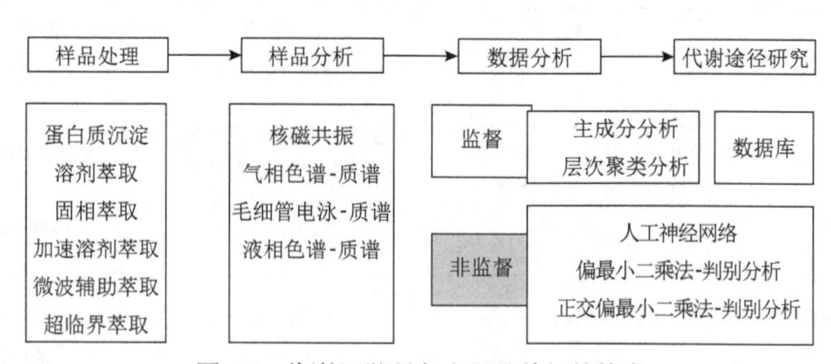

图 6.2　代谢组学研究流程及其相关技术

主成分分析是统计中最常用的一种方法，它是在最大程度上提取原始信息的同时对数据进行降维处理的过程，其目的是将分散的信息集中到几个综合指标即主成分上，有助于简化分析和多维数据的可视化，进而通过主成分来描述机体代谢变化的情况。主成分分析的具体过程是通过一种空间转换，形成新的样本集，按照贡献率的大小进行排序，贡献率最大的称为第一主成分，依次类推。经验指出，当累计贡献率大于 85%时所提取的主成分就能代表原始数据的绝大多数信息，可停止提取主成分。在代谢组数据处理中，主成分分析是最早且广泛使用的多变量模式识别方法之一，具有不损失样品基本信息、对原始数据进行降维处理的同时避免原始数据的共线性问题等优点；但在实际应用过程中，也存在着自身的缺点，例如，离群样本点的存在严重影响其生物标志物的寻找；非保守性的代谢组分扰乱正确的分类以及尺度的差异影响小浓度组分的表现等，针对缺陷我们采用了不同的改进措施，如主成分分析对离体样本点较敏感，在实际应用中采用了稳健的方法，便于正确地寻找主成分，从而提高结果的准确性。

自组织投影是一种可视化聚类分析方法，它采用自组织神经网络进行降维投影。该方法首先人为确定一个分类数目 K，进行初步分类，然后根据其相似性进行修正，达到理想的聚类结果，聚类结果采用投影的方式显示。与主成分分析方法相比，自组织投影具有较好的分类能力，因此获得广泛的应用。研究人员采用自组织投影技术研究了乳腺癌细胞的代谢规律，成功地将不同阶段的癌症样本进行分类；同时还通过投影计算了各个代谢物浓度与疾病发展的相关性，获得了直观理想的效果。

聚类分析是用多元统计技术进行分类的一种方法。其主要原理是：利用同类样本应彼此相似，相类似的样本在多维空间里的彼此距离应较小，而不同类的样本在多维空间里的距离较大的特性进行分析。具体的做法是先将每个样本自成一类，选择距离最小的一对并成一个新类，计算新类与其他类之间的距离，再将距离最小的两类并为一类，直至所有样本都成为一类为止。目前多维空间里的两样本距离的算法主要有：欧氏距离、闵氏距离、马氏距离等，其中以欧氏距离最常用。聚类分析最常用的方法是系统聚类法，有研究人员采用聚类分析对各种有毒药物的代谢指纹进行研究。

判别分析又称分辨分析或分辨法，是在一系列多因子观测值的基础上，对事物的属性差别进行分类或分辨的统计学法，主要用于定性预测。其基本方法是根据样品的 p 个测定指标，对一批位置样品进行分类，前提是已知一些样品的分类，然后根据 p 个测定指标来确定未知样品究竟归属哪一类。在判别分析中，判别函数有最佳型判别函数和固定型判别函数两类。目前，判别分析的准则和方法亦有许多，如马氏距离判别法、Fisher 判别法、Bayes 判别法、逐步判别法等。

偏最小二乘法是研究人员在 1983 年首次提出的回归方法。它在克服自变量多重相关性的情况下，能对较少的样本量进行建模以及有效的筛选。与一般最小二乘法相比，偏最小二乘法计算所得的拟合残差最小，稳定度最高，能改善各变量的作用方向并使其更符合专业解释，成为模型变量筛选的有效工具。在数据处理过程中，偏最小二乘法提供了一种多对多线性回归建模的方法，特别当两组变量的个数很多，且都存在多重相关性，而观测数据的数量又少时，采用偏最小二乘法建立的模型具有独特的优点。

最后是代谢指纹分析研究，这个阶段的研究比代谢轮廓阶段的研究更复杂，不单是分析研究其样品特殊成分，也要进行样品快速的筛选鉴定工作（Johnson et al.，2016）。

随着代谢组学分析技术日渐成熟，各种代谢组学数据库和处理软件也越来越多（表 6.2）。目前发展起来的或国际上正在致力发展的代谢组学数据库，主要有以下几种。

（1）实验室特定数据库：可存储实验方法和元数据，所含信息非常详细，可采用标准格式输出数据给其他数据库。

（2）物种数据库：这类数据库存储与某一物种相关的、已报道的、相对简单的代谢物图谱。可为其他实验（如蛋白质组学、转录组学等）提供一个数据源。

（3）通用代谢谱：这类数据库存储的是代谢标准谱。这些标准谱是通用的，因此它们应该可以用于不同数据库、不同代谢组学研究平台之间的比较。

（4）特定物种的已知代谢物库：这类数据库基于特定物种，列出了所有在该生物中已观测到的代谢物，这些代谢物可能是在不同的生理状态下检测到的。

（5）已知代谢物库：它不针对具体的物种，包含所有曾经以某种方式检测到的所有代谢物。数据的存储可能以单个生物水平进行，也可能按其他分类方法进行。

（6）标准生物化学数据库：其提供的是已有的生物化学信息，大部分的信息来自文献。

（7）代谢组数据库与国际标准：理想化的代谢组学数据库应该非常全面，并且充分灵活，随着分析技术的不断发展，可以收录新的格式数据，并且和平行组学（包括转录组学和蛋白质组学）的对应实验数据兼容。目前，已经有一些公开的数据库、数据管理系统、数据分析和可视化工具，如 ArMet，涵盖大部分植物代谢组学研究工作，包含了这些工作开展的时间，甚至还有详细的实验步骤；又如 SMRS，提供一个开放的代谢组学实验报告方式和标准的数据文件转换格式。

根据不同的分析方法，可以在不同的数据库里对化合物谱图进行归属，从而得出差异代谢物的化学结构和名称。

表 6.2　代谢组学常用数据库及处理软件

分析技术	数据库	处理软件
核磁共振	—	MestreNova，MestReC
气相色谱-质谱联用	XCMS	AMDIS，MZmine
液相色谱-质谱联用	XCMS，Metlin，HMDB	Mzmine，SIEVE
毛细管电泳-质谱联用	Metlin	MZmine

6.1.3　代谢组学在食品中的应用

在食品中，代谢组学被用于植物、健康等食品研究计划中。代谢组学已被认为是解决农业和人类营养的未来需求的有效工具。食品代谢组主要包含来自动物、植物和微生物的代谢产物，食物种类、产地、温度乃至耕作方式等多种因素都会对食品代谢产物产生影响。同时，这些代谢产物也会因微生物、加工、储存以及污染而不断改变。这些变化会一直持续到消费者食用为止。在食品发酵过程中，微生物分解原料，形成醇类、酸类、酯类等物质，同时产生的代谢物还可调节生物体功能，抑制体内有害物质的产生。因此，可采用代谢组学的方法来分析其作用机制及对发酵食品的影响。

1. 在发酵豆制品中的应用

豆酱是以黄豆为主料，经微生物发酵而成的传统食品，在中国、韩国、日本和泰国等亚洲国家均有悠久历史。乳酸菌作为发酵剂参与发酵豆制品的生产过程，参与豆酱发酵过程的乳酸菌有嗜盐四联球菌（*T. halophilus*）、植物乳杆菌（*L. plantarum*）、清酒乳杆菌（*L. sakei*）、发酵乳杆菌（*L. fermentum*）和短乳杆菌（*L. breris*）等，它们产生乳酸、氨基酸、单糖等重要风味物质。研究人员对韩国传统豆酱发酵过程中的代谢物组动态变化做了系统报道：丙氨酸等 8 种氨基酸类物质在发酵后期含量显著上升；棕榈酸等 5 种脂肪酸在整个发酵过程中含量均较高；有机酸类代谢物主要有碳酸、柠檬酸和乳酸。有学者以代谢物组特征为依据，将豆酱的工业发酵过程分为蒸煮、干燥、发酵、浸盐和后熟 5 个阶段，并考察了单糖、氨基酸和脂肪酸 3 类初级代谢物，以及异黄酮和大豆皂苷这两类次级代谢物在不同发酵阶段的动态变化规律（田甜，2015）。

可可豆是可可树的果实，发酵烘烤后产生巧克力味道，含有丰富的脂肪酸、维生素、矿物质和多酚类物质，具有控制食欲、美容护肤、降脂护心等功效。可可豆发酵是酵母菌、乳酸菌和醋酸菌的协同作用过程，微需氧的乳酸菌将糖类和柠檬酸转化为乳酸、乙酸和甘露醇。研究人员对加纳可可豆 7 个堆积发酵体系中的微生物菌群和代谢物组研究表明：采摘自不同季节和不同农场的可可豆中，微生物菌群结构没有显著差异；但堆积温度对代谢物组分影响较大，进而产生不同的口味。

此外，在评定发酵食品的感官和营养品质方面，代谢组学也发挥着重要的作用。利用发酵食品中代谢物谱的研究，观察发酵过程中代谢物的变化，以及预测发酵终产物感官和营养质量已经得到了广泛的应用。代谢组学可以作为一种重要的信息工具，适合于快速选择菌株/底物组合，并能够同时增加发酵食品的感官和健康促进特性。

2. 在发酵乳制品中的应用

发酵乳品源于我国游牧民族，多以牛羊驼马等动物乳为原料，涉及多种微生物共栖生长，发酵形成独特的风味品质和功能成分，同时延长乳品的保质期。最近，代谢组学已成功地应用于确定发酵牛奶在发酵和储存过程中的代谢物概况，并提出了一系列可用于通过选择某些优先纳入发酵牛奶的细菌培养物来确定益生菌对健康有益的方法。液相色谱-质谱和核磁共振-红外-质谱技术的应用越来越多地应用于评估发酵过程中益生菌活动引起的代谢变化。这些与细菌代谢相关的乳成分的生化变化不仅影响发酵乳的理化和感官特性，而且影响其对人类健康的最终影响，因此有必要对其进行密切监测。此外，将代谢组学数据与多元数据分析（如主成分分析，PCA）和正交投影潜在结构判别分析（OPLS-DA）相结合，以帮助识别牛奶代谢物谱和/或基于菌株培养类型、使用的方法和存续期进行分类，将极大地有助于建立发酵乳制品行业技术改进的指导方针。代谢组学和多变量分析的使用已被证明是有用的，通过评估营养代谢物在人体内的生物利用度和摄取后人体肠道中益生菌的存在，来研究发酵乳制品的组成及其对健康的益处（Farag et al.，2020）。

乳酪也称干酪或奶酪，是最古老的乳酸菌发酵食品之一。在乳酪生产初期，乳球菌发酵产生乳酸；在乳酪成熟阶段，乳杆菌、片球菌、肠球菌和明串珠菌属协同作用，脂类、糖类和蛋白质逐渐降解的小分子化合物决定乳酪口味。近年来，许多研究者将代谢组学技术引入乳酪生产过程中，探究乳酸菌与乳酪结构、口味与成熟周期间的关系。研究人员采用 GC/TOF-MS 检测了 13 种乳酪的亲水性小分子代谢物组，并建立了代谢物与乳酪感官特征耦合关系的预测模型：12 种氨基酸和乳糖与“醇厚”显著相关，4-氨基丁酸、鸟氨酸、琥珀酸、乳酸、脯氨酸和乳糖共同构成“酸味”。还有研究人员利用 ^{1}H NMR 研究乳酸菌在意大利传统 Fiore Sardo 乳酪成熟过程中的作用，结果表明土著乳酸菌发酵剂的菌群构成与乳酪口味显著相关，商品化乳酸菌发酵剂无法生产出这种受欧盟农产品检验机构认证的原产地保护指定产品。

3. 在发酵肉制品中的应用

目前，代谢组学技术也被广泛地用于监控、预测肉制品不同加工阶段品质变化。有学者分析了西班牙发酵干香肠加工期间代谢产物变化，发现加工初期乳酸、肌酸/磷酸肌酸/肌肽信号占据主导；发酵过程中（2 天）α-葡萄糖、β-葡萄糖含量降低，但乙醇、乳酸、乙酸以及氨基酸等含量逐渐增加，随着干燥成熟的进行，乙醇、乙酸和甲酸的含量显著降低（$P<0.05$），氨基酸信号增强，有效实现了发酵香肠生产过程监控。

较长的加工周期是形成干腌火腿独特风味的关键，而这主要归因于加工期间所生成的多种小分子代谢产物。明确干腌火腿的呈味机制，将有助于缩短加工时间，提高产业效率。Zhang 等（2019）分析了干腌火腿不同加工阶段代谢产物的变化。大部分代谢产物的含量随加工时间逐渐增加，其中多种氨基酸、有机酸和核苷酸衍生物（次黄嘌呤氨基酸）等有助于最终产品风味的改善。Sugimoto 等（2020）指出日本干腌火腿成熟 540 天时鸟嘌呤和核苷酸含量以及谷氨酰胺和天冬酰胺在总氨基酸中占比最高，整体感官评分最佳。此外，Shi 等基于代谢组学探究了大河乌猪干腌火腿风味及其形成机制，发现已醛、3-甲基丁醛、壬醛、辛醛为其特征风味物质，主要来源于脂肪酸的氧化及氨基酸的降解。

由此可见，利用代谢组学技术能够有效表征发酵肉制品加工期间呈味物质的变化，为其加工工艺的优化奠定良好的理论基础。另外，中国传统发酵肉制品种类繁多，采用该技术测定传统发酵肉制品的特征成分，有助于传承优良的加工工艺，预期将会为中国发酵传统肉制品产业的发展带来良好契机。

4. 在发酵酒制品中的应用

代谢组学详细而全面的分子图像对评估食品质量、分析不同食品中的挥发性化合物，以及鉴别不同物种之间的差异和相近特征的准确性起着决定性的作用。研究人员利用代谢组学，通过研究葡萄酒的性状来评定葡萄酒的感官品质，发现葡萄在成熟期间果浆化学成分的变化影响酒的质量，对其感官品质有重要的影响。近年来，广大研究者利用气相色谱-质谱联用技术、多维气相色谱-质谱联用技术（multidimensional gas chromatography-mass spectrometry，MD-GC-MS）及气相色谱-闻香法（gas chromatography olfactometry，GC-O）等微生物代谢组学研究手段对白酒中风味物质进行了定性、定量研究，为下一步研究其风味形成机制提供了理论基础。研究人员采用顶空固相微萃取结合气相色谱-质谱联用技术发现从浓香型白酒窖泥中筛选出的 3 株细菌的发酵产物主要为高级醇、高级酮和芳香类化合物，具有放香、助香及调香的作用，促进浓香型白酒风味形成（Ma et al.，2019）。黄月等（2018）利用气相色谱-质谱联用测定了脱皮青稞黄酒、不脱皮青稞黄酒及青稞麸皮中挥发性和半挥发性风味物质，发现未脱皮青稞黄酒和脱皮青稞黄酒在挥发性香气成分上的差异主要来源于麸皮中富含的苯丙氨酸、缬氨酸和亮氨酸通过代谢所产生的苯乙醇、2-甲基丙醇、3-甲基丁醇、苯乙醇、2-甲基丙醇等，表明青稞麸皮对黄酒风味的形成会生产积极影响。综上，微生物代谢组学技术在各个类型白酒及白酒酿造各个阶段的风味物质鉴定方面应用广泛，为进一步研究白酒风味形成机制提供了基础，为不同风味白酒的酿造工艺优化及定向生产提供了理论支撑。

代谢组学作为一门新兴学科已被广泛地用于微生物代谢产物、发酵途径机制及发酵工艺监控优化等研究领域（Yao et al.，2022）。因此，对于发酵酒制品风味物质的研究，应利用代谢组学原理探究酿造工艺的微生物代谢途径及机制，剖析其微生态作用过程，找到相关功能菌株，运用基因工程技术对功能菌株进行改良和选育以获得强化菌株，将其运用于酿酒生产中，从而提高发酵酒制品的品质、原料利用率和出酒率，实现“节能降耗、高产优质”的效果。同时，由此积累的经验和方法也将助推微生物代谢组学的发展。

5. 其他食品的应用

在植物源性食品研究中，一个样品中通常含有多种代谢产物，特别是一些高分子量、不易挥发的极性代谢产物，研究这些物质需要进行化学衍生化或者高温处理，方法和步骤比较复杂，要求较高。有报道称，NMR 技术可以定性分析西红柿中的特异性糖类、黄酮苷、氨基酸和有机酸化合物，这些物质与西红柿的口味、香味、成熟阶段和颜色微妙变化密切相关，有研究人员利用 NMR 技术对韩国豆酱的生产过程进行了实时检测，并通过 PCA 发现豆酱发酵过程中糖的质量分数下降，乙酸、酪氨酸、苯丙氨酸等质量分数显著增加。其他研究人员采用流动注射电喷雾电离质谱（flow injection electrospray ionization-mass spectrometry，FIE-MS）和 GC-MS 评估马铃薯的化学组成，发现不同品种的马铃薯块茎中代谢物组分与马铃薯品质特征联系密切，其中某些品种的氨基酸（异亮氨酸、酪氨酸和苯丙氨酸）含量较高。GC-MS 结果显示极性代谢物和非极性代谢物差异显著。首先，将代谢组学技术及数据方法有机结合，有针对性地建立快速、分辨率高、灵敏度强的检测平台和规范统一的检测流程，将有助于促进植物源性食品的发展；其次，将代谢组学技术与其他系统生物学技术和高通量数据分析方法结合，有助于深入了解植物源性食品代谢物与其所处生态环境中的生物和非生物因素的响应关系，进而帮助我们深入了解并监控植物源性食品产业链的各个环节。

转基因作为一种新兴的生物技术手段，它的不成熟和不确定性，使得转基因食品的安全性成为人们关注的焦点。目前国际上已有不少对转基因食品的评估研究。转基因食品与传统食品之间的差异同样也可以通过代谢组学技术加以区分，例如，对转基因土豆和非转基因土豆用聚类分析方法进行比较，发现转基因土豆和非转基因土豆除了在果聚糖及其衍生物上有一些差异外，其他代谢指纹和代谢轮廓差异并不大，研究进一步表明不同栽培系之间的转基因土豆的代谢轮廓有显著差异。代谢组学技术也已应用到对转基因大米、转基因玉米、转基因番茄等转基因食品的分析中。这些研究主要集中在转基因食品和非转基因食品之间的代谢差异及是否存在非预期的代谢反应。研究表明代谢组学技术可以快速、准确、简便地评估转基因食品与非转基因食品之间的代谢差异，从而检测是否对人类健康造成影响。

6.2　代谢组学与其他组学技术联用

基因组学、转录组学、蛋白质组学、代谢组学以及分析技术的整合补充了生物学。基因组学通过分析个体遗传变异对药物应答的影响来研究疾病的发生和药物作用的机制。转录组学是从整体水平识别细胞中基因组转录情况和转录规律的方法。蛋白质组学是基于质谱技术，从整体上直接研究基因组所表达的蛋白质和蛋白质功能。因此，多组学数据集的综合分析有可能揭示系统范围的复杂生物过程（姜云耀等，2018）。

6.2.1　基因组学和代谢组学的联合应用

基因是遗传信息的载体，其在各种过程中的作用是毋庸置疑的。细胞的环境状态是通过代谢物反映的，单独从基因组或代谢组进行研究，可能会遗漏发生发展的重要内在信息，应当将二者结合，不同组学技术有利于克服单一组学的缺点，更有助于揭示发生机制和发展规律。鞠延仑等（2017）使用全转录组测序技术分析 UV-C 照射后葡萄果皮中编码芪类合成酶的基因表达，发现其显著上调，同时，利用代谢组学技术检测出 2000 多种代谢产物，但是用 PCA 发现显著变化的只有白藜芦醇，最终结合转录组和代谢组的研究结果首次构建了 UV-C 照射后果实中芪类物质合成代谢网络。

6.2.2　转录组学和代谢组学的联合应用

转录组测序技术是目前基因表达研究的主要技术手段，转录水平的调控是连接植物遗传信息和蛋白功能的桥梁，也是目前研究最多的、生物体最重要的调控方式。通过整合不同组学数据来分析比较不同数据间的关系以及阐述综合数据所说明的生物学问题才是最终研究目的。转录组学和代谢组学联合分析中，有多种数据整合分析的方法，包括基于相关性分析将数据结合的方法、基于级联的集成方法、基于多变量整合的分析方法和基于代谢通路数据库来整合分析数据的方法，可以根据不同的生物学研究目的确定不同的联合分析手段（金玉等，2018）。安飞宇（2019）采用顶空固相微萃取和气相色谱-质谱联用方法，对传统豆酱的挥发性风味成分进行分析，与宏转录组共同揭示发酵过程中真正发挥重要作用的菌种及其相关功能类群。

张国华等（2019）通过宏转录组学技术结合代谢组学技术，对传统酸面团样品发酵不同阶段中的关键功能基因注释及代谢途径等进行了分析。结果表明，在酸面团发酵过程中，参与碳水化合物及半乳糖代谢过程相关的差异基因呈极显著富集，基因丰度超过 20%，说明在酸面团发酵过程中，这两种代谢途径占据主要地位。实验对传统酸面团样品在面团发酵前后微生物菌群结构、功能基因表达及代谢途径进行研究，为进一步研究传统发酵面食的品质影响因素提供参考。

随着多种技术逐步发展、覆盖范围的扩大和复杂性，复杂数据分析的瓶颈越来越多地转向有效的集成和解释。另外，由于组学研究的结果往往缺乏足够的特异性，因此，将不同的组学方法进行组合使用，可以使其相辅相成。

6.2.3 蛋白质组学和代谢组学的联合应用

蛋白质是生命活动的功能执行体，参与了绝大多数的调控过程和疾病原发过程，并且是大多数药物的靶向目标，蛋白质水平上的研究分析可以更直观地反映基因表达的水平。蛋白质组是指针对某一特定的生理环境下所有蛋白质的数量及功能研究的方法，具有动态性、空间性、时间性和特异性。迄今为止，蛋白质组学研究涵盖了各种环境样品包括发酵食品、酸性矿山废水、生物膜废水、海洋采样、土壤系统、冻土、人类微生物组和各种环境生态及肠道菌群。Xie 等（2019b）对豆酱进行全谱代谢扫描，并结合宏蛋白质组结果，从豆酱品质、食用安全性、功能性三个方面对主要代谢物的核心微生物进行注释，进一步明确各个物种的潜在功能和代谢特点，即在淀粉与蔗糖代谢途径中，大酱蔗糖经 β-呋喃果糖苷酶和麦芽糖酶产生 D-葡萄糖，纤维素经内切葡聚糖酶和 β-呋喃果糖苷酶分解成纤维二糖，α-淀粉酶水解淀粉的 α-1,6 糖苷键和 α-1,4 糖苷键以形成葡萄糖；乙醇代谢途径中，嗜盐四生球菌可在代谢过程中产生葡聚糖和柠檬酸，进而转化为其他独特的风味物质，也可以与植物乳杆菌共生发酵产生优良的风味；在丙酮酸代谢过程中最重要的中间代谢产物是乙酰辅酶 A，其可以参与 TCA、脂肪酸生物合成以及脯氨酸、亮氨酸和异亮氨酸降解，在启动其他途径中起着至关重要的作用。胡倩倩（2018）采用蛋白质组学技术与代谢组学技术对冷鲜滩羊肉表面微生物的差异蛋白质与差异代谢物进行系统性检测，研究冷鲜滩羊肉贮藏中蛋白质组成分变化与微生物群落演替及微生物代谢组成分的相关性。采用气相色谱-飞行时间质谱联用仪检测各组冷鲜滩羊肉微生物差异代谢物，这些差异代谢物主要为 D-甘油酸、天冬酰胺、1-磷酸葡萄糖、5′-肌苷酸、核糖、乙酰苯胺、天冬氨酸和苯丙氨酸 8 种差异代谢物。潘琳（2019）整合蛋白质组学和代谢组学技术，分析研究了葡萄糖不足引起的 *Lactobacillus casei* Zhang 代谢规律的改变，得出传代过程中的差异蛋白质在 GO 功能注释中主要集中在代谢进程、细胞的变化过程以及催化活性和结合的过程中。对差异表达的蛋白质进行 KEGG 功能分析，其具有的功能包括氨基酸合成、碳代谢、磷酸戊糖途径、糖酵解/糖异生途径以及磷酸转移酶系统。进行蛋白质组学和代谢组学联合分析可以帮助我们了解到葡萄糖在限制胁迫条件下的适应性机制。

6.3　代谢组学技术在发酵豆酱功能研究中的应用

豆酱在发酵过程中，微生物代谢分泌的各类酶通过复杂的生化反应可实现对淀粉、蛋白质和糖类等大分子的降解，从而影响着豆酱的品质和风味。理解传统豆酱发酵过程中微生物群及其功能调控，是实现传统产业技术提升的重要基础（张平等，2018a）。目前也有不少学者通过代谢组学技术探究豆酱的发酵过程，其研究方法多种多样，常见的有核磁共振技术、气相色谱-质谱联用技术和液相色谱-质谱联用技术。对豆酱中代谢产物进行综合性分析，对今后改进豆酱生产具有重要意义。

6.3.1　利用代谢组学分析发酵过程中豆酱的代谢物种类

Lee 等（2014）用气相色谱-飞行时间质谱（gas chromatography time-of-flight mass spectrometry，GC-TOF-MS）对豆酱中初级代谢产物和次级代谢产物进行分析，发现可以通过代谢产物分析明确区分豆酱的五个操作步骤，即蒸煮、干燥、发酵、盐渍和豆酱老化。分析表明，丙二酸、琥珀酸、苹果酸、柠檬酸、γ-氨基丁酸、蔗糖、麦芽糖、蜜二糖和棉子糖是大豆原料到制曲阶段的主要初级代谢产物，而大部分氨基酸、单糖和脂肪酸是盐渍和豆酱老化阶段的主要初级代谢产物。分析结果显示，异黄酮和大豆皂苷及其衍生物是豆酱发酵过程的主要次级代谢产物，其中大豆黄素、黄豆黄素和染料木黄酮等苷元是盐渍和老化阶段的主要次级代谢产物。根据多变量分析，探究每个代谢产物在豆酱生产过程中的含量变化，从而讨论并分析每个生产阶段主要的生化反应。

孙晓东（2020）采用气相色谱-飞行时间质谱检测了光孢青霉 GQ1-3 和米曲霉 HGPA20 的单菌发酵样品，通过四分位区间去噪法筛选出 350 种代谢物。通过单变量、多变量和 KEGG 分析，得到 72 种差异代谢物，筛选出 7 条与发酵密切相关的差异代谢途径，其中丙氨酸、天冬氨酸和谷氨酸代谢与差异代谢物和发酵过程的相关性最高。氨基酸生物合成和 TCA 是两株菌发酵过程中重要的生命活动。参与这个过程的代谢物，如 α-酮戊二酸、异亮氨酸、鸟氨酸、谷氨酰胺、瓜氨酸等在 GQ1-3 豆酱中的相对含量高于 HGPA20，而延胡索酸（富马酸）、L-苹果酸、琥珀酸、L-高丝氨酸、天冬氨酸、天冬酰胺等在 HGPA20 中的相对含量较高。研究结果表明两种菌的发酵体系中呈鲜物质存在着差异。

6.3.2　联合宏蛋白质组学对不同发酵工艺豆酱代谢功能差异研究

豆酱微生物宏蛋白质组研究可为发现功能蛋白质标记物、种系发生以及微生物群体的功能性分析提供依据，也为进一步揭示微生物与豆酱品质形成关系提供参考依据。结合代谢组学分析将更能明确代谢途径中的化学特征。解梦汐（2019）使用宏蛋白质组学方法，构建了农家、工厂豆酱微生物群落蛋白质表达谱，通过物种分析和生物信息学分析和鉴定了微生物蛋白质表达的相对变化，结果表明，农家豆酱中共鉴定到 3493 个微生物蛋白，GO 注释结果表明组间的 1368 种差异蛋白主要与催化活性、结合力有关；COG 注释表明鉴定得到的差异蛋白的功能性状参与了遗传信息处理和代谢途径，如碳水化合物代谢、氨基酸生物合成、能量代谢和核酸生物合成。这些核心功能性状主要涉及微生物-微生物相互作用以及可能参与微生物养分获取的途径。相关通路的核心微生物主要以真菌中的曲霉菌、青霉菌和毛霉菌为主。工厂豆酱中共鉴定到 1987 个微生物蛋白，对其进行 KOG 注释发现主要生物功能参与翻译后修饰、蛋白质转换和翻译、核糖体结构与生物发生、碳水化合物的运输和代谢，相关通路主要酶来自真菌中的曲霉菌、青霉菌和毛霉菌，细菌作用不大。将工厂豆酱宏蛋白质组与农家豆酱宏蛋白质组进行了差异分析，共鉴定到了 4299 种差异蛋白。GO 注释结果表明两种豆酱的差异蛋白在分子功能中，主要集中在蛋白与催化活性中；主要参与细胞组成和细胞膜成分；在参与生物过程中，主要参与代谢过程和细胞过程。通过 KEGG 注释分析发现，在 $P<0.05$ 水平下，组间微生物差异蛋白主要参与生物调控、细胞组件组织、生物起源、代谢过程、反应刺激。

进一步将代谢组学和宏蛋白质组联用，从豆酱品质、食用安全性、功能性三个方面对主要代谢物的核心微生物进行注释，通过寻找 KEGG 通路得到对应的相关代谢途径，包括淀粉和蔗糖降解途径、葡萄糖的利用途径、脂肪酸的合成与降解代谢途径、乳酸和乙酸的生成、酯类物质的生成、美拉德反应相关途径、抗氧化途径、氨基酸合成与降解途径、亚硝酸盐代谢途径、异黄酮和皂苷降解途径，并结合宏蛋白质组学的结果挖掘代谢物相关酶类和对应功能菌。首次从蛋白层面上确认了在农家豆酱风味相关的通路中，碳水化合物代谢相关途径的主要功能菌是青霉、四联球菌、曲霉、乳酸杆菌，其中青霉菌是糖化的重要参与者，分泌三种糖苷酶和两种糖基转移酶，是豆酱中的关键糖化微生物。在农家豆酱中四联球菌和明串珠菌的乙醇脱氢酶丰度较大，因此说明这两种菌对农家自然发酵豆酱的醇类物质形成有重要作用。在脂肪酸降解的途径中，豆酱中的脂肪酸经醛脱氢酶（NAD^+）作用生成乙醛，其中醛脱氢酶（NAD^+）来自豆酱中的葡萄穗霉属。本研究发现工厂豆酱中的一种芽孢杆菌（*Bacillus malacitensis*）参与脂肪酸的合成及碳链延长完整途径，而在农家豆酱中并未发现其功能菌。

第7章

霉菌在发酵豆制品中的功能研究

7.1 霉菌的研究进展

霉菌是形成分枝菌丝的真菌的统称，通常指那些菌丝体比较发达而又不产生大型子实体的真菌。霉菌属于异养型微生物，以无性或有性孢子进行繁殖，多营腐生生活的它们往往在潮湿的气候下大量生长繁殖，长出肉眼可见的丝状、绒状或蛛网状的菌丝体，有较强的陆生性。发酵豆制品中常见的有根霉、毛霉、曲霉和青霉等。它们同人类的生产和生活密切相关，是人类实践最早认识和利用的一类微生物。

7.1.1 发酵豆制品中霉菌的分离筛选研究

在传统发酵豆制品的发酵过程中，微生物种类繁多，从中分离适当的霉菌作为发酵剂培养物，可以使豆制品的发酵更加完全，从而使豆制品中的营养成分被激发出来，具有良好的风味，进而保证豆制品的质量。

目前国内酿造行业普遍使用沪酿 3.042 米曲霉发酵酱油，它是由中国科学院微生物研究所 A03.863 米曲霉，经过紫外线物理诱变和高蛋白质长期驯养、培育出的酶系丰富、生长快、产孢子量大、不产毒素、管理方便的优良菌株，于 1972 年大批投入生产（Gao et al.，2018）。多年来对其蛋白酶的分离纯化、活力测定、诱变菌株提高活力、蛋白酶组分、分析组分之间的酶学性质差异等方面进行了研究，各方面均有不同程度的提高，对酱油生产技术的提高具有重要的理论指导意义（Gao et al.，2022）。研究发现，不同地区的发酵豆制品都运用到霉菌，Lee 等研究了韩国传统发酵豆豉在发酵过程中外部和内部的细菌及真菌群落动态，使用 rRNA 靶向焦磷酸测序进行群落分析，从韩国传统豆酱中分离得到红曲霉、毛霉、根霉、青霉、地霉等霉菌。朱媛媛等（2016）从豆酱种曲生产车间，经稀释涂布培养及转接，分离出 24 个单菌株，根据 PDA 培养基上菌落的生长形态，共筛选出 7 个形态不同的优势菌株。经鉴定，这 7 株分离菌株均为米曲霉。Yang 等

（2017）采用 rRNA 基因测序鉴定法，从传统酱油中筛选得到黑曲霉、梗霉、芽枝状枝孢霉和布氏犁头霉等霉菌。赵谋明等（2020）从传统发酵酱油酱醪中分离纯化得到 49 株霉菌，对其中形态差异较大的 18 株菌株进行了基因鉴定，分别属于青霉属、枝孢霉属、曲霉属以及链格孢霉属。

7.1.2　霉菌的生理功能研究

霉菌是真菌的一种，其特点是菌丝体较发达，无较大的子实体。同其他真菌一样，也有细胞壁，通过寄生或腐生方式生存。霉菌作为发酵工业中的重要菌种，常用于酱油、豆豉、次级代谢产物及酶类产品的生产，近年来，霉菌的生理功能得到广泛研究。

不同属性的霉菌对发酵产物提供不同功能的帮助。现代研究发现，红曲霉可以很好地代替亚硝酸盐的功效（叶阳等，2021）。红曲色素是红曲霉生产的天然色素，具有良好的防腐、抗氧化的作用。Kusumah 等（2021）采用 GC-MS 甲基化分析低孢根霉发酵后印尼发酵大豆中的乙醇组分，检测出其中含有游离脂肪酸、单甘油酯和脂肪酸乙基酯。在这些物质中，亚油酸和亚麻酸对金黄色葡萄球菌和枯草芽孢杆菌具有抗菌活性，而 1-单烯醇和 2-单烯醇对枯草芽孢杆菌具有抗菌活性。在大豆发酵和真菌生长过程中，低孢根霉可产生长链多不饱和脂肪酸及单脂醇类抗菌物质，以对抗革兰氏阳性菌。此外，He 和 Chung（2019）研究了天然发酵大豆凝乳中的风味化合物，包括 17 种游离氨基酸、21 种脂肪酸和 14 种香气挥发物；包括假丝酵母属在内的 6 种真菌被鉴定为核心功能微生物区系，在自然生产过程中对风味化合物的生产影响显著。研究不同发酵时期的相似性和差异性以及风味化合物和微生物的相关性，有助于了解腐乳生产的机理，进一步提高腐乳质量控制水平。张慧林等（2019）采用高通量测序技术和氨基酸分析技术测定了传统发酵豆酱产品中微生物群落结构和游离氨基酸组成，并采用偏最小二乘回归（partial least-squares regression，PLSR）模型分析豆酱微生物多样性和游离氨基酸组成的相关性。研究发现豆酱中游离氨基酸的组成和含量与发酵过程中微生物群落结构有很大关系，真菌中粉状米勒氏酵母属和曲霉菌属对游离氨基酸的种类和含量影响最大。这为豆酱产品的工业化生产提供了理论依据。

7.1.3　霉菌的组学研究

组学作为系统生物学的重要研究领域，近年来霉菌组学研究也越来越受到人们的关注。随着科学研究技术水平的不断发展，霉菌组学的研究数据也逐渐增多。以下为基因组学、蛋白质组学、代谢组学及组学的联合应用在发酵豆制品中的最新研究进展。

1. 霉菌的基因组学研究

霉菌的基因组学的基础研究与分析应用发展迅速，2002 年 Bentley 等（2002）首次提出模式链霉菌天蓝色链霉菌 *Streptomyces coelicolor* A3（2）的基因组序列完成。2003 年，另一株重要的工业菌株阿维链霉菌（*Streptomyces avermitilis*）的基因组测序完成（Ikeda et al.，2003），从 2002 年链霉菌属模式菌株 *Streptomyces coelicolor* A3（2）首先完成全基因组测序，到美国国家生物技术信息中心（NCBI）Genome 库中已有 90 条关于链霉菌全基因组序列记录，这表明对拥有重要价值的链霉菌的研究已经进入了后基因组时代。

马岩石等（2020）采用 Illumina MiSeq 高通量测序技术研究了豆酱中的微生物多样性，结果显示，真菌有效序列为 120336 条。在属水平上，真菌的种类主要为接合酵母属、曲霉属、赤霉属、毛霉菌属以及青霉菌属。Zhao 等将酱油菌株米曲霉 3.042 与米曲霉 RIB40 的基因组测序进行比较，分析鉴定与细胞生长、耐盐性、环境抗性和风味形成相关的特异性基因。米曲霉 100-8 及其亲本菌株米曲霉 3.042 用于酱油发酵，在 30 h、36 h 和 42 h 的早期发酵中通过转录组和实时定量 PCR 分析比较它们的基因表达，发现米曲霉 100-8 中参与活性氧、细胞内 Ca^{2+}浓度和孢子形成有关的基因表达较低，而与糖酵解、氧化磷酸化、氨基酸代谢和 β 氧化相关的基因表达较高。此外，这种基因调控说明在米曲霉 100-8 发酵中高活性的酶是参与糖酵解、氧化磷酸化、氨基酸代谢和 β 氧化相关的酶。

2. 霉菌的蛋白质组学研究

霉菌蛋白质组学的研究将为生物蛋白提供更为全面深入的了解。徐林通过蛋白质组学技术研究链霉菌淀粉酶合成与分泌过程中蛋白的表达差异，获得一批可能参与链霉菌淀粉酶合成的关键调控因子，这一研究的深入将逐步揭示链霉菌的发育代谢过程，阐明相关机制，使人类更好地利用链霉菌（徐林，2012）。

刘晔等（2019）以米曲霉（*Aspergillus oryzae*）ZJGS-LZ-12 为研究对象，米曲霉 3.042 为对照，通过双向电泳结合生物质谱检测，对其胞外分泌蛋白差异进行比较分析。结果表明，与米曲霉 3.042 相比，米曲霉 ZJGS-LZ-12 胞外蛋白的分泌能力相当，分别为（175.78±6.07）μg/g 干曲和（183.52±23.07）μg/g 干曲，但胞外分泌蛋白组存在显著差异。差异表达蛋白点共 169 个，其中 80 个蛋白点分泌表达量下调，89 个蛋白点分泌表达量上调。结合差异蛋白质生物功能性分析，表明米曲霉 ZJGS-LZ-12 的分泌蛋白组具有较独特的组成及活性，有利于降解大豆蛋白并提高原料利用率及豆酱的风味和品质。Benoit-Gelber 等通过黑曲霉和米曲霉在麦麸中的共同培养产生了碳水化合物活性酶，使用两种曲霉的 XlnR 敲除菌株研究植物细胞壁降解酶产生对混合培养物适应性的影响。此外，显微镜观察与定量 PCR 和蛋白质组学相关数据表明，XlnR 敲除菌株受益于野生型菌株释放的糖以支持其生长。

3. 霉菌的代谢组学研究

近年来，结合基因组学、蛋白质组学的研究进一步推动了霉菌代谢组学研究的发展，可靠的胞内代谢物组数据的获取和代谢通量分析揭示了细胞真实代谢状态，对于提高代谢工程和工业发酵过程优化的理论和实践水平具有重要意义。相比于黑曲霉代谢组学研究，链霉菌的代谢组学研究正逐渐走向成熟。以天蓝色链霉菌为研究对象，对其代谢物组样品制备方法进行了系统优化，并利用 GC-MS 分析平台分析了该菌株的主要代谢特征。在对链霉菌代谢组学研究的技术方法了解后，能够更有效地为黑曲霉代谢组学研究提供可靠的技术参考。

鲁洪中采用同位素稀释法的代谢物组学和 ^{13}C 代谢流相结合的技术研究了与糖化酶高效合成相关的黑曲霉代谢机理，发现黑曲霉高产菌 DS 03043 有相对较高的生长速率、产酶速率和糖耗速率以及较低的草酸和柠檬酸分泌速率。原因在于与野生型模式菌 CBS 513.88 相比，高产菌中胞内代谢流分布出现调整，即更多的碳源流向了磷酸戊糖（pentose phosphate，PP）途径，而其三羧酸循环（tricarboxylic acid cycle，TCA）途径通量相对较低，从而使得糖化酶的产量得到提高。这一研究结果表明，黑曲霉中能量和还原力代谢在细胞主要代谢途径通量分布调控中起着重要的作用。通过进一步对黑曲霉代谢组学研究方法及研究进展进行概述，为推进代谢组学在黑曲霉研究领域的应用奠定基础。

4. 霉菌的多组学联合应用研究

代谢组学能高通量地鉴定和定量代谢物的变化。它已成功应用于各种发酵食品中的代谢物概况，以评估食品质量、可追溯性、真实性和安全性。当与其他宏组学方法相结合时，代谢组学为揭示发酵食品生产的潜在机制提供了重要的见解。

杨阳（2021）运用蛋白质组学和转录组学技术对黑曲霉 FS10 降解过程中的差异蛋白和差异基因进行分析。结果表明，维生素 B_6 代谢通路在两个组学中均得到了较显著的富集，同时在代谢组学中所关注的谷胱甘肽代谢通路，同样在蛋白质组学和转录组学中得到了显著富集。所以，推测展青霉素（patulin，PAT）的降解与维生素 B_6 代谢通路和谷胱甘肽代谢通路有关。通过对蛋白质组和转录组的联合分析，得到在 PAT 处理后 *Q0CCY0.1* 基因调控的谷胱甘肽 *S*-转移酶和 *O14295.1* 基因调控的吡哆醇 4-脱氢酶均显著上调，且分别共同富集到蛋白质组和转录组谷胱甘肽代谢通路和维生素 B_6 代谢通路。对这两个基因进行合成，并进行过表达验证；与对照组相比，过表达菌株对 PAT 的降解有了明显提升，表明黑曲霉 FS10 降解 PAT 与谷胱甘肽 *S*-转移酶和吡哆醇 4-脱氢酶有密切关系。

7.1.4　基因工程

霉菌表达系统中的主要宿主菌为曲霉属、木霉属、青霉属和根霉属内的部分菌株（刘晔等，2019），如嗜热放线菌（*Thermobifida fusca*）的水解酶和米黑毛霉（*Mucor miehei*）的天冬氨酸蛋白酶均在曲霉属中成功表达。潘力等以米曲霉淀粉酶的强启动子和糖苷酶的强终止子为基本元件，将泡盛曲霉（*Aspergillus awamori*）的酸性蛋白酶基因 *pepA* 克隆至农杆菌双元载体 phGW 中，并在泡盛曲霉中同源表达，使酶活力提高 15%。于寒颖通过构建表达载体 pGT21M-HIS，使捕食线虫真菌（*Dactylellina cionopapa*）中与侵染机制相关的蛋白酶基因 *PrD I* 成功在黑曲霉 201 中表达。此外，还有研究表明，里氏木霉（*Trichoderma reesei*）异源表达纤维素酶，其纤维素转化率高达 94.2%。基因工程霉菌除生产蛋白酶、淀粉酶和纤维素酶外，还可在米曲霉中过表达脂肪酸脱饱和酶改变脂肪酸组成，成功提高微生物生产不饱和脂肪酸含量，并有望应用于豆酱发酵增加营养价值及功能性。

7.2　发酵豆制品中的霉菌

霉菌属于真菌的一部分。其菌丝体较发达，一般常呈黄色、绿色、灰褐色等颜色。霉菌生长繁殖迅速，肉眼可见其菌落形态呈现绒毛状或蜘蛛网状等形态。霉菌中的一些有益菌种现已在发酵制品中被广泛使用。一般来说，发酵豆制品中绝大部分霉菌都可以将原料中的糖类、淀粉等碳水化合物、蛋白质等化合物进行转化。目前发酵豆制品中常用的霉菌类，以毛霉属、根霉属、曲霉属、青霉属为主。

7.2.1　发酵豆制品中的米曲霉

米曲霉是一种产复合酶的菌株，其在发酵过程中可分泌蛋白酶、淀粉酶、纤维素酶等多种酶类。在这些酶的作用下，发酵体系中的大分子营养物质可被降解为较易吸收的小分子物质，从而提高原料利用率及营养价值。目前，米曲霉在酱油、豆酱等发酵豆制品的运用上已经非常广泛，如代表菌株沪酿 3.042，其风味提升作用及安全性均已经得到验证。此外，有研究人员利用高蛋白活力米曲霉 BL18 发酵豆瓣酱，加快发酵周期并改善了豆瓣酱风味品质。Tang 等（2020）利用米曲霉 QM-6（*A. oryzae* QM-6）和黑曲霉 QH-3（*A. niger* QH-3）共培养以提高菌株在郫县豆瓣酱的蛋白酶活性。与此同时，米曲霉还被用作曲酸生产剂、酶制剂和饲料添加剂等。

7.2.2　发酵豆制品中的毛霉菌

毛霉属湿性真菌，具有良好的发酵酒精的能力和分解脂肪的能力。在发酵豆制品中主要应用的毛霉属有雅致放射毛霉及总状毛霉等。Yang 等（2020）研究放射毛霉发酵腐乳在发酵过程中各危险因素的动态变化，发现总状毛霉（*Mucor racemosus*）发酵腐乳中 H_2S 和总挥发性盐基氮（TVB-N）含量均低于其他毛霉发酵腐乳。纯毛霉发酵显著降低了苯甲酸的含量，为生产出质量好、生物胺（biogenic amines，BAs）含量低的腐乳产品提供了依据。

7.2.3　发酵豆制品中的红曲霉

红曲霉又称红大米，广泛存在于树木、土壤、河川沉淀物中。由红曲霉发酵而成的红曲米，历史悠久，早在千年以前便已经被使用，在《本草纲目》中便可查到被使用的记载。Xu 等利用高通量测序技术研究菌落变化，发现红腐乳的发酵后期以红曲霉属和曲霉属为主，而这种真菌成分的巨大变化是由浇注敷料的工艺过程造成的。同样，Liang 在成熟腐乳的后发酵阶段（7～84 天）发现曲霉和红曲霉约占整个属的 95%。

7.2.4　发酵豆制品中的青霉菌

青霉属在自然界中分布很广，作为庞大的种属有着很多种类。一些青霉菌作为优良发酵剂及抗生素应用于市场中，而有一些青霉菌则作为具有产毒素的有害微生物，如橘青霉等而备受抵制。豆酱在发酵前期尤其在酱醅阶段，真菌所占丰度非常大。张鹏飞等对酱醅中的微生物多样性进行了分析，结果表明酱醅中的优势真菌为青霉属；张颖等对豆酱中微生物多样性进行分析，结果表明豆酱中的优势真菌也为青霉属。

7.2.5　发酵豆制品中的其他重要霉菌

除了上述种类外，还有一些霉菌在发酵豆制品中也得到了应用，如米根霉、黑曲霉、梗霉等。米根霉产淀粉糖化酶、纤维素酶、蛋白酶和发酵风味物质的能力较强，是发酵豆渣的优良菌种。以米根霉（*Rhizopus oryzae*）NCU1011 为发酵菌种生产，并在最优发酵条件下发酵所得的豆渣甜酱，其氨基酸态氮、还原糖和可溶性膳食纤维的含量分别提高到 0.25%、5.05%、10.05%，大大提高了豆渣的附加值。赵谋明等（2020）从酱油酱醪中分离纯化得到霉菌，并对其中形态差异较大的 18 株菌株进行基因鉴定。结果显示，其分别属于青霉属、枝孢霉属、曲霉属以及链格孢霉属；其中黑曲霉的酸性蛋白酶和 β-葡萄糖苷酶突出，将黑曲霉 AN2 和米曲霉混合制曲得到的效果更佳。除黑曲霉外，Yang 等（2017）从传统酱油中还分离筛选到了梗霉、芽枝状枝孢霉和布氏犁头霉等霉菌。

7.3　霉菌产酶特性研究

以东北地区传统自然发酵豆酱为研究对象，应用平板稀释法对豆酱样品进行稀释并分离纯化，共从 50 份豆酱中分离出 68 株霉菌。以已经分离出的 68 株菌株作为出发菌株，通过酪素鉴别培养基筛选出 19 株能分解酪蛋白并产生透明圈的菌株；其中 FX3-3、LZ22-2、XDD5-1、XDD4-2、XDD5-2 的直径比较大。

通过测定吸光度，得到酪氨酸标准曲线的回归方程为 y=0.0064x+0.0046。对初筛比值较大的菌株进行复筛。其中，XDD5-2、XDD4-2、FX3-3、LZ22-2 的酶活力高，分别达到 440.30 U/mg、302.05 U/mg、492.36 U/mg、269.66 U/mg。蛋白酶活力最高的为 FX3-3 菌株，结果见图 7.1。初筛结果与复筛结果几乎一致。

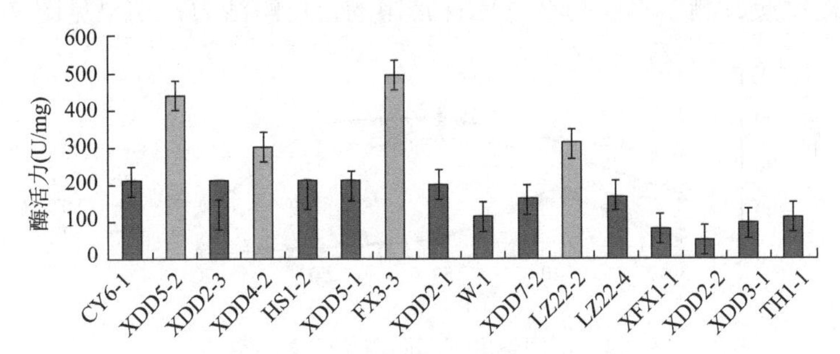

图 7.1　初筛菌株的蛋白酶活力

以已经分离出的 68 株菌株作为出发菌株，通过在淀粉酶鉴别培养基上菌株周围滴加碘液，筛选出 18 株产生透明圈的菌株。由结果可得 LZ22-2、LZ22-4、XDD5-2、J-1、FX3-3、XFX2-3 直径比较大。绘制出葡萄糖标准曲线，得到回归方程为 y=0.2299x − 0.0177。对初筛比值较大菌株进行复筛，由图 7.2 可知，XDD5-1、XDD5-2、FX3-3、XDD2-3、J-1、XDD4-2 淀粉酶活力较高，分别为 34.05 U/mg、46.05 U/mg、36.57 U/mg、52.66 U/mg、54.06 U/mg、30.57 U/mg。其中，J-1 淀粉酶活力最高。

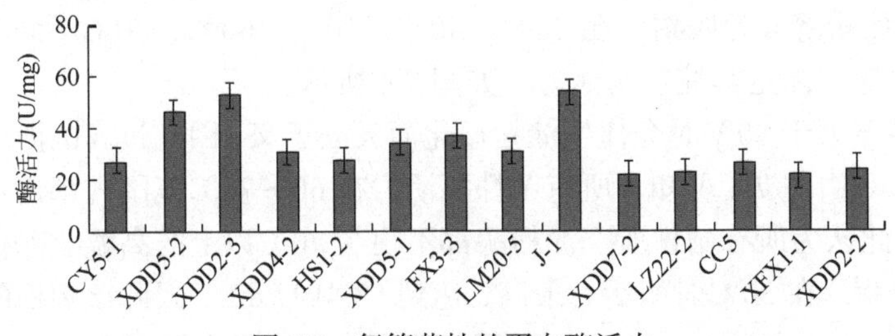

图 7.2　复筛菌株的蛋白酶活力

在对产蛋白酶、淀粉酶菌株的筛选中，通过初筛得到了 19 株产蛋白酶菌株、18 株产淀粉酶菌株。取产透明圈直径比值较大的菌株进行下一步复筛，最后得到 4 株产蛋白酶活力较高的菌株，分别为 FX3-3、XDD5-2、XDD4-2、LZ22-2；6 株淀粉酶活力较好的菌株，分别为 J-1、XDD5-2、XDD2-3、XDD5-1、FX3-3、XDD4-2。其中有 3 株既具有产蛋白酶能力也有产淀粉酶能力，分别为 FX3-3、XDD5-2 及 XDD4-2。

7.3.1 不同温度对蛋白酶及淀粉酶的影响

1. 不同温度对蛋白酶的影响

以酪蛋白为底物，在 pH 7.2 条件下，分别在 30℃、40℃、50℃、60℃、70℃下进行酶促反应，测定 XDD5-2 等四株霉菌的蛋白酶活力，结果见图 7.3。

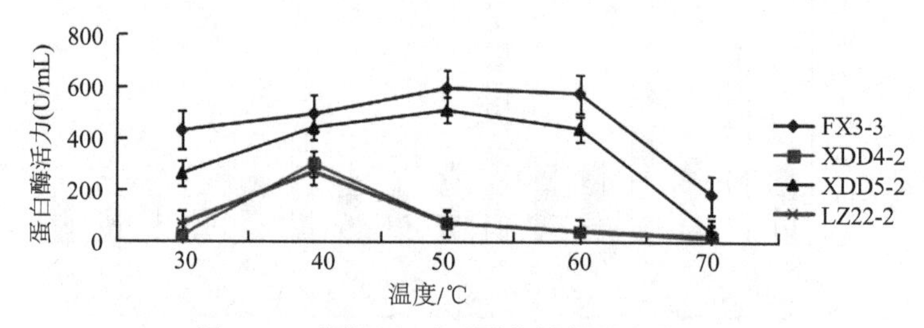

图 7.3 不同温度下不同菌株的蛋白酶活力

由图 7.3 可知，与其他菌株相比，菌株 FX3-3 在不同温度下产酶能力最好，50℃下酶活力达到最高，酶活力值为 593.27 U/mL；XDD4-2、LZ22-2 菌株在 40℃条件下活性最大，可见 40℃为这两株菌的最适作用温度；XDD5-2 在 50℃条件下活性最大，可见 50℃为 XDD5-2 的最适作用温度；在 70℃下，几乎所有菌株酶活力都呈大幅下降趋势甚至失活。因此菌株 FX3-3 和 XDD5-2 的产蛋白酶最适温度为 50℃，其余菌株的最适温度仍为 40℃。

2. 不同温度对淀粉酶的影响

以 2%淀粉溶液为底物，在 30℃、40℃、50℃、60℃、70℃不同温度条件下进行酶促反应，测定其淀粉酶活力，如图 7.4 所示。

由于温度大于 80℃时会使生淀粉糊化而失去意义，因此过高的温度会使淀粉酶失去活力。由图 7.4 可知，所有菌株酶活力在 60～70℃范围内都出现了大幅下降趋势，因此认为所有菌株所产淀粉酶都不耐受 70℃以上的高温。其中，XDD2-3 整体较为平缓，在 30℃时酶活力最高，达到 58.41 U/mL，因此该菌株的最适反应温度为 30℃；J-1 酶活力在 30～60℃温度范围内一直呈小幅度上升趋势，在 50℃

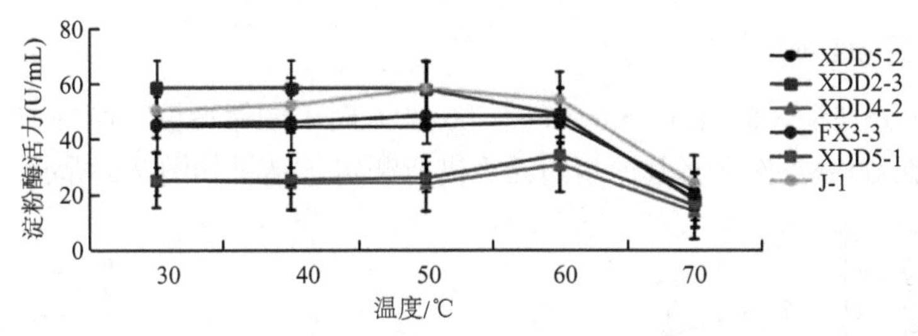

图 7.4　不同温度下不同菌株的淀粉酶活力

下淀粉酶活力达到最高，酶活力值为 54.06 U/mL。因此认为 J-1 产酶的温度范围较为稳定，最适反应温度为 50℃；其余菌株在 30～50℃下酶活力稳定，在 60℃达到最高，认为 60℃为菌株 XDD5-2、XDD4-2、FX3-3、XDD5-1 产淀粉酶的最适温度。

7.3.2　酶的最适 pH

1. 不同 pH 对蛋白酶的影响

以 pH 分别为 5、6、7、8、9、10 时不同缓冲液配制的不同 pH 的酪蛋白溶液为底物，在 40℃条件下对其蛋白酶活力进行测定，结果如图 7.5 所示。

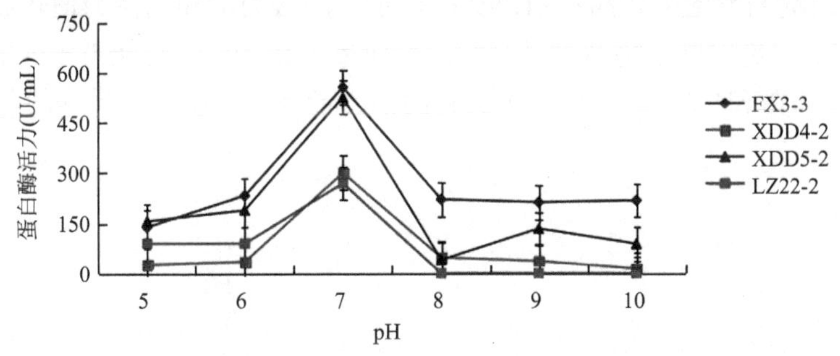

图 7.5　不同 pH 条件下不同菌株的蛋白酶活力

由图 7.5 可知，与其他菌株相比，菌株 FX3-3 在不同 pH 条件下为产蛋白酶能力最好的菌株，该菌株的蛋白酶活力整体均在 139.08 U/mL 以上，在 pH 为 7 条件下蛋白酶活力达到 547.78 U/mL，有较好的分解蛋白质能力，因此 pH 为 7 是菌株 FX3-3 产蛋白酶的最适 pH 条件；其余菌株在 pH 为 7 的条件下酶活力也达到最高，因此 pH 为 7 是这 4 株菌产蛋白酶最适环境。菌株 XDD5-2 在 pH 为 8 到 9 的过程中酶活力值出现了小幅度增高，虽增高，但已经在酶活力大幅度下降之后，因此不做考虑。当然也不排除由实验操作所带来的误差。综上所述，pH 为 7 是 4 株菌株最适产酶 pH 环境。其中菌株 FX3-3 产酶能力最佳。

2. 不同 pH 对淀粉酶的影响

以 pH 分别为 3.6、4.6、5.6、6.6、7.6、8.6 时不同缓冲液配制的 2%淀粉溶液为底物，在 60℃条件下对其淀粉酶活力进行测定，结果如图 7.6 所示。

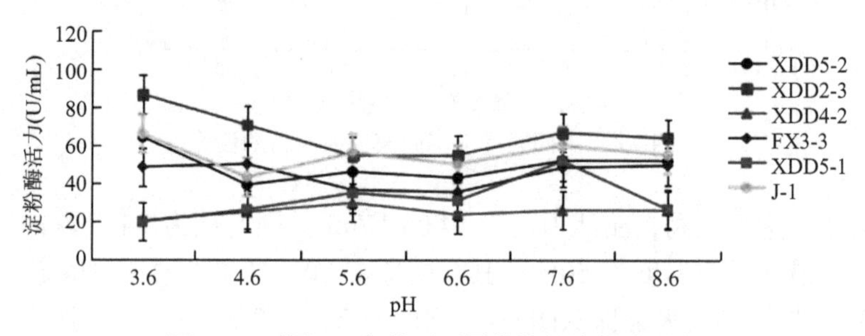

图 7.6　不同 pH 条件下不同菌株的淀粉酶活力

由图 7.6 可知，菌株 XDD2-3、J-1、XDD5-2 在 pH 为 3.6 下淀粉酶活力达到最高，分别为 86.86 U/mL、66.06 U/mL、65.50U/ mL，说明这三株菌在酸性环境下分解淀粉能力最佳，随着 pH 增加分解淀粉的能力趋于平稳。因此 pH 3.6 为这 3 株菌产淀粉酶的最适 pH。

其余 3 株菌分别在不同 pH 下达到淀粉酶活力最高值，其中菌株 XDD4-2 在 pH 为 5.6 时淀粉酶活力较高；XDD5-1 在 pH 为 7.6 时淀粉酶活力值较高；FX3-3 在 pH 为 4.6 时淀粉酶活力达到最高。综上所述，在产淀粉酶能力较强的菌株中，XDD2-3 菌株在 pH 为 5.6 条件下为淀粉酶活力最高、产酶性质最好的菌株。

第 8 章

酵母菌在发酵豆制品中的功能研究

8.1 酵母菌的研究进展

8.1.1 酵母菌的分离筛选研究

酵母菌是真核微生物，属于较高等的微生物，具有核膜与核仁，细胞内还有线粒体等比较复杂的细胞结构。其繁殖方式大多以裂殖或者芽殖来进行无性繁殖，有极少数种通过产生子囊孢子进行有性繁殖。酵母菌大多分布在湿度大、酸度高及糖分含量高的环境中，如从酱醅中分离得到的酵母菌主要有啤酒酵母、鲁氏接合酵母、大豆接合酵母、酱醪接合酵母、异常汉逊氏酵母、易变球拟酵母、埃契氏球拟酵母、蒙奇球拟酵母等。

1. 酵母菌株的分离

酵母菌广泛存在于发酵豆制品中，下面以孙雪婷（2020）从发酵豆酱中分离酵母菌为例，介绍酵母菌的分离方法。从低温保存箱中挑取采自东北不同地区的自然发酵豆酱，每个品种任意拿取三个样，从每个样品中用镊子拿取 1 g 豆酱于 9 mL 无菌水中，用振荡机进行振荡，将待溶化豆酱样品全部振荡开后，再次振荡后取 1 mL 菌悬液置于 9 mL 无菌水中（此时菌液浓度为 10^{-1}），重复第一次操作为 10^{-2}，再重复四次，分别为 10^{-3}、10^{-4}、10^{-5}、10^{-6}。随后挑选具有典型酵母菌落特征的单菌落进行镜检，对疑似酵母菌株进行纯化，经几次纯化后，对菌株进行保藏，以供后续试验使用。

2. 酵母菌的筛选

根据酵母菌生理功能的不同，所采用的筛选方法也不尽相同。下面介绍较为常见的产胞外多糖、耐盐、产 γ-氨基丁酸、产香、高产乙醇以及产酶酵母菌的筛选方法。

1）产胞外多糖酵母菌株的筛选

初筛：将保藏的酵母菌株活化两代后接种到基础产糖培养基中，然后对发酵液的糖度和黏度进行测定，选取 10 株优选菌株作为初筛入选菌株进行后续复筛试验。复筛：将待复筛的菌种活化两代后，接种至发酵培养基中，随后利用 Sevage 法除蛋白，醇沉，离心，透析至将单糖全部透出，经稀释，采用苯酚-硫酸法测定并比较胞外多糖产量。菌株传代产糖稳定性试验：将分离出的菌株进行液体传代培养，以 5%的接种量接入液体产糖发酵培养基中，28℃，160 r/min 条件下进行摇瓶培养，每 36 h 为一代，用苯酚-硫酸法测每一代菌株的产糖量，检测菌株产糖的稳定性。

选择 PDA 平板在 30℃进行酵母的分离，分离结果与非培养的结果进行比较，发现基因文库检测到的酵母菌株基本可以通过纯培养的方法分离出来，也就是说，对于传统发酵豆制品来说，其中的酵母菌群基本可以用纯培养的方法来展现。然而，如耶罗威亚酵母菌株（*Yarrowia* sp.）等一些非培养检测到的酵母菌株并非都能在 30℃分离获得，但可通过对酵母分离培养条件的优化，最终分离得到这些菌株。可以发现，利用非培养的方法对特定样品的微生物多样性进行分析检测，可以有效指导我们对微生物的分离培养，使纯培养的过程减少了一些盲目性。

2）耐盐酵母菌株的筛选

豆酱发酵后期，霉菌等已将大豆中的淀粉等大分子碳水化合物分解为糖类，此时需要酵母菌发酵糖类，产生小分子呈味物质来提高酱品的风味。因此，在进行高盐稀态发酵时，需要筛选出适合工业化生产的耐盐酵母菌株。在进行高盐稀态发酵时，一般加入 10%的 NaCl。所以选取在含 10% NaCl 的 YEPD 液体培养基中仍能生长的酵母菌，进行耐盐酵母菌的初筛。将已经筛选出来的 88 株酵母菌株分别接入含 10% NaCl 的 YEPD 液体培养基中，于 28℃，140 r/min 摇床振荡培养 24 h，观察菌株生长情况。以不接菌种作为空白，600 nm 波长下测定 OD 值，初步筛选出耐盐菌株。

3）产 γ-氨基丁酸酵母菌株的筛选

产 γ-氨基丁酸酵母菌的初筛：将分离所得酵母菌发酵液样品衍生化处理，得到各自的峰面积。根据 γ-氨基丁酸标准曲线，计算相应的 γ-氨基丁酸产量，选出 γ-氨基丁酸产量较高的酵母菌进行复筛。产 γ-氨基丁酸酵母菌的复筛：根据初筛得到的结果，再次采用高效液相色谱法，对 γ-氨基丁酸产量较高的酵母菌进行产量检测，从而筛选出 γ-氨基丁酸产量最高的一株酵母菌，并对其进行菌种鉴定。

4）产香酵母菌株的筛选

产酯培养基：葡萄糖 5%，用 10%豆芽汁配制，分装于 50 mL 三角瓶中，每瓶 20 mL，灭菌。将筛选的各菌株挑取一环于产酯培养基液体试管内，28℃恒温振荡培养箱活化培养 1 d，使酵母细胞数达到 10^8 个/mL。经活化的菌株分别接入装有 50 mL 产酯培养基的 250 mL 三角瓶中，接种量为 3%，28℃培养 3 d。综合感官品评并测定总酯含量和乙醇含量，筛选出香气浓郁、酯香醇香柔和的菌株。

5）高产乙醇酵母菌株的筛选

红四氮唑（TTC）上层培养基：TTC 0.05%，葡萄糖 0.5%，琼脂 2%。TTC

下层培养基：谷氨酸 2%，酵母粉 0.5%，蛋白胨 1%，琼脂粉 2%，pH 为 7.0。YPD 培养基：胰蛋白胨 2%，葡萄糖 2%，琼脂 2%。灭菌条件：115℃灭菌 30 min。初筛：将斜面上的单菌落用接种针点到 TTC 下层培养基上培养 48 h，再将 TTC 上层培养基倒入平板中，待其冷却 2 h 后，观察 TTC 上层培养基的变色情况，将能够使 TTC 上层培养基变色的单菌落的斜面保存起来。复筛：将初筛获得的斜面用接种针点到 TTC 下层培养基中，0℃培养 48 h，然后用 TTC 显色法比对单菌落的颜色，选择颜色较深的菌株进行发酵培养。发酵液中乙醇的含量测定：将 5.0 mL 发酵上清液加到 100 mL 容量瓶中定容。取 5 mL 加入到锥形瓶中，并加 2%的重铬酸钾溶液 10 mL 和 98%的浓硫酸 5 mL，摇匀，用一层锡箔纸轻封口，反应 10 min 后，摇匀，冷却至室温。设空白标准液作对比，在 610 nm 波长下测定其吸光度，根据标准曲线测定乙醇含量。

6）高产酶酵母菌株的筛选

微生物在酱类发酵过程中分泌脂肪酶、淀粉酶、蛋白酶、纤维素酶、β-葡萄糖苷酶等，不仅能改善酱类的风味，还能产生次级代谢产物，使得大酱具有降低胆固醇、利于胃肠道消化吸收、促进营养物质吸收的功能。

将筛选酵母菌菌株分别接种于蛋白酶鉴别培养基（YEPD 琼脂培养基中添加 1%脱脂牛奶）、脂肪酶鉴别培养基（YEPD 琼脂培养基中添加 1%三丁酸甘油酯）、纤维素酶鉴别培养基（YEPD 琼脂培养基中添加 0.4%羧甲基纤维素）、淀粉酶鉴别培养基（YEPD 琼脂培养基中添加 0.5%可溶性淀粉）、β-葡萄糖苷酶鉴别培养基（YEPD 琼脂培养基中添加 0.3%七叶苷和 0.02%柠檬酸铁）中 28℃培养 48 h。

蛋白酶鉴别培养基、脂肪酶鉴别培养基中，接种的菌落周围出现透明圈，即为产该种酶的菌株；纤维素酶鉴别培养基上用刚果红染色 30 min，然后用 1 mL 1 mol/L NaCl 溶液清洗，出现透明圈即为产生该种酶的菌株；淀粉酶鉴别培养基用碘酒进行染色，当菌落周围产生透明圈时，即为产该种酶的菌株；β-葡萄糖苷酶鉴别培养基中，酵母菌菌落周围出现红褐色至黑褐色水解斑的即为产该种酶菌株。

8.1.2　酵母菌的生理功能研究

酵母菌在豆酱发酵过程中发酵糖类产生小分子醛、酸、酯等物质，增加酱的风味。同时酵母菌及其酶的综合作用对大豆原料中的大分子有机物分解和重组，经过复杂的生化作用所形成的新代谢产物，是发酵制品中的二次成分，增加了营养价值。

1. 酵母菌的表型特征

酵母菌细胞多为短粗的形状，通常有卵圆状、椭圆状、柱状、球状等形态。

菌落与细菌菌落相似，湿润、较光滑、质地均匀、各部位颜色一致。武俊瑞等（2015）经实验共从豆酱样品中分离出56株酵母菌。在PDA固体培养基中，菌落颜色为乳白色或奶油色，表面光滑，呈圆形或卵圆形。菌落大而厚，直径大于3 mm。

2. 酵母菌的产香特性

产香酵母又称生香酵母，能够在发酵过程中产生代谢副产物，如酯类、高级醇和低级脂肪酸，构成了独特的发酵香气。产香酵母一般包括鲁氏接合酵母（*Zygosaccharomyces rouxii*）、汉逊酵母（*Hanseniaspora*）、克勒克酵母（*Klaeckera*）、马克斯克鲁维酵母（*Kluyveromyces marxianus*）、假丝酵母（*Candida*）和毕赤酵母（*Pichuia*）等。在传统酱油或豆酱等的发酵过程中，鲁氏接合酵母和皱状假丝酵母等被认为是酱油生产中必不可少的微生物。这些酵母可以产生数百种带有香气和味道的化合物，如氨基酸、糖、有机酸、挥发物和其他化合物，直接或间接地构成酱油的独特风味。

耐高糖的鲁氏接合酵母有利于促进甜酱、酱油等食品的发酵。鲁氏接合酵母主要作为发酵食品的生产菌，常应用于生产酱油、酱、泰国发酵鱼制品和面包等发酵制品。在豆酱的发酵过程中，鲁氏接合酵母可代谢生成乙醇、高级醇和芳香杂醇类物质，产生类似焦糖味的呋喃酮类风味物质，提高酱中的总氨基酸含量，增加酱的鲜甜味，并且提高总抗氧化活性（赵建新，2011）。在高盐环境下，鲁氏接合酵母还能转化糖类物质生成多元醇及糖醇类物质，并与豆酱中其他微生物代谢产生的酸发生酯化反应，形成酯类物质，对豆酱的香气形成有重要作用（Zhao et al.，2011）。此外，鲁氏接合酵母中的谷氨酰胺酶能将底物转化生成谷氨酸，而鲁氏接合酵母细胞自溶后释放出的胞内物质都能增加酱的鲜味。在酱油发酵过程中，鲁氏接合酵母的主要作用为产生乙醇、高级醇，如异戊醇、异丁醇等醇类物质及芳香杂醇类物质。此外，鲁氏接合酵母可以增加酱油中的琥珀酸含量，使酱油的滋味得到改进。

酱、酱油等食品的高糖和高盐的特性使获得耐高糖的鲁氏接合酵母尤为重要。我国关于鲁氏接合酵母的研究多集中于在发酵食品中的应用，如在香肠的发酵中添加鲁氏接合酵母提高发酵香肠品质，添加在酱和酱油等制品中使其有更好的风味及挥发性香气等。国外对于鲁氏接合酵母的研究除了在食品中的应用，还对鲁氏接合酵母耐高渗等特性的机理进行了研究。甜酱、酱油等食品中糖度高，若能使进行发酵的耐高糖鲁氏接合酵母菌株在酱中更有生存优势，则可以为酱带来更好的风味。此外，将鲁氏接合酵母加入酱中作为强化发酵菌株也可以明显提升酱的鲜味。

3. 酵母菌的产酶特性

酵母菌产生的多种酶系能将发酵豆制品中的大分子物质分解成为小的代谢物

质，从而增加其营养价值。其中，大豆及普通大豆食品中的异黄酮主要以糖苷型形式存在，游离型大豆异黄酮比糖苷型大豆异黄酮具有更强的生物活性。β-葡萄糖苷酶和纤维素酶能使糖苷型大豆异黄酮转化为相应的游离型大豆异黄酮，即使苷转化为苷元的形式，可大大提高异黄酮的生理活性。蛋白酶作用于大豆蛋白，可将蛋白质降解为氨基酸，产生低分子多肽混合物，如大豆多肽。大豆多肽具有良好的溶解性、低黏度和抗凝胶形成性，并在营养学方面优于蛋白质和游离的氨基酸。在大豆发酵制品中，酵母菌脂肪酶能够分解脂肪从而产生脂肪酸，进一步与醇类物质生成酯，丰富产品的风味。

4. 酵母菌的其他生理功能研究

酵母本身富含多种营养物质，如维生素 B 族；部分酵母还富含微量元素，如硒、铁、铬、锌等，现已经通过生物工程的方法制备了一大批富硒酵母、富铬酵母等。其中富硒酵母就是在培养酵母的过程中加入硒元素，酵母生长时吸收利用了硒，使硒与酵母体内的蛋白质和多糖有机结合转化为生物硒，从而消除了化学硒，如亚硒酸钠对人体的毒副反应和肠胃刺激，使硒能够更高效、更安全地被人体吸收利用。此外，氨基酸、多糖等也是酵母中对人体健康有益的成分，例如，酵母多糖是一种天然高效的活性调控剂，可调节肠道菌群平衡，维持肠道健康和增强机体免疫力，减少疾病发生，增强消化吸收功能。因此，在食品中直接添加酵母，在增加食品风味的同时也增加了食品的营养。食品中也常添加酵母抽提物，它具有核苷酸、多肽、氨基酸等风味物质，是继味精、水解蛋白、呈味核苷酸后的第四代富含营养物质的天然调味料。酵母还可以降低发酵制品中生物胺的含量，生物胺广泛存在于发酵食品中，过量的生物胺会影响人体健康。张雁凌制作的添加嗜盐四联球菌 TS71 和鲁氏接合酵母 A22 的低盐酱油中，组胺含量和生物胺含量相较于普通酱油明显下降，符合产品的需求。

8.1.3　酵母菌的组学研究

酵母菌是一些单细胞真菌，并非系统演化分类的单元。酵母菌是人类文明史中被应用得最早的微生物。目前已知有 1000 多种酵母，根据酵母菌产生孢子（子囊孢子和担孢子）的能力，可将酵母分成三类：形成孢子的株系属于子囊菌或担子菌；不形成孢子但主要通过芽殖来繁殖的称为不完全真菌，或“假酵母”。目前已知大部分酵母被分类到子囊菌门。

1. 酵母菌基因组学研究进展

1986 年，“基因组学”的概念首先被 Thomas Roderick 提出，经二十多年发展其成为一门专业学科。近年来基因组学的研究正从结构基因组学（structural genomics）向功能基因组学（functional genomics）的方向发展，即前者以全基因组测序和建立生物体高分辨率遗传物理及转录图谱为主，后者则在前者提供的大量遗传信息的基础上系统地研究基因功能，以高通量大规模实验方法及统计与计算机分析为特征。酿酒酵母（*Saccharomyces cerevisiae*）作为第一个完成全基因组测序的真核生物，是功能基因组学研究的重要模式生物。过去人们对酿酒酵母功能基因的研究只能从表型分析着手，寻找功能已知的编码基因，收获极小。而如今，酿酒酵母菌在遗传学、分子生物学、细胞生物学、基因组学和蛋白质组学等方面的研究已成为一个热点，其生物学和生理学知识的积累将有助于阐明自然种群表型变异的生态和进化意义。通过对酿酒酵母相当一部分基因组进行全面的研究和注释，可以直接评价氨基酸多态性在自然群体中的适应性意义。

在微生物生态系统功能表征的所有系统方法中，宏基因组学是检测和鉴定优势属和低流行属的有效方法之一（安飞宇等，2020a）。2019 年，基于宏转录组学技术建立分析自然发酵豆酱中活菌群落的方法，表明真菌仅在发酵初期有一定丰度，发酵末期时丰度很低。菌群功能主要集中在碳水化合物和氨基酸的代谢，且大多富集在发酵末期（乌日娜等，2017）。在了解全基因组结构的基础上，研究多个基因间相互作用或每个基因单独的功能，不但可以发现新的基因，还可以发现新基因间的相互作用、新的调控因子等，从更高的层次掌握酿酒酵母功能基因的调控机制。现代酿酒酵母基因组学主要集中向微阵列分析、系统代谢通路和大型功能图谱分析、比较基因的组学等方面发展。

2. 酵母菌蛋白质组学研究进展

酵母菌蛋白质组学的基础研究与分析应用正以指数增长的方式发展。在许多研究中，酵母是最常用的作为模型的微生物之一，它们的蛋白质库已经成为一种有价值的生化工具，应用于食品、制药和能源工业等具有价值的催化反应中。目前，系统性酵母生物学的主要研究方向是了解这类微生物编码的蛋白质的表达、功能和调控。蛋白质组学对现代生命科学的介入与贡献将可能使科研人员从核酸时代逐渐回归到蛋白时代；对生命系统与活动分子的机制的认识，也由间接的核酸层次深入到蛋白层次，也使蛋白质研究的深度和规模达到更深的层次。

目前，功能蛋白质组学的主要重点是分析蛋白质之间的物理相互作用以及将细胞蛋白质组织成多蛋白质复合物。Xie 等（2019a）采用 Illumina MiSeq 测序技术研究证明了豆酱酱泥中的细菌群落多样性，且蛋白质组学分析表明，鉴定出的蛋白质主要与真菌有关，这种现象可能证实了微生物基因的选择性表达。Zhang 等（2018）的实验发现，酿酒酵母和裂殖酵母属是大酱真菌蛋白的主要常见微生物，酿酒酵母可以利用木质纤维素和多种碳水化合物生产燃料乙醇。从蛋白质功能和微生物来源的角度来看，酵母属和裂殖酵母属在大酱的风味形成中起重要作用，其中还在酵母属中检测到许多与核酸合成相关的蛋白质。这些发现对用蛋白质组学的观点解释生物过程有深远的影响，能更好地理解生物现象以及各种人类疾病。

3. 酵母菌代谢组学研究进展

酵母代谢组学中的各种事件和突破表明了其在不同时期的连续成就，从 1991 年 Collar 和 Montel 等对与代谢物剖面显示密切相关的微生物菌株和物种的表型特征进行分析，到 2018 年 Zelezniak 等介绍酵母代谢组预测的机器学习，代谢组学被广泛应用于各个科学领域，以探索代谢物的命运。因此，酵母代谢组学可以在科学界以及工业中就其代谢物及其对人类福利和可持续环境的作用开辟新的前景。

基于质谱的代谢组学方法被用于研究不同微生物，如霉菌、酵母、乳酸菌和其他细菌在发酵大豆中的挥发性和非挥发性代谢物谱中的差异。挥发性代谢物谱的偏最小二乘-判别分析联合法（PLS-DA）表明真菌组（霉菌/酵母）与细菌组（细菌/乳酸菌）明显不同。与挥发性代谢物形成相关的代谢途径也因微生物而异。此外，我们可以使用相关网络分析来确定微生物特异性代谢物。

Koning 和 Dam 于 1992 年完成了代谢组学领域的开创性工作，采用在中性 pH 下使用萃取法测定酵母中糖酵解代谢产物在亚秒时间尺度上变化的方法，研究了酿酒酵母糖酵解代谢产物的猝灭和提取机制。Martini 等运用基于核磁共振光谱技术的代谢组学研究证明了体内 ^{13}C-NMR 用于预测外源乙醇胁迫下酿酒酵母的代谢活性。他们观察到，外源性乙醇浓度的增加会导致两个主要影响，即降低葡萄糖降解速率，也降低内源性乙醇产量，最终影响代谢活性。此外，通过代谢组学数据库和软件可以预测酵母途径；已有各种研究采用代谢组学方法对酵母中的途径进行分析，以分析培养基和抑制剂组分的作用，并研究所合成的各种外/内代谢产物的去向。van Windenet 等证明了使用基于 LC-MS 的代谢组学检测细胞内代谢产物，以评估在葡萄糖受限的需氧条件下生长的酿酒酵母的戊糖磷酸和糖酵解途径。Xia 等应用多组学技术探讨酿酒酵母缺氧应激的分子机制。他们对代谢产物进行途径富集分析，发现甘油磷脂代谢途径发生了显著变化，包括不同的代谢产物，如磷脂酰胆碱、磷酸甘油乙醇胺、磷脂酰肌醇、磷脂酰丝氨酸及其衍生物。同时，他们还将差异代谢产物转化为 696 种上游调节蛋白，用于整合多组学数据。Dahlin 等确定了酿酒酵母和解脂耶氏酵母中的脂肪酸生产途径，以确定可增加脂肪醇生产的代谢工程的目标，并检测到酿酒酵母和解脂耶氏酵母的代谢特征存在显著差异。

8.2　发酵豆制品中的酵母菌

传统发酵豆制品在我国有悠久的生产历史，它们均是利用天然大豆加工而成，具有营养丰富、易于消化吸收等特点。发酵豆制品一般包括豆酱、酱油、豆豉、腐乳等食品。豆酱在我国拥有多年的历史，可以追溯到3000年前，是我国大豆文化的重要分支。如今，经天然发酵的自制豆酱仍然是全国流行的传统食品。

豆酱作为主要发酵豆制品之一，其传统发酵过程在多种微生物的参与下，发生了多种生化反应。豆酱发酵过程中有多种微生物参与，目前研究发现的主要类群有霉菌、酵母菌和细菌等。武俊瑞等（2015）对采集的传统发酵大酱样品中的酵母菌进行计数，大酱样品中酵母菌总数（CFU/g）的对数分布在1.67～4.18之间，从而推断所采集的大酱样品中酵母菌数较为丰富。豆酱中的微生物能够分泌蛋白酶、淀粉酶、糖化酶、纤维素酶、植酸酶等多种酶类，这些酶可以将原料中的蛋白质水解为多肽和多种氨基酸，将淀粉水解为葡萄糖、双糖、三糖及糊精等物质，为酵母菌和细菌发酵产生风味物质创造了条件。酵母菌和细菌是豆酱液态发酵过程的主要微生物；从酱醅中分离的酵母菌有鲁氏接合酵母（*Saccharomyces rouxii*）、酿酒酵母（*Saccharomyces cerevisiae*）、假丝酵母（*Candida*）、大豆接合酵母（*Zygosaccharomyces soja*）、异常汉逊氏酵母（*Hansenula anomala*）、易变球拟酵母（*Torulopsis versatilis*）、蒙奇球拟酵母（*Torulopsis mogii*）、埃契氏球拟酵母（*Torulopsis etchellsii*）等。

由于豆酱是在开放式的空气下自然发酵而成的，所以在其发酵的每一个阶段，酵母菌和豆酱的主要成分关系都十分密切。酵母菌能使其产生特殊的风味和香气，对于酱料的风味和特殊香气的产生及其形成过程具有重要的影响和作用，这使豆制品具有了抗氧化、降血压、减少肥胖等作用。在酱醪的中后期，酵母菌通过发酵糖类物质产酸产醇，在该阶段占据主导地位，是豆酱产生独特的酱香成分的主要因素，同时这也是发酵类酱制品呈现特殊酱香的主要途径。谭戈应用鲁氏接合酵母强化生产的酱油新增呋喃类风味物质；周柬利用嗜盐芳香酵母对豆豉进行二次发酵能显著增强速成永川豆豉的豉香、酸香强度，降低酱香、豆味、霉味强度。

8.2.1　鲁氏接合酵母

鲁氏接合酵母是一种常见的嗜高渗透压酵母菌，能够在高盐环境中生长。鲁氏接合酵母是豆酱发酵应用相对较多的酵母菌，在发酵前期鲁氏接合酵母生长繁殖，属于发酵型酵母。豆酱中鲁氏接合酵母菌产生的醇类物质与有机酸反应形成酯类化合物，同时还生成呋喃类化合物，提高大豆酱的香气及鲜味（解梦汐等，2019；Zhang et al.，2019）。李志江等研究发现鲁氏接合酵母可显著提高不同发酵阶段酱醅总酸、总酯、氨基酸态氮各指标含量。感官评定指标结果进一步表明：鲁氏接合酵母的添加可显著提高豆酱的感官和理化品质，为鲁氏接合酵母的工厂化应用提供了基础。

8.2.2　酿酒酵母

酿酒酵母在豆酱中含量丰富，与豆制品的风味形成有关。2014 年，唐巧为了降低大豆生产加工过程中产生的豆腥味，从自然界中分离得到能有效去除豆腥味的酿酒酵母，并将其运用于豆制品加工中。比较发酵的豆粉与未经发酵的豆粉的挥发性风味成分组成，发现经酿酒酵母发酵后，己醛、1-辛烯-3-醇、（*E*）-2-己烯醛、二甲胺、3-己醇、己酮等被认为是引起豆腥味的成分均未检出。同年，王立伟试验发现发酵中后期加入酿酒酵母进行继续发酵可提升豆酱品质，酿酒酵母接种量为 0.05%，发酵温度为 37℃，酵母接种时间为发酵开始之后的第 7 天，进行接种可使得发酵后豆酱品质较佳。

8.2.3　假丝酵母

假丝酵母由类酵母或二态性半知菌组成，细胞圆形、卵圆形或长形，无性繁殖方式为多边出芽，可形成假菌丝，有时也产生有隔的真菌丝。假丝酵母是一类发酵能力较弱的酵母，在有氧条件下生长，厌氧条件下发酵乙醇。在发酵酱油中，假丝酵母具有耐高盐、高离子浓度、低渗透压环境的特性；多变假丝酵母可将阿魏酸与香豆酸转化为 4-乙基愈创木酚和 4-乙基酚，使酱油产生丁香香味和烟熏味。在发酵豆酱中，假丝酵母属与接合酵母属可利用原料中的葡萄糖发酵，产生酱香风味的酚和高级醇。2013 年，柴洋洋等的实验研究也表明假丝酵母菌与豆酱呈味有关。

8.2.4　其他重要酵母菌

解梦汐等（2019）发现酵母菌在豆酱发酵过程中与豆酱风味息息相关，如德巴利氏酵母菌可以在豆酱后发酵阶段产生醇和酯等增加豆酱风味相关的物质，而毕赤酵母菌在豆酱发酵过程中产生醭，分解豆酱中的有机成分，从而降低豆酱的风味。酱油中球拟酵母的主要作用在发酵中后期，有埃契氏球拟酵母、易变球拟酵母及蒙奇球拟酵母等。其代谢产生的主要呈香物质包括 4-乙基苯酚、4-乙基愈创木酚、2-苯乙醇等，可进一步使酱油呈香呈鲜。酱醪接合酵母和大豆接合酵母也是常用的耐盐酵母，酱醪接合酵母在酱醅接近成熟时较多，而大豆接合酵母在酱醅发酵初期及中期较多。它们能够在较高的盐浓度下发酵葡萄糖，生成大量的甘露醇、甘油、4-乙基愈疮木酚和乙醇，进一步与乳酸菌发酵过程中的产物和原料分解产物结合，产生酱特有的香味。酵母菌也参与了豆豉发酵，发酵过程中真菌主要以曲霉与酵母菌为主，包括米曲霉、丝孢酵母、黑曲霉、曲霉菌等。

有益酵母存在的同时，也伴随着有害酵母的存在。部分酵母在发酵过程中会产生有害物质或者影响发酵制品的正常风味和品质，这类酵母常常是有害酵母。

部分毕氏酵母如膜醭毕赤酵母等能产醭，分解酱醅中成分，降低风味，如圆酵母能生成丁酸及其他有机酸。酱油、酱生产中普遍存在有害酵母。密封保存条件下，传统豆酱的防腐体系可以有效地抑制产醭酵母、米曲霉菌以及耐盐性乳酸菌微生物的生长，有效确保货架期内传统豆酱防腐体系的抑菌效果，但敞口保存条件下，容易受到杂菌的污染。

8.3 酵母菌胞外多糖研究

8.3.1 酵母菌胞外多糖简介

许多酵母菌可以通过发酵培养，产生以黏液形式分泌到细胞外液体环境中的多糖，这种多糖被称作酵母菌胞外多糖（yeast extracellular polysaccharide，YEPS）。YEPS 是微生物多糖的重要组成部分，具备安全无毒、生产周期短、可以连续发酵、易于分离，以及不受地域、季节和病虫害限制等优点，在国内市场占有一定的地位并具有一定的竞争力。近年来，越来越多的学者对 YEPS 的深入研究产生了浓厚的兴趣，YEPS 也日益受到人们的广泛重视和高度关注。

对于菌体来说，胞外多糖在保护细胞免受不利环境的伤害方面起着十分重要的作用。同时，YEPS 作为酵母细胞的发酵产物，可以归类为一种生态友好型的物质。YEPS 由于独特的理化性质，具有十分广泛的应用潜力。虽然不同属的酵母菌在生理活性方面各具特色，但目前在市场上应用最广泛的 YEPS 只有普鲁兰糖，其用作增稠剂、食品外涂层、可食用薄膜及微胶囊壁材等。

8.3.2 酵母菌胞外多糖产量的主要影响因素

已有大量文献表明胞外多糖的产量受培养条件及培养基的成分和含量的影响。通常情况下，对酵母菌使用具有针对性的最佳培养条件及采用最适培养基进行发酵培养产生多糖，可以使其产量提高。酵母菌发酵产糖的培养温度一般在22～32℃之间；pH 多在 4.0～6.0 之间；由于酵母菌属于兼性厌氧菌，所以在培养过程中是否采用摇瓶培养，通常情况下要视菌种实际要求而定；而发酵时间则以4～6 天为主。

合适的碳源和氮源是菌种最大限度高产胞外多糖的必备条件之一。此外，发酵产糖培养基中的其他成分如维生素及某些矿物质元素对多糖的产量也有一定的影响。维生素可以通过调节酵母菌菌体代谢进而影响胞外多糖的生物合成，仅通过添加微量的维生素就可以在菌体发酵产生胞外多糖的过程中发挥明显作用。而无机盐和金属离子则是通过对胞外多糖合成酶活力产生影响进而促进或者抑制胞外多糖的合成。

8.3.3　酵母菌胞外多糖的结构解析和潜在功能特性分析

对纯化后的多糖纯品进行结构的解析，有助于对其作用机制进行研究，从而更充分发掘多糖纯组分的潜在活性，进而有针对性地将其应用于不同的领域之中。不同的酵母菌株代谢产生的胞外多糖的糖苷键连接方式、分子量大小和单糖组成各有不同。YEPS 的单糖种类通常以甘露糖（Man）和葡萄糖（Glc）为主，还含有半乳糖（Gal）和阿拉伯糖（Ara）等单糖。

YEPS 是一种具有许多生理生化功能的能源物质。机体在正常生理代谢的过程中会伴随着各种自由基的生成，包括非氧自由基和氧自由基。人体产生的自由基和人体产生的抗氧化剂之间存在平衡，低浓度的适量活性自由基在正常的机体生理和代谢的过程中起着至关重要的生理调节作用，但是一旦机体内出现了自由基的产量严重过剩、含量超标或者是抗氧化剂的防御能力不足的情况，这种平衡就会被严重破坏，导致氧化应激。在这种情况下，就会造成 DNA、蛋白质、脂质等大分子损伤，对细胞也十分有害，从而使患癌症的风险变大，还会增大患糖尿病和类风湿性关节炎的风险。YEPS 抗氧化能力主要在于其对自由基的清除能力的强弱及还原力的强弱等方面，其中经常用于测定的自由基有•OH、DPPH•和 ABTS•$^{+}$等。

8.3.4　嗜酒假丝酵母菌胞外多糖的分离纯化及结构特性解析

孙雪婷（2020）从东三省 12 个地区采集 68 份自然发酵豆酱样品，分离出 139 株疑似酵母菌株，筛选得到一株高产 YEPS 的嗜酒假丝酵母 SN-2，研究其胞外多糖结构及生物活性。

1. 胞外多糖的分离纯化

粗多糖经 DEAE-Cellulose 52 阴离子交换柱分离后，被分为两个组分，按出峰顺序分别命名为 EPS 1 和 EPS 2。由洗脱曲线可知，EPS 1 和 EPS 2 分别是由 0.1 mol/L 和 0.3 mol/L NaCl 溶液洗脱出峰，这表明 EPS 1 和 EPS 2 这两个组分带有一定量的负电荷，说明它们可能带有一定量的电负性基团，可能是带有酸性基团的酸性多糖。

将 DEAE-Cellulose 52 阴离子交换柱纯化出来的两个组分 EPS 1 和 EPS 2，经 Sephadex G-100 凝胶柱进一步分级纯化。上述两组分经洗脱后均为单一峰，说明 EPS 被成功分离纯化，这两个组分可能为均一多糖组分，而它们的纯度还需要通过后续试验的全波长扫描进一步分析确定。经 DEAE-Cellulose 52 阴离子交换柱和 Sephadex G-100 凝胶柱纯化后的 EPS 1、EPS 2 的得率分别为 42.6%和 11.3%。

2. 分子量测定

采用凝胶渗透色谱法（GPC）对多糖组分 EPS 1 和 EPS 2 的分子量进行检测。

两种多糖的保留时间依次为 7.017 min 和 7.167 min，利用回归方程，将相应的保留时间带入其中可得出两种多糖的分子质量依次为 223.8 kDa、202.67 kDa。

3. 紫外光谱分析

利用紫外（UV）全波长扫描对纯化后多糖组分的纯度进行分析。通过对 EPS 1 与 EPS 2 的紫外全波长扫描（190～600 nm）来检测生物大分子杂质紫外吸收情况。结果表明，两个经分离纯化后的多糖组分样品在 260～280 nm 处均无明显吸收峰，证明该多糖纯组分中均不含核酸和蛋白成分，纯度较高，可用于后续研究。

4. 单糖组成分析

以甘露糖（Man）、鼠李糖（Rha）、葡萄糖（Glc）、半乳糖（Gal）、阿拉伯糖（Ara）、岩藻糖（Fuc）为标准品通过 1-苯基-3-甲基-5-吡唑啉酮（PMP）柱前衍生高效液相色谱法，对纯化后的多糖组分 EPS 1 和 EPS 2 的单糖组成进行分析。

5. 甲基化分析

通过甲基化分析可以明确多糖分子糖苷键的连接方式。EPS 1 主要由半乳糖、葡萄糖、甘露糖残基构成，并且三种单糖的含量与 EPS 1 的单糖组成结果基本一致。此外，EPS 1 的非还原末端含有甘露糖，分支位于半乳糖基上。甘露糖残基以末端和 1, 4-连接的 Man 残基存在；葡萄糖残基以 1, 4-连接的 Glc 残基存在；半乳糖残基以 1, 4, 6-连接的 Gal 残基存在；除了末端的 Man 残基之外，其余残基占总甲基化糖的 81.1%。上述分析表明，EPS 1 的骨架是由 1, 4-连接的 Man 和 1, 4-连接的 Glc 残基组成，分支为 1, 4, 6-连接的 Gal 残基。

EPS 2 与 EPS 1 的结构相似，其中，甘露糖、葡萄糖和半乳糖摩尔比为 7.85∶14.15∶3，这与前文中的单糖组成结果基本一致。另外，EPS 2 的骨架是由 1, 4-连接的 Gal 残基、1, 6-连接的 Glc 残基和分支为 1, 4, 6-连接的 Man 残基构成。

6. 红外光谱分析

红外光谱分析是一种解析多糖类物质初级结构的重要手段，在红外光谱图中，多糖组分在 400～4000 cm^{-1} 范围内能产生典型吸收峰。一般来讲，在 3380～3440 cm^{-1} 区域内出现的较宽而强烈的吸收峰是 O—H 伸缩振动的明显特征；在 2930～2940 cm^{-1} 区域内出现的吸收峰是由于 C—O 和 C—H 基团的伸缩振动；在 1400 cm^{-1} 附近出现的为 C—H 的变角振动吸收峰；在 1600 cm^{-1} 附近出现的为 CHO 中的 C═O 吸收峰；在 1060 cm^{-1} 和 1640 cm^{-1} 附近出现的为 C—O 基团的吸收峰；在 1000～1200 cm^{-1} 区域内出现的是单糖的特征峰。

如图 8.1 所示，EPS 1 的红外光谱图中的特征宽峰在 3463.38 cm^{-1} 处出现，是由 O—H 的伸缩振动引起的；2938.13 cm^{-1} 处吸收峰是由于 C—H 伸缩振动产生；1620.18 cm^{-1} 和 1439.32 cm^{-1} 的吸收峰表明存在羧基；在 1136.87 cm^{-1}、1082.68 cm^{-1} 和 1024.36 cm^{-1} 处出现的三个吸收峰表明 EPS 1 含有 α-吡喃糖，其中，1024.36 cm^{-1} 处的吸收峰可能是由于 α-（1→6）糖苷键的存在；813.27 cm^{-1} 处的弱吸收峰表明 EPS 1 中可能存在甘露糖。EPS 2 的红外光谱图显示在 3393.62 cm^{-1} 处出现的特征宽峰为多糖的典型吸收峰；由于 C—H 伸缩振动，在 2932.57 cm^{-1} 处产生了吸收峰；与 EPS 1 不同的是在 1000～1200 cm^{-1} 区域内只有一个吸收峰在 1083.56 cm^{-1} 处，表明存在 C═O 键。此外，在 1700～1750 cm^{-1} 区域内没有吸收峰，表明 EPS 1 和 EPS 2 中没有醛酸。EPS 1 和 EPS 2 可能含有相似官能团，但两个组分具有不同的结构特点。

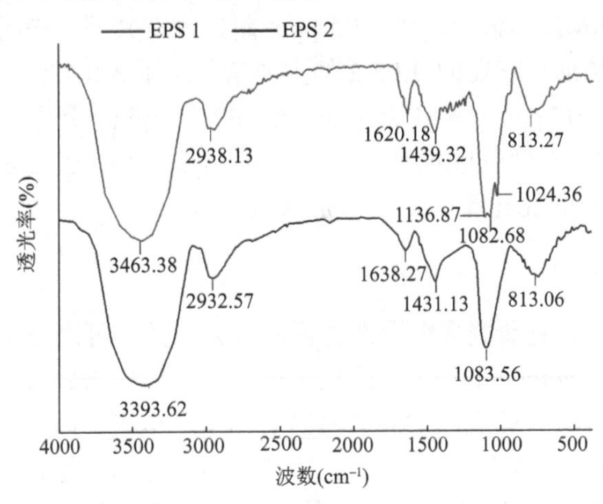

图 8.1 红外光谱图

7. 核磁共振分析

核磁共振（NMR）可以更进一步对多糖中糖苷键的构型和糖链之间的连接方式进行准确解析。

1）核磁共振氢谱（^{1}H NMR）分析

多糖中糖苷键构型的确定主要是通过 ^{1}H NMR 进行。在 ^{1}H NMR 中的质子位移 δ 3.1～5.5 ppm（ppm 为 10^{-6}）范围内主要是多糖的糖单元中质子信号的集中，其中，异头质子区集中于 δ 4.5～5.5 ppm，C2～C6 相连质子的信号出现在 δ 3.1～4.5 ppm 范围内。

一般情况下，由于 δ 3.1～4.5 ppm 范围内的信号发生严重重叠，分辨率低，因此主要通过分析 δ 4.5～5.5 ppm 范围内的异头质子信号来分析糖苷键构型。通常情况下，有几种糖苷键构型就会在此区域内有几个质子信号，但偶有例外发生，例如，有些糖苷键的质子信号由于位移造成的重叠则需要结合其他分析手段进行确定。一般情况下，δ 大于 4.8 ppm 的为 α 构型吡喃糖 H-1，而 β 构型吡喃糖 H-1 δ 小于 4.8 ppm。多糖的 ^{1}H NMR 在 δ 3.95 ppm 和 δ 3.97 ppm 附近的信号来自于溶剂 D_2O，在异头质子区共出现了 6 个峰，δ 分别为 5.46 ppm、5.36 ppm、5.22 ppm、5.16 ppm、5.13 ppm 和 4.71 ppm，表明多糖链中可能包含 6 种糖残基。其中，δ 5.46 ppm、δ 5.36 ppm、δ 5.22 ppm、δ 5.16 ppm 和 δ 5.13 ppm 处的信号均表明 α 构型糖苷键的存在，而 δ 4.71 ppm 的信号则表明 β 构型糖苷键的存在。

2）碳-13 核磁共振（^{13}C NMR）分析

多糖的 ^{13}C NMR 是用于确定环碳信号和异头信号的，其中，环碳信号区域位于 δ 50～85 ppm，异头碳信号区域位于 δ 95～110 ppm。同时，多糖的 ^{13}C NMR 谱图还可以用于糖残基类型的确定。

多糖的 ^{13}C NMR 图谱中，在 δ 90 ppm 附近没有共振，表明没有呋喃环，糖基都是以吡喃环的形式存在的。EPS 2 的主要信号位于 δ 102.29 ppm、δ 73.48 ppm、δ 70.22 ppm、δ 67.07 ppm、δ 61.26 ppm 和 δ 60.71 ppm，其中，δ 102.29 ppm 处的信号峰归属为 β 构型吡喃糖残基；δ 73.48 ppm 和 δ 70.22 ppm 对应于 C4；δ 67.07 ppm、δ 61.26 ppm 和 δ 60.71 ppm 对应于 C6。

8. 扫描电镜观察

扫描电镜被认为是研究多糖形态特征的有力工具，可以用来诠释多糖的物理性能。图 8.2 为 *C. ethanolica* SN-2 纯化多糖 EPS 1 和 EPS 2 的扫描电镜结果，由照片可以看出两种组分的表面形貌和其微观结构。电镜下两种多糖的形貌特征具有差异。两种多糖之间存在差异可能与它们的分子量、基本组成等结构特征的不同密切相关。放大 1.00k 倍[图 8.2（a）]的 EPS 1 多糖表面呈片状，上面散落着许多碎片，在 10.0 k 倍放大倍数[图 8.2（b）]下，可以清晰地看到多糖表面十分光

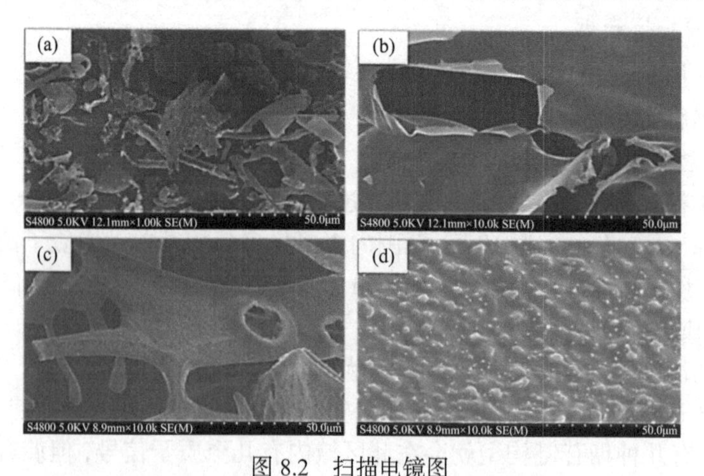

图 8.2　扫描电镜图

（a）EPS 1×1.00 k；（b）EPS 1×10.0 k；（c）EPS 2×1.00 k；（d）EPS 2×10.0 k

滑，表现出薄板样形态，与 Grinev 等的研究结果类似。这种光滑的形态表面可以用于制造塑化生物膜材料，与其他形态材料相比，稳定性更高。

EPS 2 胞外多糖在放大 1.00 k 倍[图 8.2（c）]时，显示出多孔棒状且有分支的结构，这种结构与研究结果类似。当 EPS 2 放大 10.0 k 倍[图 8.2（d）]时，可以更清楚地看到分支部分表面有细微的突起颗粒。EPS 2 呈现出的这种球棒状的多孔高分支结构易于形成水化聚合物，可以增加产品的持水性和溶解度，可应用于食品药品及化妆品行业。

9. 热力学特性分析

多糖的热力学性质与多糖的商业和工业潜在应用价值密切相关。热重分析（TGA）过程一般为：随着温度的升高，首先进行糊化和解旋两种化学反应，温度继续升高，将会发生脱水、分解以及化学键重组，进而产生各种不同的反应产物。

第一阶段（40～140℃），自由水的丢失引起样品质量发生 6.10%的损失；第二阶段（190～360℃），样品自身的降解导致质量发生明显损失（大约下降 61.32%）；第三阶段发生在 390℃左右，由于其他无机物的降解而产生了较少的质量损失。此外，EPS 1 的最快降解温度（T_d）是 293.71℃，在此过程中释放了大量能量，这些结果与 Lobo 等的研究一致。

EPS 2 样品的质量随温度的升高逐渐变小，质量出现了明显的损失，EPS 2 的初始质量在 25～196℃之间降低了约 6.93%。EPS 中的羟基含量较高，推测原始质量的降低可能与水分挥发和挥发物的丢失有关。EPS 2 的 T_d是 258.63℃，在 203.27～383.25℃时，失重率为 59.27%，在试验结束时仍有大约 25.86%的残体，这可能与阳离子（Na^+、K^+和 Ca^{2+}）和磷酸基团有关。二者的降解温度都要比食品的常规灭菌和加工温度高，在热加工食品行业存在潜在价值，其中 EPS 1 较 EPS 2 有更高的热稳定性，可作为食品添加剂应用于食品行业。

8.3.5　嗜酒假丝酵母菌胞外多糖体外抗氧化和抗肿瘤活性分析

1. 羟基自由基清除能力分析与 DPPH 自由基清除能力分析

羟基自由基（·OH）的清除能力随着样品浓度的增加而变大。EPS 2 对羟基自由基的清除活性高于 EPS 1，但二者对羟基自由基的清除活性均小于维生素 C。Xu 等认为·OH 的清除主要是通过清除已经产生的自由基或者是抑制自由基的生成。多糖样品中的一些特殊官能团，如—COOH、—O—、—C═O、—SH、—OH 和—H_2PO_3 等决定了其金属螯合能力。由此可推测，多糖样品中含有的—O—和—OH 基团导致了其对羟基自由基的清除活性；而 EPS 2 的清除能力较 EPS 1 的强,根据前期对多糖组分的结构解析,推测可能是由 EPS 2 中硫酸基含量高于 EPS 1 引起的。

DPPH 自由基(DPPH•)可以和抗氧化剂相结合，进而形成稳定的非自由基形式，体系在 517 nm 处的吸光度也随着自由基的减少而下降。因此，DPPH•的清除能力可以通过吸光度反映出来。在最大浓度(10 mg/mL)处，EPS 1 和 EPS 2 对 DPPH•的清除率分别是 62.88%和 68.71%。多糖的分子量越小，其抗氧化活性越强。EPS 1 的分子量大于 EPS 2 的分子量且单糖组成含量也不同，所以 EPS 2 对 DPPH•清除活性较 EPS 1 好，这可能和其分子量及单糖含量有关。

2. ABTS 自由基清除能力分析与还原能力分析

ABTS 自由基(ABTS•$^{+}$)是一种相对稳定的合成自由基，在评定试验样品中抗氧化能力方面得到了广泛的应用。*C. ethanolica* SN-2 胞外多糖纯组分 EPS 1 和 EPS 2 对 ABTS•$^{+}$清除活性如图 8.3 所示，在浓度为 10 mg/mL 时，EPS 1 和 EPS 2 对 ABTS•$^{+}$的清除率分别是 57.76%和 63.96%，但二者活性均小于维生素 C，与 Xu 等的研究结果相似。

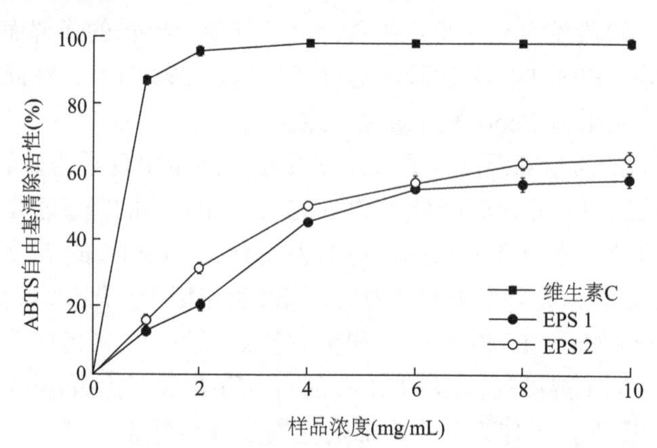

图 8.3 EPS 1 和 EPS 2 的 ABTS 自由基清除效果

除了通过对自由基的清除能力体现抗氧化活性外,样品的抗氧化能力还与其还原能力相关。研究表明还原酮和羟基会促进与自由基的反应，合成稳定的产物，从而干预脂质过氧化的过程。EPS 2 的还原能力比 EPS 1 的强，在最大浓度(10 mg/mL)处，EPS 1 和 EPS 2 的还原能力分别为 0.236 和 0.337。研究表明还原能力与抗氧化活性之间呈现出相关性，并且试验中的多糖样品的还原能力均小于维生素 C。

3. 对人肝癌 HepG-2 细胞的抑制作用

通过 MTT 比色法评估嗜酒假丝酵母 *C. ethanolica* SN-2 胞外多糖对人肝癌

HepG-2 细胞的抑制作用。MTT 法具有快速、经济、重复性好等优点，目前已广泛应用于细胞毒性试验和对抗癌药物的遴选等方面。

经 EPS 1 和 EPS 2 作用 24 h 后，人肝癌 HepG-2 细胞的增殖过程出现了不同程度的抑制，除 600 μg/mL 的 EPS 2 抑制效果略低于 400 μg/mL 外，所有样品对人肝癌 HepG-2 细胞的抑制作用和样品浓度呈正相关。经 EPS 1 和 EPS 2 作用 48 h 后，多糖组分对人肝癌 HepG-2 细胞的抑制效果要比作用 24 h 的效果更好。所有样品对肝癌 HepG-2 细胞的抑制作用和样品浓度呈正相关。经 EPS 1 和 EPS 2 作用 72 h 后，多糖组分对人肝癌 HepG-2 细胞的抑制效果更明显，抑制活性和用药剂量也有一定的依赖性。

4. 倒置显微镜观察结果

通过倒置显微镜对细胞进行观察可以判断其生长增殖情况及生理状态，进一步反映多糖溶液在细胞生长增殖过程中起的作用。

由图 8.4 可以看出，倒置显微镜下没有加入多糖溶液的人肝癌 HepG-2 细胞个体形态饱满、细胞之间连接紧密且形态大致相同，保持单一性。经纯化多糖作用 48 h 后，随着用药浓度的增加，人肝癌 HepG-2 细胞数量逐渐减少，细胞由饱满的颗粒状逐渐拉伸变长，碎片增多，细胞间隙变大，证明了人肝癌 HepG-2 细胞在生长增殖的过程中受到了抑制，与前面的 MTT 试验结果一致，从形态学角度反映了纯化多糖对人肝癌 HepG-2 细胞的生长增殖有抑制作用。

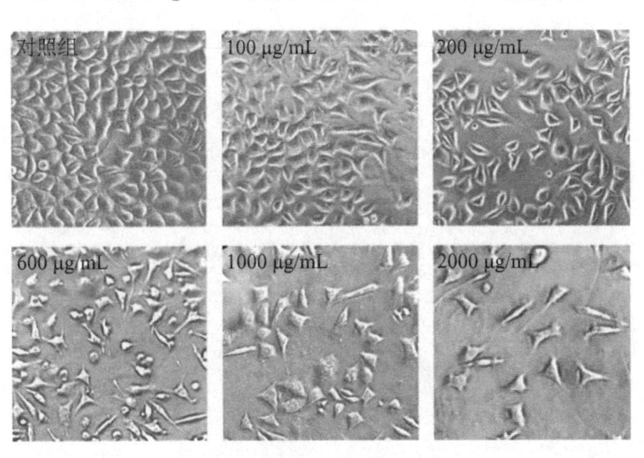

图 8.4　倒置显微镜观察图

癌症是威胁人类生存和造成人类死亡的严重恶性疾病之一。我国已将对肝癌的预防列入重点预防计划，很多肝癌患者确诊时已是晚期，所以只能通过对肝脏进行切除、化疗和放疗这三种方式来进行有效的肝癌治疗。然而，切除和化疗在临床治疗的过程中常常会存在多药耐药情况以及会发生很多严重的不良反应等诸多限制，对机体损伤较大。因此，采取适当有效的预防，才是癌症治疗的重中之重。前人的研究表明一些微生物胞外多糖对癌细胞具有抑制作用，酵母菌作为一种益生菌，其产生的胞外多糖为益生产物，安全性有保障，可以作为生物免疫调节剂的一种不错选择。利用 MTT 法分析 EPS 1 与 EPS 2 对人肝癌 HepG-2 细胞的抑制能力，分析表明多糖纯组分 EPS 1 和 EPS 2 对人肝癌 HepG-2 细胞均具有抑制能力，并且 EPS 2 的抑制能力要比 EPS 1 的抑制能力强。同时，利用倒置显微镜观察经纯化多糖作用后的人肝癌 HepG-2 细胞凋亡情况。倒置显微镜观察发现，经多糖纯组分作用后人肝癌 HepG-2 细胞发生皱缩，密度明显变小，表明嗜酒假丝酵母 *C. ethanolica* SN-2 胞外多糖纯化组分 EPS 1 和 EPS 2 有抗氧化效果并对人肝癌 HepG-2 细胞具有一定的抑制效果。

MTT 法分析表明嗜酒假丝酵母 *C. ethanolica* SN-2 产生的胞外多糖对人肝癌 HepG-2 细胞具有抑制作用，抑制效果与多糖浓度及作用时间有关；两种纯化后的多糖组分对人肝癌 HepG-2 细胞的抑制活性大小比较为：EPS 2 > EPS 1。倒置显微镜观察结果表明，经纯化多糖作用后人肝癌 HepG-2 细胞发生明显皱缩，细胞密度变小，进一步从细胞形态变化的角度说明纯化多糖对人肝癌 HepG-2 细胞存在一定的抑制作用。

第 9 章

乳酸菌在发酵豆制品中的功能研究

9.1 乳酸菌的研究进展

9.1.1 乳酸菌概述

乳酸菌（lactic acid bacteria，LAB）是一类能在生长代谢过程中利用碳水化合物发酵产生乳酸的细菌，在自然界分布广泛，种类繁多，截至目前共发现有 23 个属，200 多个种，菌株不计其数。其中，个别菌属在食品工业中应用较多，包括链球菌属、乳杆菌属、双歧杆菌属、明串珠菌属等。研究表明，乳酸菌作为益生菌的主要类型之一，在调节宿主肠道微生态平衡、调节免疫系统和疾病防治中发挥着至关重要的作用。

9.1.2 乳酸菌的分离筛选研究

乳酸菌作为益生菌已被广泛应用到食品发酵和各种保健食品的生产中，是目前人类利用最为全面的微生物之一。根据乳酸菌的形态、理化及生物特征对乳酸菌进行鉴定，是保证乳酸菌应用范围和效果的重要前提，能够助力乳酸菌应用范围拓展以及食品检验发展。

乳酸菌归属于真细菌纲目中的乳杆菌科，可分为乳杆菌属（*Lactobacillus*）、明串珠菌属（*Leuconostoc*）、链球菌属（*Streptococcus*）、双歧杆菌属（*Bifidobacterium*）和片球菌属（*Pediococcus*）。球形乳酸菌包括明串珠菌、链球菌、片球菌，乳球菌、乳杆菌、双歧杆菌属于杆状菌；从生长温度来看，乳酸菌可分为高温型、中温型；发酵方式也有同型发酵和异型发酵。依据来源的不同一般可分为植物源乳酸菌和动物源乳酸菌。

随着人们对益生菌的不断重视，发掘不同来源的乳酸菌研究其生理特性成为近些年的研究热点。刘境等对自然发酵锦州小菜的总酸含量、氨基酸态氮含量、亚硝酸盐含量及菌落总数等指标进行测定，并根据不同的采样地点进行差异性分析，发现样品风味特征变化与小菜发酵过程中的微生物变化存在直接关系。从中选择代表特征的样品进行乳酸菌分离筛选，并利用 16S rDNA 序列分析对其进行分子鉴定，结果表明均为乳酸菌，分别来自乳杆菌属、肠球菌属、链球菌属、魏斯氏菌属。对锦州小菜中的乳酸菌进行分离筛选，将产品中成分含量变化与发酵期间微生物多样性相结合，有利于选择合适的发酵剂，为工业化生产提供依据。李银聪等从西藏高原发酵的牦牛乳中分离出的高清除自由基活性的益生菌，在小鼠胃肠道内模拟抗氧化特性，小鼠体内的丙二醛含量显著降低，可以看出牦牛酸奶中某些乳酸菌具有抗氧化活性。孟和毕力格等从酸马奶中分离的 MG2-1 嗜酸乳杆菌菌株也具有良好抗氧化活性。

益生乳酸菌作为供人类食用的益生菌产品，在开发使用过程中使用安全、可靠的技术至关重要。已应用于乳酸菌筛选鉴定的主要技术有：16S～23S rRNA 测序、脉冲场凝胶电泳、变性梯度凝胶电泳、DNA-DNA 杂交（DNA-DNA hybridization，DDH）、扩增核糖体脱氧核酸限制性分析（ARDRA）等。但传统的方法各有利弊，如 DDH 法工作量大、耗时较长。近些年新型微生物鉴定方法迅猛发展，未来可应用于乳酸菌鉴定领域，潜力较大的鉴定方法举例如下。

（1）实时荧光定量聚合酶链式反应（Q-PCR）法：该方法由传统的 PCR 技术发展而来，将荧光基团放入 PCR 体系中，根据荧光信号的积累实时监控整个 PCR 过程，最终通过内参基因或标准曲线对未知模板进行定量分析。该方法除了能够判断某一基因是否存在外，还能够对其定量分析，用于量化样品的细菌浓度、区分不同物种。该方法速度较快，设备价格合理，适合日常分析，样品无需富集培养，还能降低污染风险。

（2）MALDI-TOF-MS 法：该方法根据生物特定的蛋白质组学特征进行鉴定，将 MALDI-TOF-MS 法与特定质谱峰相结合，可实现亚种及菌株水平上的分类鉴定。该测定方法与 PCR、脱氧核糖核酸测序法相比，具有区分力高、分析时间短的特点，能对乳酸菌产品质量进行有效控制，但该方法成本较高。

（3）SNPs 微量测序分析法：单核苷酸多态性（SNPs）具有数量多、遗传稳定、可以高通量自动化监测等特点。该方法是以用荧光染料标记的双脱氧核苷酸进行等位基因的特异性引物延伸而监测 SNPs。由于每种被荧光标记的 dd NTP 都有唯一的发射波长，故可将其转化为每个碱基特有的颜色，从而使延伸产物通过毛细管电泳及自动测序技术达到可视化，该方法耗时短、效率高。

（4）全基因组测序法：该方法可满足对基因组大规模检测的需求，详细内容将在 9.5 节具体介绍。

走入 21 世纪后，乳酸菌作为益生菌在各类食品中应用广泛，因此，快速可靠地从安全来源中鉴定潜在的乳酸菌菌株，进而筛选分离出安全性高、活性高的益生乳酸菌是研究趋势，已有的微生物学方法及分子生物学等方法通过特异性鉴定，相信随着技术的不断发展，乳酸菌的开发与应用将有广阔的科学价值及市场空间。

9.1.3　乳酸菌的生理功能研究

1. 乳酸菌能增强肠道防御能力

乳酸菌作为用途最广的益生菌，生理功能众多。它具有耐受低 pH 和高浓度胆盐的特性，能通过磷壁酸与肠黏膜上皮细胞相互作用，形成一道生物学屏障，提高上皮细胞的防御能力。此外，乳酸菌的代谢产物，如小分子酸、过氧化氢和细菌素等活性物质形成了一个化学屏障，阻止致病菌的定植和入侵。良好的耐受性使得乳酸菌能在人体肠道内发挥益生作用。植物乳杆菌通过影响肠道菌群的结构组成，进而影响肠道代谢和肠道免疫，从而维持肠道微生物菌群的生态平衡。

2. 乳酸菌能降低体内胆固醇

韦云路等研究发现长双歧杆菌 TTF、植物乳杆菌 LPL-1、动物双歧杆菌 LPL-RH 能降低大鼠血脂。我国传统发酵乳中筛出的植物乳杆菌 HLX37，耐受人体肠胃环境，并且能有效降低胆固醇水平。郭晶晶将自然发酵豆酱样品中分离的 285 株乳酸菌种用不同培养基分离筛选出 3 株能够耐受人工胃肠环境、具有降胆固醇作用的乳酸菌。实验结果表明，3 株菌都具有一定的降低胆固醇的能力，其中 DQ17-2 的胆固醇去除率最高，达到 34.56%，高脂饮食大鼠血清中的血清总胆固醇（TC）、甘油三酯（TG）、低密度脂蛋白胆固醇（LDL-C）的含量明显高于普通对照组（$P<0.05$），说明高脂模型造模成功。菌液干预试验组血清中 HDL-C 的含量明显高于高脂模型组和脱脂乳对照组（$P<0.05$），说明 *L. plantarum* WW 能够帮助降低患动脉粥样硬化等心血管疾病的风险，结果如表 9.1 所示。

表 9.1　各组大鼠的脏器指数、脂肪系数（$x\pm$SD，n=8，%）

组别	肝脏指数	心脏指数	肾脏指数	脾脏指数	腹部脂肪系数	肾周脂肪系数	附睾脂肪系数
A	3.01 ± 0.36^{b}	0.36 ± 0.04^{a}	0.92 ± 0.10^{a}	0.25 ± 0.03^{a}	0.32 ± 0.08^{c}	0.42 ± 0.06^{b}	0.49 ± 0.09^{b}
B	3.48 ± 0.24^{a}	0.36 ± 0.04^{a}	0.90 ± 0.08^{a}	0.24 ± 0.02^{a}	0.75 ± 0.16^{a}	0.68 ± 0.15^{a}	0.80 ± 0.11^{a}
C	2.31 ± 0.48^{a}	0.34 ± 0.06^{a}	0.91 ± 0.12^{a}	0.24 ± 0.06^{a}	0.71 ± 0.21^{a}	0.64 ± 0.08^{a}	0.83 ± 0.12^{a}
D	2.92 ± 0.50^{b}	0.32 ± 0.06^{a}	0.86 ± 0.09^{a}	0.22 ± 0.03^{a}	0.45 ± 0.09^{b}	0.44 ± 0.07^{b}	0.59 ± 0.08^{b}

注：A 组为正常对照组饲喂基础饲料+无菌水，B 组为高脂模型组饲喂高脂饲料+无菌水， C 组为脱脂乳对照组饲喂高脂饲料+无菌脱脂乳，D 组为菌液干预试验组饲喂高脂饲料+菌悬液。同列字母不相同表示组间的差异显著（$P<0.05$），字母相同表示差异不显著（$P>0.05$）。

3. 乳酸菌能改善 2 型糖尿病

研究表明，部分乳酸菌的细胞提取物能抑制 α-葡萄糖苷酶作用，从而避免淀粉和多糖降解成可吸收的单糖，有效减少人体对葡萄糖的吸收，降低餐后血糖水平。Ejtahed 等发现，食用含有嗜酸乳杆菌 La5 和乳酸乳球菌 Bb12 的益生菌酸奶能改善 2 型糖尿病患者的空腹血糖。此外，乳酸菌还能够通过定植于肠道，调节肠道菌群及黏附蛋白的表达，增加有益菌数量，降低肠道上皮细胞通透性，减轻对胰岛 β 细胞的破坏。

4. 乳酸菌能降低癌症风险

医学实验等证实，乳酸菌能阻碍早期癌症形成，抑制癌细胞的繁殖，促进人体肠道健康，降低患癌风险。有学者研究乳双歧杆菌酸奶饮用前后，老年人肠道菌群的结构变化，发现老人饮用乳双歧杆菌（*B. lactis* LKM512）后的粪便突变活性大幅度降低。del Carmen 等研究发现，嗜热链球菌 CRL907 与干酪乳杆菌 BL23 能有效减轻小鼠结肠癌症状。

5. 乳酸菌能增强抗氧化能力

目前利用乳酸菌开发天然抗氧化剂成为研究热点，其可通过清除自由基、螯合金属离子、调控信号通路及氧化还原系统等途径发挥抗氧化作用。乳酸菌的抗氧化能力能缩短发酵周期，Luo 等研究明串珠菌、乳酸杆菌和魏斯氏菌混合发酵对四川泡菜品质的影响，发现混合菌株发酵相比单菌株发酵能够加快发酵速度，且能提高亚硝酸盐的降解效率。乳酸菌的抗氧化能力还能改善食品风味、延长食品保质期、减少食品中的有害物质、减少自由基的累积。

9.1.4　乳酸菌的组学研究

根据中心法则衍生出的组学方法包括基因组学（genomics）、蛋白质组学（proteomics）、代谢组学（metabolomics）及转录组学（transcriptomics）等。利用单组学技术可深入探索乳酸菌发挥的功能及其作用机制。多组学技术的应用可突破单一组学技术的局限性，从不同维度综合分析乳酸菌的潜在功能，进一步预测乳酸菌自身及其在宿主中发挥的作用。

1. 乳酸菌基因组学研究进展

1）乳酸菌基因组的基本特征

乳酸菌基因组重复序列较少且相对较小，不同种类的乳酸菌基因组全长大致为 1.8～3.2Mb。不同种之间基因数目从 1600 个到 3000 个不等。基因数目差异表明乳酸菌处于一个动态的进化过程中；在这个过程中，大量的基因发生丢失、重复或获得新的基因。对乳酸菌全基因组的研究结果显示，乳酸菌通常生活在丰富的营养环境中，因此促进了一些菌种基因组的简化和退化，尤其是糖代谢、摄取和发酵相关的基因的衰退。张和平课题组测定完成了我国第一个乳酸菌全基因组，早期乳酸菌基因组测序均集中在研究 1 株具有特定功能菌株的基因组结构、组成、生物学功能及代谢途径等。

2）乳酸菌基因组代谢特点

不同的乳酸菌所含酶系不同，所以代谢途径及形成的最终产物也不同，因此通过对一些乳酸菌进行基因组测序分析可以发现一些新的代谢途径。乳酸菌主要通过厌氧糖酵解途径来获取能量，但在乳酸乳球菌 IL1403 基因组中却含有好氧呼吸所必需的基因，这表明其可能存在其他产能的代谢途径。

从基因组序列得出乳酸菌代谢的另一特点是，不同种属乳酸菌氨基酸合成途径有不同程度的缺失和已知转运体同源物的表观功能的缺失。约氏乳杆菌、嗜酸乳杆菌和格氏乳杆菌基因组中编码的氨基酸生物合成途径较少，它们都缺乏维生素和嘌呤核苷酸生物合成必需酶，编码参与糖代谢以及氨基酸、核酸和脂肪酸生物合成的蛋白数量较少。

3）乳酸菌重要功能基因

乳酸菌基因组研究为明确乳酸菌重要性状的分子基础提供了途径。目前已经确定了大量重要性状的相关基因，如糖类代谢基因、nisin 基因、EPS 基因簇、Mub 基因等。大多数乳酸菌均具有编码酵解糖类物质的基因，在发酵过程中对偶联的各种碳水化合物及相应物质水平磷酸化产生 ATP，满足了能量需求。nisin 基因对细菌芽孢和多种革兰氏阳性菌有强烈的抑制作用，是一种高效、无毒的天然食品防腐剂。许多关系相近的乳酸菌基因组中都含有一个基因簇，与一种胞外多糖（EPS）的合成相关，因此被称为 EPS 基因簇。许多肠道乳酸菌如植物乳杆菌、嗜酸乳杆菌、沙克乳杆菌、约氏乳杆菌、乳酸乳球菌乳脂亚种、短乳杆菌等的基因组中都含有编码黏膜结合蛋白（Mub）的基因，Mub 是最大的细菌表面蛋白之一，与乳酸菌的黏附性能相关，在乳酸菌与宿主胃肠道的交互作用中起着非常重要的作用。

乳酸菌的代谢特点与其生活环境密切相关，已知的乳酸菌基因组数据表明：不同种属乳酸菌的代谢具有多样性。通过测定乳酸菌的基因组，基于基因组注释和详细生化信息将细胞内的生化反应构建网络模型，反映参与代谢过程的化合物之间以及催化酶之间的相互作用，从而全局性、系统化地解析乳酸菌的代谢途径，为高效定向调控乳酸菌代谢功能提供重要的遗传学信息和理论依据。

2. 乳酸菌蛋白质组学研究进展

蛋白质组学是从整体水平上研究细胞、组织、器官或生物体的蛋白质组成及其变化规律的科学。单个微生物的蛋白质组学是确定蛋白质合成的整体变化或研究精细机制的有力工具。就益生菌而言，蛋白质组学是鉴定不同菌株以及探索其新陈代谢、分化和与环境关系的有效方法，特别是通过双向电泳（2-DE）结合基质辅助激光解吸电离-飞行时间质谱（MALDI-TOF-MS）鉴定蛋白质。双向电泳也是获得益生菌菌株参考图谱的方法，可进行种间和菌株间的分化。质谱分析法可以用于研究益生菌提取物从而进行菌株分型。乌日娜等以益生菌 *L. casei* Zhang 为研究对象，利用双向电泳技术构建了该菌株在不同 pH 培养条件下对数生长中期的蛋白质组表达图谱，并且进行了差异比较分析，结果证实酸胁迫可诱导乳酸菌产生复杂的酸应激反应，涉及不同的代谢调控途径。同时从蛋白质组的水平，将蛋白质组学技术与基因组学、代谢组学、传统生物学技术等相结合，对益生菌 *L. casei* Zhang 在胆盐和酸胁迫下蛋白质差异表达及其分子机制进行了探讨，结果表明 *L. casei* Zhang 应对胆盐应激具有复杂的调控机制，不仅仅只是一种或几种蛋白质发生作用。植物乳杆菌在盐应激条件下，表达水平明显变化的蛋白质主要为参与糖代谢、氨基酸代谢、核苷酸代谢、蛋白质合成、应激反应和转运的蛋白。Luo 等通过蛋白质组学比较分析了 ATCC14917、FS5-5 和 208 三株植物乳杆菌在不同盐浓度下的不同基因表达，为植物乳杆菌现实投产提供依据。

蛋白质组学还可以用来定性和定量研究乳酸菌在不同生长阶段蛋白质表达模式的动态变化、不同营养物质对其生长的影响及乳酸菌发酵产品中风味物质的产生等。这种动态研究的方法既可以用来描述细胞分化、增殖和信号转导过程中蛋白质表达的变化，也可以用来研究细胞在其整个生命过程中蛋白质表达的顺序和基因调控的方式。同时，乳酸菌蛋白质组研究也是乳酸菌后基因组学系统研究的重要组成部分，已经取得了一定的进展，未来仍需要蛋白质组与转录组、代谢组、质谱法等在乳酸菌研究中进行综合应用，才能为我们提供更充实的数据和广阔的应用前景，提高乳酸菌的利用率和安全性，从而保障食品安全，促进人类健康。

3. 乳酸菌代谢组学研究进展

代谢组学又称代谢物组学，其主要目标是识别、表征和量化，包含生物体中存在的全部代谢物的代谢体，是对不同生物体内代谢物的综合分析，用于检测生物体整体水平代谢特征的组学技术，并通过代谢物组成来确定生物体系的系统生化谱和功能调控。它的重点是定性和定量分析构成代谢体的初级和次级代谢产物等小分子量物质。

1）代谢组学在乳酸菌分类和鉴定中的应用

传统的乳酸菌分类方法需要做大量的生理生化试验，过程烦琐且结果不稳定。随着分子生物学的飞速发展，基于基因型进行菌种分类的方法得到了广泛的应用，但是，由于基因复杂性，这类分类方法可能会产生一定的错误或者对遗传关系近的菌株的区分效果不好。代谢物是细胞生命活动的终端产物，通常基因上的微小变化都会产生明显不同的代谢表型，所以利用代谢组学分析方法研究微生物代谢物谱的差异可以实现不同菌株的表型分类，代谢轮廓分析能够通过比较胞外代谢物特征峰来区别和鉴定不同的菌种或菌株。代谢组学方法的优势在于可以将乳酸菌生物活性与分类学相关联，操作简单快速、成本低、灵敏度高、特异性强，可以更全面地展示乳酸菌分类鉴定结果。

尽管代谢组学显示出快速鉴别乳酸菌菌株的潜力，但其与传统乳酸菌鉴定方法和基因型技术不同，在乳酸菌分类学研究中未得到太多的验证和巩固，尚未得到充分探索，因为代谢组学的检测对象仅限于代谢物，无法深入到基因、蛋白层面，在某些乳酸菌的鉴定上确实存在很多局限。此外，想要更精准、更全面地进行乳酸菌的分类与鉴定需要利用多组学技术。组合代谢组学方法在快速鉴别与人类健康密切相关的乳酸菌菌株方面具有巨大的潜力，在今后的研究中可对它们在更复杂的细菌生长条件下的效用进行验证。

2）代谢组学在乳酸菌发酵工程中的应用

乳酸菌在不同的环境下会产生大量的代谢产物，主要是碳水化合物、挥发性的醇、酮、氨基酸、短链有机酸、长链脂肪酸和一些复杂的成分（抑菌物质、肽类等），所以监测乳酸菌代谢过程中产物的变化尤为重要。

乳酸菌发酵工艺的监控和优化需要检测大量的参数，利用代谢组学研究工具可以减少实验数量，提高检测通量，并有助于揭示发酵过程的生化网络机制。乳酸菌在发酵过程中会有糖类、氨基酸、挥发性的醇、酮、有机酸、脂肪酸和抑菌物质等大量代谢物生成，根据代谢产物的变化可以为发酵过程的监控和优化提出指导意见，因此对乳酸菌代谢产物的监测极为重要。代谢组学一方面被广泛地应用于监测乳酸菌发酵过程中组分和菌相变化以及评定发酵食品的感官品质和营养价值，为工艺优化和品质调控提供有效的工具，另一方面还可用来预测发酵过程中的组分变化。

3）代谢组学在评价乳酸菌益生效果方面的应用

代谢组学是研究益生菌对宿主健康影响的有力工具。近年来，乳酸菌对健康的效用越来越受到国内外研究者的重视，运用代谢组学和宏基因组学监测动物和人体在有机体水平的动力学变化规律，探寻乳酸菌和肠道菌群之间的相互作用在肥胖、结肠癌和糖尿病等代谢性疾病发生发展中的作用已成为新的研究热点。代谢组学能够直接检测到益生菌作用下肠道代谢物的变化，更全面地解释了乳酸菌代谢物对细胞因子表达的影响，为进一步阐明益生菌群调节健康的作用机理提供了有效工具。

4）乳酸菌代谢组学研究中的问题

乳酸菌代谢组学中关于乳酸菌代谢物的猝灭、提取方法和技术仅限于特定单一的菌株，并不能从根本上解决泄漏问题，仅能够将代谢物泄漏降到最低；由于乳酸菌菌种中代谢物的复杂性，很难通过单一的方法对全部代谢物进行提取，因此缺少标准化、全面的代谢组学数据库。

目前的微生物代谢组学研究大多只关注代谢物，很少考虑代谢物的来源。例如，来自微生物和宿主的葡萄糖在化学上是相同的，但其生物学意义和导致它们差异调节的机制各不相同。因此，对微生物和宿主的代谢变化进行不同的研究，尤其是对微生物与宿主相互作用的研究具有重要意义。

4. 乳酸菌转录组学研究进展

转录组学是在基因组学之后新兴的一门学科，是研究生物细胞转录组的发生和变化规律的一门学科，主要研究内容是确定基因的转录结构，对所有的转录产物进行分类，通过对转录谱的分析，推断相应基因的功能，揭示特定调节基因的作用机制，辨别细胞的表型归属等。现阶段，转录组学的研究方法主要是基于杂交技术的芯片技术。

1）转录组学在乳酸菌生长代谢研究中的应用

转录组是指一个特定组织或细胞在某一发育阶段或功能状态下转录出来的所有 RNA 的集合，包括 mRNA 和非编码 RNA。由于乳酸菌生长对营养条件要求严格，能量代谢复杂，大多关于乳酸菌生长代谢的研究仅限于表层，利用转录组学对乳酸菌的生长代谢机制进行深入研究，可以调控乳酸菌的生长，从全局上优化乳酸菌的代谢能力，能够使乳酸菌得到更好的利用。虽然目前转录组学在代谢机制的研究中取得了一些成就，但是乳酸菌能量代谢复杂，如何对海量数据进行有效挖掘和分析是转录组学亟需解决的问题，需要利用多组学技术，提高结果准确性。

2）转录组学在乳酸菌环境胁迫研究中的应用

乳酸菌在工业生产过程中会面临极端温度、酸碱、氧、盐、乙醇等一系列环境胁迫，影响细胞的生理状况、基因转录和蛋白质表达等，造成细胞活性下降甚至死亡，严重影响了工业生产的效率，因此明确乳酸菌对环境胁迫的应激机制，从而优化乳酸菌的生产性能对于提高乳酸菌的耐受性和高效利用乳酸菌极为重要。宋雪飞以分离自东北自然发酵大酱中的一株耐盐植物乳杆菌 FS5-5（*Lactobacillus plantarum* FS5-5）为实验对象，在转录水平上对该菌株盐胁迫相关基因表达进行了研究。不同表达水平区间的基因数量统计如表 9.2 所示，当样品 NaCl 含量为 0.0 g/100mL、1.5 g/100mL、3.0 g/100mL、4.0 g/100mL、5.0 g/100mL、6.0 g/100mL 时基因每百万次读取每千克碱基的片段数（FPKM）数值大于 0.1 的比率分别是 99.9%、100%、100%、100%、100%和 100%。因此不同 NaCl 含量下，基因 FPKM 数值几乎都大于 0.1，几乎全部转录组测序得到的基因都进行了表达。

不同 NaCl 含量下基因表达水平比对结果如图 9.1 所示，由图 9.1（a）可知，当 lgFPKM 小于 2 时，代表 NaCl 含量为 1.5 g/100mL、4.0 g/100mL、5.0 g/100mL 的 3 条线在下侧，说明基因的密度较小；当 lgFPKM 大于 2 时，代表 NaCl 含量为 1.5 g/100mL、4.0g/100mL、5.0 g/100mL 的 3 条线在上侧，说明基因的密度较高。由图 9.1（b）可知，在不同的 NaCl 含量下，数据的分散程度基本相同，且当 NaCl 含量为 1.5 g/100mL、4.0 g/100mL、5.0 g/100mL 时中值较大。因此当 NaCl 含量为 1.5 g/100mL、4.0 g/100mL、5.0 g/100 mL 时，基因的整体表达量相对较高。基因差异表达分析结果如图 9.2 所示，结果表明某些不同功能的基因受到 NaCl 胁迫时表达显著上调或下调，可能是乳杆菌在 NaCl 胁迫下保护自己的方式。

表 9.2　不同表达水平区间的基因数量统计

样品 NaCl 含量（g/100mL）	FPKM 值					
	0.0～0.1	0.1～1.0	1.0～3.0	3.0～15.0	15.0～60.0	>60.0
0.0	3（占比 0.1%，下同）	29（1.1%）	110（4.0%）	410（14.9%）	717（26.1%）	1481（53.9%）
1.5	0（0%）	10（0.4%）	61（2.2%）	340（12.4%）	593（21.6%）	1743（63.5%）
3.0	0（0%）	24（0.9%）	64（2.3%）	357（13.0%）	580（21.2%）	1713（62.6%）
4.0	0（0%）	19（0.7%）	49（1.8%）	321（11.7%）	576（20.9%）	1787（64.9%）
5.0	0（0%）	15（0.5%）	34（1.2%）	301（10.9%）	582（21.1%）	1821（66.2%）
6.0	1（0%）	23（0.8%）	118（4.3%）	567（20.6%）	742（27.0%）	1300（47.3%）

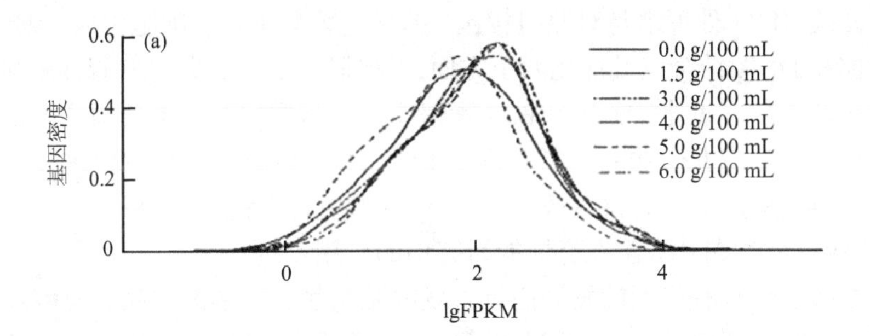

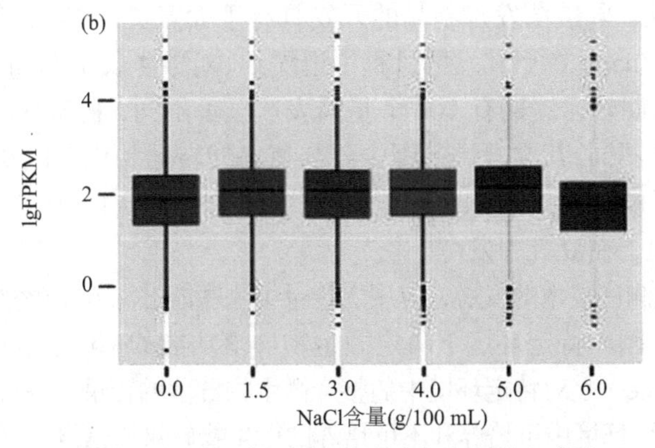

图 9.1　不同 NaCl 含量下基因表达水平比对图

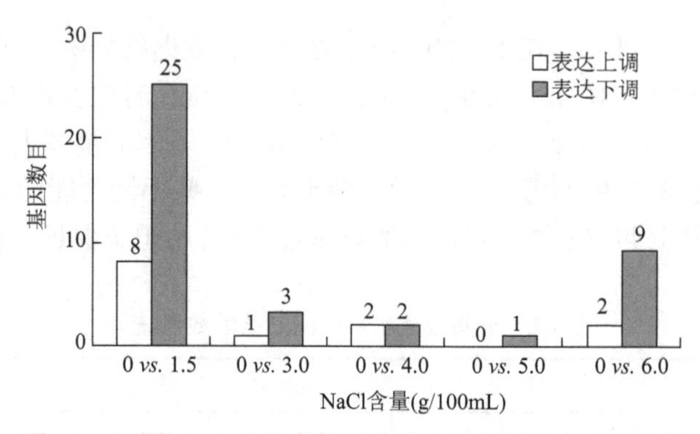

图 9.2　不同 NaCl 含量条件下差异表达基因的上下调情况

3）转录组学在乳酸菌益生功能中的应用

为了更好地发挥乳酸菌的益生作用和发掘乳酸菌新功能，研究者将转录组学运用到乳酸菌益生功能的研究中。Qin 等通过转录组学研究了干酪乳杆菌 BL23 对斑马鱼生长和免疫应答的影响。实验发现，用干酪乳杆菌 BL23 处理过的斑马鱼相比于对照组，在受精后 14 天和 35 天体重较重，并且在受精后 35 天用嗜水气单胞菌感染斑马鱼，斑马鱼的死亡率较低。转录组学结果表明，在受精后 14 天，干酪乳杆菌 BL23 处理组与对照组相比，差异基因集中在肌细胞生成、细胞黏附、转录调控和 DNA 结合以及活化四个方面，受精后 35 天，差异基因注释到信号、分泌、运动蛋白、氧化还原镍和铁、紧密连接、脂质代谢、生长调节、蛋白酶以及体液和细胞效应九个功能。以上数据表明，特定的乳杆菌可以促进斑马鱼生长发育并增强其免疫力，为益生菌在水产养殖中的应用提供了支持。

4）转录组学在乳酸菌发酵性能研究中的应用

乳酸菌发酵具有广阔的发展前景，发酵乳制品、发酵肉制品、发酵蔬菜和发酵豆制品等的生产都离不开乳酸菌发酵，利用转录组学探究乳酸菌在发酵过程中的代谢机制，对于乳酸菌发酵制品的开发具有重大意义。Wang 等利用转录组学分析了 *L. casei* Zhang 在豆乳发酵过程中迟缓期、对数生长末期和稳定期的基因表达差异。对数末期较迟缓期有 162 个基因表达显著不同，稳定期较对数末期有 63 个基因表达显著不同，其中上调基因主要与氨基酸转运和代谢以及蛋白水解有关。由于蛋白水解活跃，*L. casei* Zhang 能够充分分解大豆蛋白为自身提供充足的可利用氨基酸，有利于在豆乳中发酵。

随着下一代测序技术的发展，应用宏转录组测序能够深入了解复杂细菌群落中活跃表达的基因，阐明特定环境下决定微生物群落功能的基因变化。宏转录组测序（metatranscriptomic）是对特定环境中的整个微生物群落的转录本进行大规模高通量测序，可直接获得该环境中可培养和不可培养的微生物转录组信息。这一进展为肠道微生物环境分析提供了一个强大的工具，揭示了微生物群落对环境变化的适应机制。

9.2　发酵豆制品中的乳酸菌

乳酸菌是发酵豆制品中的重要菌种，不仅能提升风味、维持色泽，还能抑制腐败微生物，提升食品安全性，延长保质期。目前在豆酱、豆豉、酱油和腐乳等传统发酵豆制品中共发现 30 余种乳酸菌，多数为嗜盐四联球菌属、乳杆菌属、肠球菌属等。

鉴于乳酸菌在发酵食品中的广泛应用和重要性，近些年对发酵制品中乳酸菌的作用研究取得了不少进展，对促进发酵豆制品行业发展起到推动作用。张颖以东北传统自然发酵豆酱为研究对象，采用聚合酶链式反应-变性梯度凝胶电泳技术结合高通量测序方法分析其微生物多样性，结果显示豆酱发酵时期的优势菌种有肠球菌属、四联球菌属、明串珠菌属和乳杆菌属，它们在豆酱发酵过程中参与调节内环境。安飞宇运用高通量测序技术，对采集自吉林四平、辽中两家传统自然发酵的成熟酱醅、豆酱以及酱缸周围土壤环境的细菌群落结构进行分析。结果显示：四联球菌属、乳杆菌属、芽孢杆菌属、明串珠菌属、肠球菌属、假单胞菌属、不动杆菌属、魏斯氏菌属等是农家自然发酵酱醅和豆酱的主要细菌属。

9.2.1　嗜盐四联球菌

乳酸菌分嗜盐和耐盐两大类群。在嗜盐类群中嗜盐四联球菌是日本、韩国、中国及东南亚各国传统发酵豆制品中的优势种（姜锦惠等，2021）。嗜盐四联球菌属可提高发酵食品中的氨基酸和挥发性成分的含量。An 等（2021）基于宏转录组学技术分析了自然发酵豆酱中的活菌群落，高通量测序结果显示，豆酱中主要的细菌属为四联球菌属和乳杆菌属，在酱醪发酵阶段起主导作用。

9.2.2　乳杆菌

乳杆菌属是发酵豆制品中常见的乳酸菌属，具有改善胃肠道、提高免疫能力、改善机体营养状况等良好机能，同时促进、刺激和调节免疫系统。乌日娜对东北传统发酵豆酱建立了微生物宏蛋白质组表达谱，并利用液相色谱-串联质谱联用技术对豆酱中微生物蛋白质组进行鉴定，结果显示优势细菌来源中含有德氏保加利亚乳杆菌属。武俊瑞以 12 份黑龙江地区自然发酵豆酱为样品，分离筛选了 24 株乳酸菌，鉴定出 5 株分别为嗜盐四联球菌、植物乳杆菌、清酒乳杆菌、发酵乳杆菌和短乳杆菌，初步断定乳酸菌为黑龙江传统发酵豆酱中的优势菌种。另外，以辽宁各地区自然发酵豆酱为样品分离出了 62 株优势乳酸菌疑似菌株（表 9.3），并利用 16S rRNA 和 26S rDNA D1/D2 序列分析方法对其进行了鉴定，确认为乳酸菌属。发酵豆制品中分离的乳杆菌还可能具有对人体有益的功能性，郭晶晶从自然发酵豆酱中分离筛选出 3 株能够耐受人体胃肠环境并具有降胆固醇作用的植物乳杆菌，设计大鼠实验进一步验证其体内降胆固醇功能，最后筛选出反应最好的一株，以期为降胆固醇产品开发提供理论依据。γ-氨基丁酸是一种天然功能性非蛋白质氨基酸，具有降血脂、减肥、增进脑活力、改善更年期综合征等生理功能，部分乳酸菌具有高产 γ-氨基丁酸的特性。陈浩研究 4 株不同乳杆菌（植物乳杆菌、发酵乳杆菌、嗜酸乳杆菌、瑞士乳杆菌）对豆豉发酵产生氨基酸态氮、γ-氨基丁酸以及挥发性成分的影响，结果显示乳杆菌发酵豆豉会产生更多氨基酸态氮、γ-氨基丁酸。

表 9.3　各地区豆酱样品中乳酸菌分离鉴定情况

菌株名称	植物乳杆菌	屎肠球菌	嗜盐四联球菌	清酒乳杆菌	发酵乳杆菌	戊糖片球菌
DD*/3(	2#2°19※	1#1°14※	1#1°12※	1#1°11※		
PJ*/2(	1#1°19※		1#1°12※	1#1°11※		
HLD*/3(	2#2°19※	1#1°14※	1#1°12※	1#1°11※		
FX*/3(	2#3°19※	1#1°14※	1#1°12※	1#1°11※		
SY*/5(	3#3°19※	1#1°14※	1#1°12※	2#2°11※	1#1°4※	
CY*/3(	1#1°19※	1#1°14※	1#1°12※		1#1°4※	
FS*/4(	1#1°19※	2#2°14※	3#3°12※	1#1°11※		
BX*/2(	1#1°19※	2#2°14※			1#1°4※	
JZ*/2(			1#1°12※		1#1°4※	
DL*/3(	1#1°19※	1#1°14※		1#1°11※		2#2°2※
LY*/2(	1#1°19※		1#1°12※	2#3°11※		
AS*/2(		1#1°14※	1#1°12※			
YK*/3(	2#2°19※	2#2°14※				
TL*/1(	1#1°19※	1#1°14※				

*、(、#、○、※标注的字母或数字分别表示：样品采集地、各地采样数量、各地分离到该菌的样品份数、各地分离到该菌菌株数、该菌总数。

9.2.3　肠球菌

肠球菌是乳酸菌常见菌属之一，具有很强的生命力，能够在比较宽广的 pH 范围、温度、高/低渗透压条件下生长。有研究从豆豉和腐乳中分离鉴定出肠球菌，发现它们具有较好的抑菌、降胆固醇、抗氧化等益生特性，并经安全性评价判断为安全。姜静应用 Miseq 测序对 6 家传统自然发酵成熟酱块样品进行微生物测序分析，结果表明在属水平上，主要细菌为肠球菌属、乳杆菌属、明串珠菌属。王晓蕊采用牛津杯琼脂扩散法对豆酱中分离出的球状乳酸菌进行筛选（表 9.4），然后对得到的产细菌素的菌株进行 16S rRNA 序列分析，确认其为屎肠球菌，最后对该菌株及其所产细菌素进行相关特性分析，研究结果为天然食品防腐剂和饲料添加剂的开发、应用提供新的理论依据。

表 9.4　产细菌素乳酸菌初筛结果

菌名	抑菌直径（mm）	菌名	抑菌直径（mm）	菌名	抑菌直径（mm）
FS1-4	14.19	FS1-2	13.26	JZ2-5	14.41
R1	16.63	SY1-4	14.88	FS1-3	13.48
SY2-4	13.88	JZ1-3	13.50	KP1-1	17.54
KP1-2	16.19	SY3-3	16.08	KP3-3	15.63
KP3-4	17.02	KP2-1	16.63	KP4-3	15.94
KP4-4	17.67	YK2-3	17.55	YK2-5	17.16
SY2-1	14.73	SY1-5	14.49	YK1-5	15.88
YK1-6	15.72	YK1-2	16.23	DD1-6	12.70

9.2.4　明串珠菌

明串珠菌作为豆酱发酵初期的优势菌，对豆酱的启动发酵起到了重要的作用。明串珠菌能够在发酵制品中代谢产生葡聚糖、甘露醇、K 族维生素等多种功能化合物，还能产生香气物质提高发酵制品风味；可代谢生成细菌素，对一些常见致病菌等有抑制作用，能够用作新型食品防腐剂和饲料添加剂。

9.2.5　其他重要乳酸菌

自然发酵豆制品中往往含有许多不同属乳酸菌，不同属乳酸菌可能具有不同益生功能和耐受性，能在发酵豆制品中起到不同作用。除了常见的乳酸杆菌属、四联球菌属外，片球菌属、魏斯氏菌属等在发酵豆制品中常被检测出来。

9.3　嗜盐四联球菌特性研究

9.3.1　嗜盐四联球菌产鲜机制研究

鲜味作为第五种基本口味，是人们饮食中努力追求的美味之一，能使人产生舒服愉快的感觉，是人体必不可少的味觉需求。其中，鲜味肽作为近年来提出的一种新型鲜味物质，具有良好的呈鲜效果、加工特性及营养价值，成为近年来食品鲜味科学的研究热点和鲜味剂开发的重点方向，引起人们的广泛关注（An et al.,

2023）。近年来，在许多加工食品或未加工蛋白水解物中都发现含有鲜味肽，如肉类、昆虫类、水产品类、真菌类、谷类、豆类及其发酵制品等多种资源中。但目前，由微生物通过多种代谢途径发酵产鲜味肽的研究较少，对于微生物源鲜味肽的探索仍在继续。嗜盐四联球菌（*Tergenococcus halopilus*）是一种革兰氏阳性球菌，属于乳酸菌。其广泛存在于果汁酱，如日本酱油、泰国鱼酱、凤尾鱼盐渍产品、印度尼西亚酱油等产品中。嗜盐四联球菌是豆酱发酵过程中的风味主导菌，对其风味品质的形成，可能起着至关重要的作用（Zhang et al., 2020）。

1. 产鲜嗜盐四联球菌的筛选

1）嗜盐四联球菌产蛋白酶活力测定

对豆酱酿造中分离得到的 44 株嗜盐四联球菌及购买的 4 株标准菌株进行初筛，以获得具有产蛋白酶能力的菌株。如表 9.5 所示，相比于空白对照组，48 株嗜盐四联球菌均具有产蛋白酶能力，其透明圈与菌落的面积比值在 1.16～6.44 之间浮动，比值越大，菌株产蛋白酶能力越强。其中比值高于 2.50 的有 33 株嗜盐四联球菌，占所筛嗜盐菌的 69%；比值高于 5.00 的有 14 株嗜盐四联球菌，占所筛嗜盐菌的 29%，说明其产酶能力良好，其中 LY9-1、SY2-1、LY8-1、LZ11-1 面积比均高于 6.00；剩余 15 株比值较低，产酶能力较弱。4 株标准菌比值均超过 2.50，其中 CICC 24788 和 ATCC 33315 比值较高，分别为 5.28 和 5.06，证明其产蛋白酶能力较强。

表 9.5　嗜盐四联球菌产蛋白酶活力试验结果

序号	菌株编号	面积比 *S/s*	产蛋白酶活力（U/mL）
1	LZ5-1	5.94 ± 0.00^{ab}	63.43 ± 1.03^{d}
2	SY3	5.31 ± 0.01^{c}	55.48 ± 0.00^{ef}
3	SY2-2	3.62 ± 0.00^{hi}	40.53 ± 0.01^{gh}
4	BX1-1	3.19 ± 0.02^{ij}	44.56 ± 0.01^{g}
5	BX1-2	5.63 ± 0.01^{b}	71.91 ± 1.02^{c}
6	DL1-1	1.83 ± 0.00^{l}	30.67 ± 0.30^{jk}
7	SY2-3	1.16 ± 0.02^{n}	9.97 ± 0.00^{o}
8	LZ1	1.36 ± 0.00^{m}	6.53 ± 0.41^{p}
9	LZ4-1	2.16 ± 0.01^{k}	21.84 ± 0.07^{l}

续表

序号	菌株编号	面积比 S/s	产蛋白酶活力（U/mL）
10	LZ4-3	5.46 ± 0.00^{bc}	61.64 ± 0.11^{de}
11	LZ4-4	4.32 ± 0.02^{fg}	49.34 ± 0.12^{f}
12	SY2-1	6.01 ± 0.01^{ab}	77.49 ± 0.21^{b}
13	LZ5-2	5.31 ± 0.00^{c}	60.17 ± 0.07^{de}
14	LZ7	1.16 ± 0.00^{n}	8.64 ± 0.10^{q}
15	LY9-1	6.44 ± 0.01^{a}	85.45 ± 0.03^{m}
16	LY3	1.21 ± 0.01^{mn}	16.37 ± 0.01^{jk}
17	LY5	3.73 ± 0.00^{h}	30.49 ± 0.03^{cd}
18	LY8-1	6.08 ± 0.04^{ab}	69.37 ± 0.13^{gh}
19	LY8-2	2.72 ± 0.00^{jk}	40.91 ± 0.01^{h}
20	LZ3-1	2.18 ± 0.00^{k}	23.47 ± 0.40^{i}
21	LZ3-2	3.37 ± 0.00^{i}	35.64 ± 0.06^{q}
22	DL1-2	1.31 ± 0.01^{m}	6.09 ± 0.02^{p}
23	SY4	1.25 ± 0.04^{mn}	17.55 ± 1.01^{f}
24	LZ4-2	5.32 ± 0.02^{c}	49.34 ± 0.02^{n}
25	LZ6-1	2.39 ± 0.05^{jk}	13.69 ± 0.01^{i}
26	SY1-1	3.01 ± 0.01^{ij}	34.92 ± 0.03^{i}
27	LZ5-3	3.76 ± 0.00^{h}	67.67 ± 0.04^{cd}
28	LY9-2	5.96 ± 0.03^{ab}	39.91 ± 0.02^{gh}
29	LZ4-5	4.15 ± 0.02^{g}	46.07 ± 0.10^{fg}
30	LZ6-2	1.21 ± 0.01^{mn}	10.97 ± 0.02^{o}
31	LZ3-3	4.38 ± 0.01^{fg}	61.67 ± 0.08^{de}
32	SY1-3	2.05 ± 0.00^{kl}	23.58 ± 0.10^{k}
33	LZ13-4	3.17 ± 0.01^{ij}	43.64 ± 0.02^{g}
34	SY1-2	1.75 ± 0.03^{lm}	20.42 ± 0.05^{l}
35	AS1	2.94 ± 0.02^{ij}	31.38 ± 0.07^{j}
36	LZ11-1	6.07 ± 0.01^{ab}	63.25 ± 0.11^{d}
37	LZ13-2	4.53 ± 0.02^{f}	50.43 ± 0.02^{f}
38	LZ13-3	4.84 ± 0.07^{e}	67.34 ± 0.01^{cd}
39	JZ6	3.61 ± 0.03^{hi}	42.09 ± 0.01^{g}
40	JZ9	2.59 ± 0.00^{j}	35.16 ± 0.04^{i}

续表

序号	菌株编号	面积比 *S*/*s*	产蛋白酶活力（U/mL）
41	LZ13-1	4.37 ± 0.00^{l}	47.91 ± 0.03^{fg}
42	LZ11-3	5.62 ± 0.10^{bc}	57.67 ± 0.13^{e}
43	LZ14	1.67 ± 0.00^{lm}	16.35 ± 0.00^{m}
44	LZ12-1	1.97 ± 0.01^{l}	29.47 ± 0.01^{jk}
45	CCTCC AB 2011059	3.69 ± 0.01^{h}	43.31 ± 0.53^{g}
46	ATCC 33315	5.06 ± 0.00^{d}	48.28 ± 1.02^{fg}
47	CICC 24788	5.28 ± 0.02^{c}	55.47 ± 0.81^{ef}
48	CICC 10286	2.52 ± 0.00^{jk}	37.04 ± 0.00^{h}

注：数据为平均值±标准差；同一列中字母不同的数据表示差异显著（$P<0.05$）。

结合酪蛋白法对菌株进行蛋白酶活力的测定，发现相较于空白组，所有菌株均有产蛋白酶能力，试验菌株蛋白酶活力和稳定性存在较大差异，和透明圈法结果相似。试验中嗜盐四联球菌 LZ1 蛋白酶活力为（6.53±0.41）U/mL，活性最低；LY9-1 蛋白酶活力达（85.45±0.03）U/mL，活性最强，是 LZ1 的 13 倍。其中 ATCC 33315 蛋白酶活力为（48.28±1.02）U/mL，活性较高，具有一定代表性。

2）嗜盐四联球菌产淀粉酶活力测定

淀粉酶降解大豆原料所产生的小分子糖类物质，不仅是发酵过程中各种微生物生长繁殖所需的碳源，小分子物质之间也会发生复杂的反应从而生成多种风味成分。采用透明圈法和 DNS 比色法，对 44 株嗜盐四联球菌进行产淀粉酶能力测定，发现 38 菌株有透明圈产生，说明菌株基本具备产淀粉酶的能力，但各菌株透明圈与菌落的面积比值之间差异较大，且平行组间存在一定的波动，表明菌株产淀粉酶能力参差不齐，且较不稳定。比值高于 2.00 的有 26 株嗜盐四联球菌，其中比值高于 4.00 的有 10 株，证明其产酶能力良好，LZ13-3 菌株的比值最大可达到 6.24±0.13，4 株标准菌株均有产淀粉酶能力，比值在 2.16～3.54 之间浮动。

采用 DNS 比色法测定菌株产淀粉酶活力，发现相较于空白组，所有菌株均有产淀粉酶能力。如表 9.6 所示，产淀粉酶能力超过 40.00 个活力单位的有 10 株试验嗜盐菌，LY9-1、SY2-1、JZ6 产酶能力较强，其中 SY2-1 达 60.18±0.03 个酶活力单位。4 株标准菌株产淀粉酶能力适中，大体符合透明圈法结果。

表 9.6　嗜盐四联球菌产淀粉酶活力试验结果

序号	菌株编号	面积比 *S/s*	产淀粉酶活力（U/mL）
1	LZ5-1	3.62 ± 0.02^{h}	39.78 ± 0.00^{f}
2	SY3	4.91 ± 0.01^{cd}	52.22 ± 0.01^{c}
3	SY2-2	2.58 ± 0.00^{jk}	27.82 ± 0.00^{l}
4	BX1-1	3.16 ± 0.01^{ij}	35.28 ± 0.02^{h}
5	BX1-2	3.27 ± 0.00^{i}	46.48 ± 0.00^{d}
6	DL1-1	2.56 ± 0.03^{jk}	38.59 ± 0.02^{fg}
7	SY2-3	—	14.76 ± 0.03^{r}
8	LZ1	2.38 ± 0.06^{kl}	29.45 ± 0.01^{jk}
9	LZ4-1	1.16 ± 0.01^{op}	18.37 ± 0.00^{p}
10	LZ4-3	1.56 ± 0.06^{n}	37.46 ± 0.00^{fg}
11	LZ4-4	3.84 ± 0.03^{g}	45.45 ± 0.00^{de}
12	SY2-1	5.5 ± 0.02^{c}	60.18 ± 0.03^{a}
13	LZ5-2	4.38 ± 0.01^{e}	43.51 ± 0.00^{e}
14	LZ7	—	8.76 ± 0.00^{t}
15	LY9-1	5.24 ± 0.04^{cd}	57.76 ± 0.04^{b}
16	LY3	3.05 ± 0.04^{ij}	36.69 ± 0.00^{g}
17	LY5	2.56 ± 0.00^{jk}	32.7 ± 0.00^{i}
18	LY8-1	2.46 ± 0.00^{k}	25.85 ± 0.00^{m}
19	LY8-2	3.54 ± 0.05^{hi}	31.9 ± 0.06^{j}
20	LZ3-1	1.08 ± 0.01^{p}	12.32 ± 0.02^{s}
21	LZ3-2	1.24 ± 0.00^{op}	31.34 ± 0.00^{j}
22	DL1-2	—	19.51 ± 0.04^{u}
23	SY4	1.13 ± 0.03^{op}	20.7 ± 0.00^{o}
24	LZ4-2	5.03 ± 0.10^{cd}	30.28 ± 0.01^{jk}
25	LZ6-1	2.55 ± 0.03^{jk}	33.31 ± 0.00^{hi}
26	SY1-1	2.16 ± 0.00^{l}	30.32 ± 0.00^{jk}
27	LZ5-3	5.93 ± 0.01^{b}	37.46 ± 0.00^{cd}
28	LY9-2	4.64 ± 0.06^{d}	49.37 ± 0.02^{fg}
29	LZ4-5	1.95 ± 0.04^{m}	28.27 ± 0.05^{k}
30	LZ6-2	—	20.64 ± 0.00^{o}
31	LZ3-3	4.19 ± 0.00^{f}	46.67 ± 0.12^{d}
32	SY1-3	2.43 ± 0.01^{k}	35.91 ± 0.03^{h}
33	LZ13-4	1.97 ± 0.03^{m}	24.19 ± 0.01^{n}

续表

序号	菌株编号	面积比 S/s	产淀粉酶活力（U/mL）
34	SY1-2	1.25 ± 0.01^{op}	20.24 ± 0.00^{o}
35	AS1	—	16.08 ± 0.02^{q}
36	LZ11-1	3.25 ± 0.00^{i}	44.49 ± 0.01^{hi}
37	LZ13-2	1.27 ± 0.00^{op}	25.27 ± 0.03^{m}
38	LZ13-3	6.24 ± 0.13^{a}	69.56 ± 0.16^{f}
39	JZ6	5.17 ± 0.12^{cd}	51.64 ± 0.03^{cd}
40	JZ9	—	11.87 ± 0.02^{s}
41	LZ13-1	1.59 ± 0.03^{n}	30.67 ± 0.03^{jk}
42	LZ11-3	5.16 ± 0.06^{cd}	45.32 ± 0.06^{de}
43	LZ14	1.38 ± 0.00^{o}	24.63 ± 0.14^{n}
44	LZ12-1	1.64 ± 0.02^{n}	20.43 ± 0.01^{o}
45	CCTCC AB 2011059	2.37 ± 0.01^{kl}	30.63 ± 0.02^{jk}
46	ATCC 33315	2.16 ± 0.00^{l}	32.46 ± 0.01^{i}
47	CICC 24788	3.54 ± 0.00^{hi}	38.24 ± 0.03^{fg}
48	CICC 10286	2.66 ± 0.02^{j}	28.34 ± 0.00^{k}

注：数据为平均值±标准差；同一列中字母不同的数据表示差异显著（$P<0.05$）。

3）嗜盐四联球菌产γ-谷氨酰转肽酶活力测定

γ-谷氨酰转肽酶（γ-glutamyltranspeptidase，EC2.3.2.2）又称γ-谷氨酰转移酶，简称γ-GT/GGT，对发酵过程中呈鲜和增鲜方面有着重要作用。γ-GT在生物体的谷胱甘肽（GSH）代谢途径中是一个关键酶。豆酱的鲜味很大程度上取决于其谷氨酸（Glu）的浓度。发酵过程中，大豆蛋白被多种蛋白酶消化成肽，然后在发酵过程中肽被肽酶切割成氨基酸，释放出来的谷氨酰胺（Gln）会被 γ-GT 水解成Glu。如果γ-GT的量不足，则Gln会自发转化为无味或微酸的焦谷氨酸。同时γ-GT也是用来制备 γ-谷氨酰肽最常用的一种生物酶制剂。γ-谷氨酰肽是一类含有谷氨酸残基的小分子肽，添加到含有基本味觉物质的食品体系中时，能够与食品中的基本味觉物质相互协同增鲜，使得食物的咸鲜味明显增加，赋予其明显的厚味或者增强的厚味。γ-GT作为一种转肽酶，在催化γ-谷氨酰肽的合成过程中不需要消耗ATP，因而更具有实际的应用价值。

本课题组前期通过对豆酱的宏转录组学分析，注释到豆酱中的嗜盐四联球菌存在耐盐的γ-GT，通过测定不同嗜盐四联球菌菌株的γ-GT酶活，发现绝大部分菌株具有产γ-GT能力，验证了以上结果。4株标准菌中，CICC 24788产酶能力最高，达17.61±0.03个酶活力单位，CICC 10286产酶能力为8.91±0.03个酶活力单位，能力最低。44株试验嗜盐菌中，产酶能力超过ATCC 33315的有25株，其中8株菌产酶能力超过 ATCC 33315 的 2.00 倍，LY9-1 产酶能力最高，达 34.23±0.03 个酶活力单位，是试验对照组的 2.85 倍。此外，有 16 株菌产酶能力低于 10 个酶活力单位，其产 γ-GT 能力相对较低，其中菌株 LZ7 产酶活力为 5.41±0.01 个酶活力单位，产酶能力最低。嗜盐四联球菌产 γ-谷氨酰转肽酶能力试验结果见表 9.7。

表 9.7　嗜盐四联球菌产 γ-谷氨酰转肽酶能力试验结果

菌株序号	菌株编号	γ-GT 含量（mU/mL）	菌株序号	菌株编号	γ-GT 含量（mU/mL）
1	LZ5-1	21.7 ± 0.01^{ef}	25	LZ6-1	6.93 ± 0.03^{mn}
2	SY3	17.79 ± 0.13^{g}	26	SY1-1	10.66 ± 0.05^{kl}
3	SY2-2	7.23 ± 0.01^{mn}	27	LZ5-3	25.84 ± 0.15^{d}
4	BX1-1	11.5 ± 0.04^{k}	28	LY9-2	13.73 ± 0.06^{ij}
5	BX1-2	14.93 ± 0.11^{i}	29	LZ4-5	10.49 ± 0.08^{kl}
6	DL1-1	8.45 ± 0.06^{lm}	30	LZ6-2	8.45 ± 0.02^{lm}
7	SY2-3	6.76 ± 0.02^{mn}	31	LZ3-3	20.01 ± 0.01^{fg}
8	LZ1	6.95 ± 0.01^{mn}	32	SY1-3	10.96 ± 0.04^{k}
9	LZ4-1	8.64 ± 0.021^{m}	33	LZ13-4	17.41 ± 0.03^{g}
10	LZ4-3	19.5 ± 0.06^{fg}	34	SY1-2	8.7 ± 0.01^{lm}
11	LZ4-4	27.74 ± 0.03^{c}	35	AS1	9.39 ± 0.01^{l}
12	SY2-1	29.09 ± 0.14^{bc}	36	LZ11-1	32.37 ± 0.12^{ab}
13	LZ5-2	22.39 ± 0.04^{e}	37	LZ13-2	20.41 ± 0.02^{f}
14	LZ7	5.41 ± 0.01^{o}	38	LZ13-3	30.33 ± 0.09^{b}
15	LY9-1	34.23 ± 0.03^{a}	39	JZ6	20.81 ± 0.07^{f}
16	LY3	6.44 ± 0.02^{n}	40	JZ9	7.95 ± 0.02^{m}
17	LY5	13.7 ± 0.02^{ij}	41	LZ13-1	23.07 ± 0.01^{de}
18	LY8-1	24.07 ± 0.01^{d}	42	LZ11-3	25.99 ± 0.05^{d}
19	LY8-2	11.27 ± 0.02^{k}	43	LZ14	8.65 ± 0.031^{m}
20	LZ3-1	7.71 ± 0.00^{m}	44	LZ12-1	13.18 ± 0.03^{ij}
21	LZ3-2	11.32 ± 0.03^{k}	45	CCTCC AB 2011059	14.11 ± 0.04^{i}
22	DL1-2	14.32 ± 0.07^{i}	46	ATCC 33315	12.02 ± 0.01^{j}
23	SY4	7.54 ± 0.09^{m}	47	CICC 24788	17.61 ± 0.03^{g}
24	LZ4-2	16.67 ± 0.12^{h}	48	CICC 10286	8.91 ± 0.03^{lm}

注：数据为平均值±标准差；同一列中字母不同的数据表示差异显著（$P<0.05$）。

4）嗜盐四联球菌产多肽能力测定

近年来小分子可溶性肽类物质是风味研究的重点，其能够明显改善食品味感或者掩盖不良风味。研究发现，所有试验组菌株发酵液多肽含量均远高于空白对照组的（0.75±0.02） mg/mL，即可认定 48 株嗜盐四联球菌均有产肽能力，但不同菌株产肽能力差异较大。如表 9.8 所示，ATCC 33315 产肽达（3.73±0.01） mg/mL，44 株试验嗜盐四联球菌中，产肽能力超过 ATCC 33315 的有 24 株，其中 LY9-1 发酵液肽含量最高，达（17.55±0.13） mg/mL，是 ATCC 33315 的 4.71 倍。有 5 株菌产酶能力低于 1 mg/mL，产肽能力较弱，其中 DL1-2 发酵液肽含量最低，仅（0.81±0.03） mg/mL。

表 9.8　嗜盐四联球菌产多肽能力试验结果

菌株序号	菌株编号	肽含量（mg/mL）	菌株序号	菌株编号	肽含量（mg/mL）
1	LZ5-1	9.31 ± 0.06^{cd}	25	LZ6-1	2.15 ± 0.01^{op}
2	SY3	6.55 ± 0.03^{fg}	26	SY1-1	3.31 ± 0.01^{mn}
3	SY2-2	2.25 ± 0.02^{o}	27	LZ5-3	8.03 ± 0.00^{e}
4	BX1-1	3.57 ± 0.04^{mn}	28	LY9-2	4.78 ± 0.03^{i}
5	BX1-2	4.64 ± 0.02^{ij}	29	LZ4-5	3.83 ± 0.00^{l}
6	DL1-1	1.6 ± 0.05^{pq}	30	LZ6-2	1.87 ± 0.02^{p}
7	SY2-3	0.84 ± 0.01^{s}	31	LZ3-3	7.61 ± 0.01^{f}
8	LZ1	1.65 ± 0.01^{pq}	32	SY1-3	1.35 ± 0.02^{q}
9	LZ4-1	1.35 ± 0.00^{q}	33	LZ13-4	6.44 ± 0.02^{fg}
10	LZ4-3	6.06 ± 0.03^{gh}	34	SY1-2	3.73 ± 0.01^{lm}
11	LZ4-4	8.62 ± 0.02^{d}	35	AS1	3.43 ± 0.03^{mn}
12	SY2-1	12.12 ± 0.01^{b}	36	LZ11-1	12.11 ± 0.07^{b}
13	LZ5-2	6.96 ± 0.03^{fg}	37	LZ13-2	6.86 ± 0.02^{fg}
14	LZ7	0.96 ± 0.01^{t}	38	LZ13-3	9.99 ± 0.02^{c}
15	LY9-1	17.55 ± 0.13^{a}	39	JZ6	5.44 ± 0.03^{gh}
16	LY3	0.97 ± 0.03^{s}	40	JZ9	2.83 ± 0.01^{n}
17	LY5	4.26 ± 0.05^{j}	41	LZ13-1	6.14 ± 0.01^{gh}
18	LY8-1	7.48 ± 0.01^{f}	42	LZ11-3	9.31 ± 0.00^{cd}
19	LY8-2	1.95 ± 0.04^{p}	43	LZ14	1.15 ± 0.02^{r}
20	LZ3-1	1.37 ± 0.02^{q}	44	LZ12-1	3.48 ± 0.05^{mn}
21	LZ3-2	3.52 ± 0.03^{mn}	45	CCTCC AB 2011059	4.38 ± 0.02^{j}
22	DL1-2	0.81 ± 0.03^{s}	46	ATCC 33315	3.73 ± 0.01^{lm}
23	SY4	0.86 ± 0.05^{s}	47	CICC 24788	5.47 ± 0.12^{gh}
24	LZ4-2	5.18 ± 0.00^{h}	48	CICC 10286	2.77 ± 0.06^{n}

注：数据为平均值±标准差；同一列中字母不同的数据表示差异显著（$P<0.05$）。

5）因子分析

针对上述试验结果，发现不同嗜盐四联球菌菌株产风味指标有所差异，同时关联性不强，为综合评价不同嗜盐四联球菌菌株对风味的影响，利用因子分析对 48 株嗜盐四联球菌进行风味评价。

A. KMO（Kaiser-Meyer-Olkin）和巴特利特球形检验及呈味数据因子分析

为确定不同风味指标数据是否适宜进行因子分析，首先进行 KMO 和巴特利特球形检验分析。结果表明 KMO 值为 0.81，数值在 0.5～1 之间且接近于 1，表明变量间的相关性较大。巴特利特球形检验，Sig 值显示为 $0.000 < 0.005$，说明数据满足总体正态分布。因此，不同嗜盐四联球菌的风味指标数据可进行因子分析。

进一步应用 SPSS 软件对数据进行因子分析，发现第一个因子不旋转时因子贡献率为 84.57%，累计贡献率达到 84.57%，特征值为 3.383，大于 1，综合了菌株呈味指标的大部分信息，因此提取 1 个公因子即可。

B. 不同嗜盐四联球菌呈味能力综合评价

由因子载荷矩阵可以看出，4 个公因子载荷均较大，说明这 4 类风味指标具有较强相关性，也表示这 4 个风味指标对嗜盐四联球菌的呈味起到了主要作用。如表 9.9 所示，根据因子得分系数矩阵，发现多肽含量对嗜盐四联球菌呈味影响最大，根据各风味指标贡献率的大小分配其权重，γ-GT 活性、蛋白酶活性、淀粉酶活性和多肽含量权重值分别为 0.278、0.277、0.249 和 0.282，以此建立因子得分模型 $F=0.278\times X_1+0.277\times X_2+0.249\times X_3+0.282\times X_4$。

表 9.9　旋转后的载荷矩阵和因子得分系数矩阵

因子	成分	
	载荷	因子得分系数
γ-GT 活性（X_1）	0.941	0.278
蛋白酶活性（X_2）	0.938	0.277
淀粉酶活性（X_3）	0.842	0.249
多肽含量（X_4）	0.953	0.282

因为只有 1 个主成分，因此按各公因子对应的方差贡献率为权数计算的综合统计量，就是 F 值，最后根据所求 F 值对菌株呈味效果进行排序，如表 9.10 所示。得出结论：标准菌 ATCC 33315 在所有试验组中综合评分排名第 17，推测其呈味效果适中。在 44 株筛选自传统发酵豆酱的嗜盐四联球菌中，呈味效果最强的 2 个菌株是 LY9-1 和 SY2-1，最差的 2 个菌株是 LZ7 和 SY2-3。

表 9.10　因子综合得分表

菌株序号	菌株编号	因子综合评分（*F*）	排序	菌株序号	菌株编号	因子综合评分（*F*）	排序
15	LY9-1	2.78	1	21	LZ3-2	−0.17	25
12	SY2-1	2.06	2	33	LZ13-4	−0.2	26
40	JZ9	1.54	3	25	LZ6-1	−0.27	27
42	LZ11-3	1.46	4	23	SY4	−0.32	28
31	LZ3-3	1.34	5	30	LZ6-2	−0.34	29
45	CCTCC AB 2011059	1.24	6	6	DL1-1	−0.44	30
11	LZ4-4	1.14	7	19	LY8-2	−0.45	31
1	LZ5-1	1.06	8	48	CICC 10286	−0.49	32
35	AS1	0.98	9	3	SY2-2	−0.51	33
13	LZ5-2	0.93	10	36	LZ11-1	−0.52	34
2	SY3	0.84	11	39	JZ6	−0.69	35
22	DL1-2	0.81	12	38	LZ13-3	−0.75	36
5	BX1-2	0.7	13	29	LZ4-5	−0.77	37
43	LZ14	0.68	14	20	LZ3-1	−0.78	38
10	LZ4-3	0.66	15	44	LZ12-1	−0.81	39
18	LY8-1	0.49	16	47	CICC 24788	−0.92	40
46	ATCC 33315	0.49	17	9	LZ4-1	−0.95	41
41	LZ13-1	0.38	18	8	LZ1	−0.98	42
28	LY9-2	0.2	19	34	SY1-2	−1.02	43
37	LZ13-2	0.14	20	24	LZ4-2	−1.08	44
32	SY1-3	0.08	21	27	LZ5-3	−1.17	45
16	LY3	−0.02	22	26	SY1-1	−1.32	46
17	LY5	−0.04	23	7	SY2-3	−1.47	47
4	BX1-1	−0.07	24	14	LZ7	−1.54	48

C. 电子舌测定

由于样品基质呈味的复杂性，仍需对各菌株发酵液的整体滋味特征进行评价，进而验证其准确性。而电子舌技术可以客观准确地量化滋味味感，同时灵敏度高，重复性好，适用于大批量样品的初步筛选。通过电子舌评价大豆发酵液的 9 种滋味，即酸味、甜味、苦味、咸味、鲜味、涩味、苦回味、涩回味和厚味。结果表明：相较于空白对照组，菌株发酵液的鲜味、咸味、酸味、苦味和苦回味特征最为突出；不同发酵液样品甜味值、酸味值变化较大。

4 株标准菌株鲜味值均高于空白组，其中 CICC 24788 鲜味值最高，CCTCC AB 2011059 鲜味值最低，ATCC 33315 鲜味值为 10.86±0.00，鲜味整体适中，符合上述试验结果。试验嗜盐四联球菌发酵液中，有 32 份样品鲜味值高于空白对照组，其中 15 份样品高于标准菌对照组，分别为 LY9-1、SY2-1、LZ5-1、LZ11-1、LY8-1、LZ11-3、SY3、LZ5-3、LZ4-4、LZ13-3、LZ5-2、LY9-2、LZ3-3、JZ6 和 LZ13-2。这 15 株菌的发酵液样品鲜味和厚味显著，咸味适中，甜味明确，酸味、苦味和苦回味相对较低。其中 LY9-1、SY2-1 和 LZ5-1 鲜味值均超过 14.00，尤其是 LY9-1 发酵液鲜味值为 15.04±0.02，鲜味最明显。有 24 株菌鲜味值低于试验对照组，其中 12 份样品低于空白对照组，分别为 LZ7、SY1-2、LZ4-2、LZ3-2、LZ3-1、LY8-2、LY5、SY1-3、DL1-2、LZ6-2、SY4 和 SY2-3，其发酵样品鲜味较低，苦回味、咸味和酸味较高，厚味不明显，其中 LZ7、SY1-2、SY2-3 和 SY4 鲜味值低于 7.00，呈鲜效果较差。以上结果符合上述试验结果。

综合上述试验，结合主成分分析与电子舌分析的验证，对 44 株试验嗜盐四联球菌和 4 株标准菌进行了风味的筛选，得到了呈味效果最好的 *T. halophilus* LY9-1，其产蛋白酶、淀粉酶、产 γ-GT 和产多肽能力均较强，同时发酵产鲜作用最为突出。同时，通过主成分分析发现，产多肽能力与其风味相关性最大，因此推论 *T. halophilus* LY9-1 拥有发酵产鲜味肽的能力，进而促进发酵液鲜味的形成。

2. 嗜盐四联球菌 *T. halophilus* LY9-1 产鲜味肽的分离纯化

1）鲜味肽的乙醇分级提取

设置不同浓度乙醇，对各菌株发酵液进行分级提取，发现 80%乙醇对不同菌株多肽提取率最高，呈鲜效果最佳，不同乙醇分级组分呈味分布则呈现较大差异。分析氨基酸结果发现，80%乙醇提取组分下的不同菌株氨基酸含量差异显著，且 80%乙醇提取组分的肽基氨基酸含量最高。如图 9.3 所示，嗜盐四联球菌 LY9-1、SY2-1 和 ATCC 33315 的肽基氨基酸中，鲜味氨基酸含量及占比均较大，分别达到了 53%、40%和 28%，表明有大量的鲜味氨基酸以多肽的形式存在于这三个菌株 80%乙醇提取组分中，故选取这三个组分进行下一步的分离纯化。

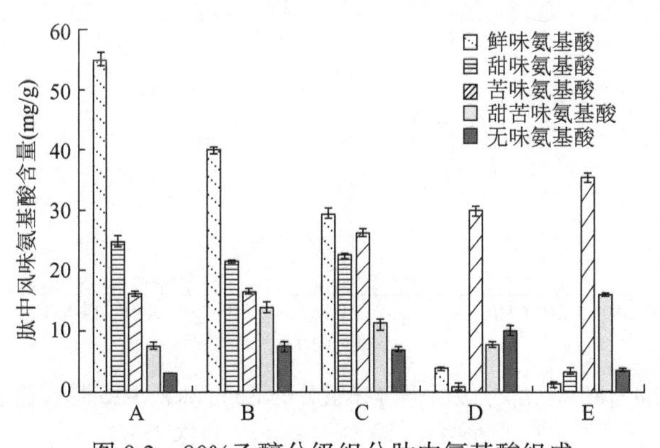

图 9.3　80%乙醇分级组分肽中氨基酸组成

（A）LY9-1；（B）SY2-1；（C）ATCC 33315；（D）SY2-3；（E）LZ7

2）Sephadex G-15 凝胶过滤层析

采用 Sephadex G-15 凝胶过滤层析分离各菌株粗肽组分，分别得到 G-A-1 和 G-A-2（LY9-1）、G-B-1 和 G-B-2（SY2-1），以及 G-C-1、G-C-2 和 G-C-3（ATCC 33315）（图 9.4）。各菌株 G2 组分的呈鲜效果最为明显（图 9.5）。分析氨基酸

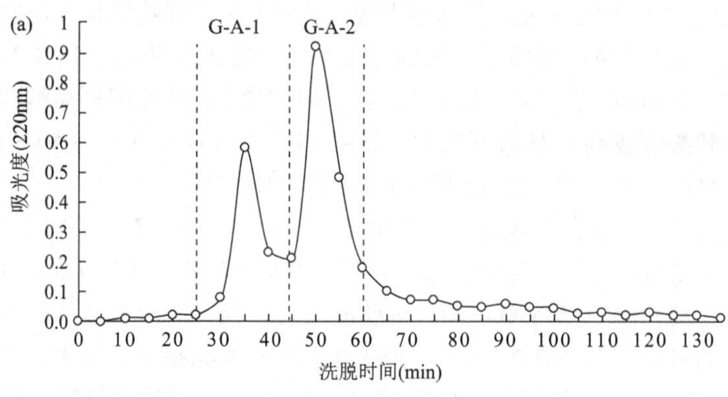

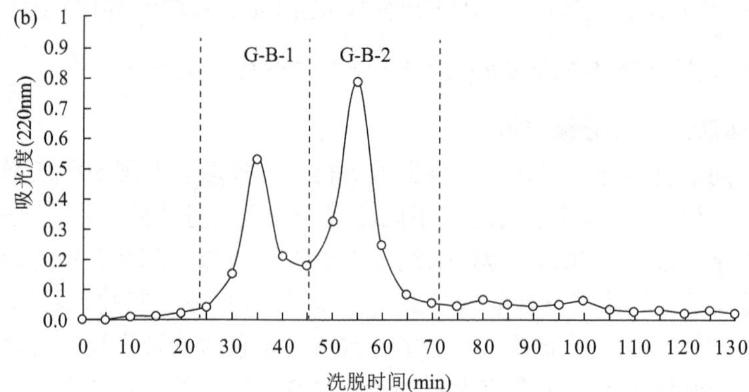

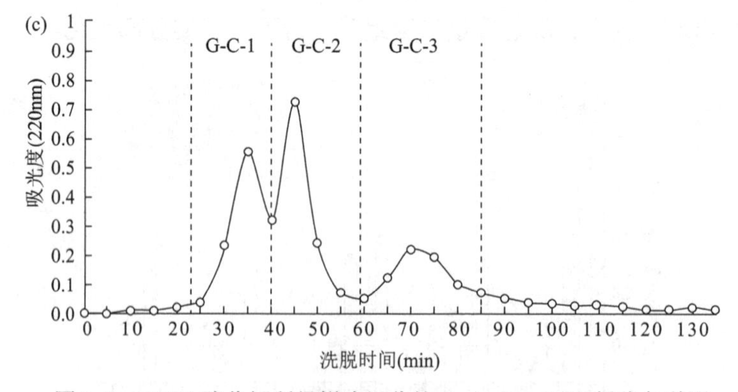

图 9.4 80%乙醇分级所得鲜味组分的 Sephadex G-15 凝胶色谱图

（a）LY9-1；（b）SY2-1；（c）ATCC 33315

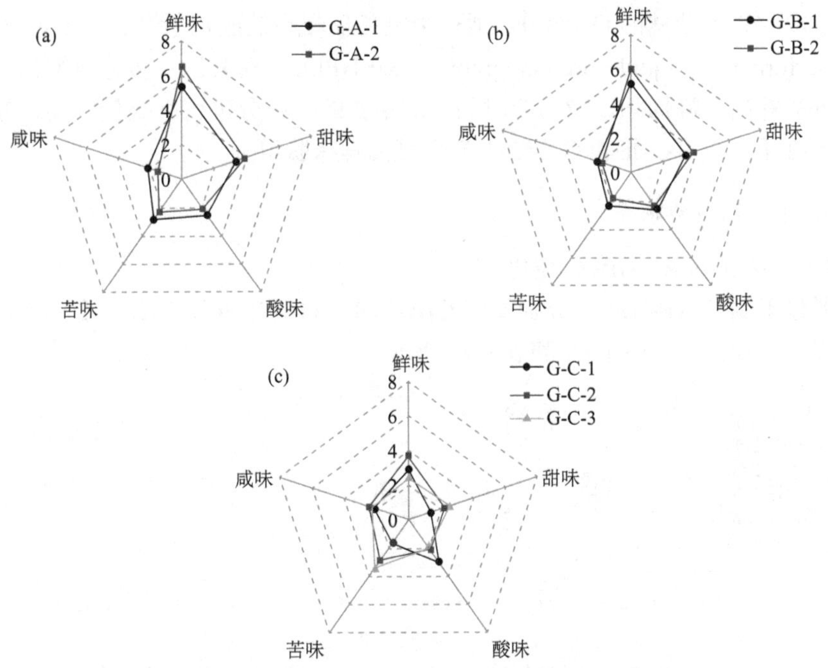

图 9.5　凝胶柱层析后不同组分的感官评价雷达图

（a）LY9-1；（b）SY2-1；（c）ATCC 33315

结果发现，各菌株 G2 组分肽基氨基酸含量均高于其他组分，同时，各 G2 组分中鲜味氨基酸含量及占比仍较大，分别占肽基全部氨基酸的 50%、47%和 27%（图 9.6）。

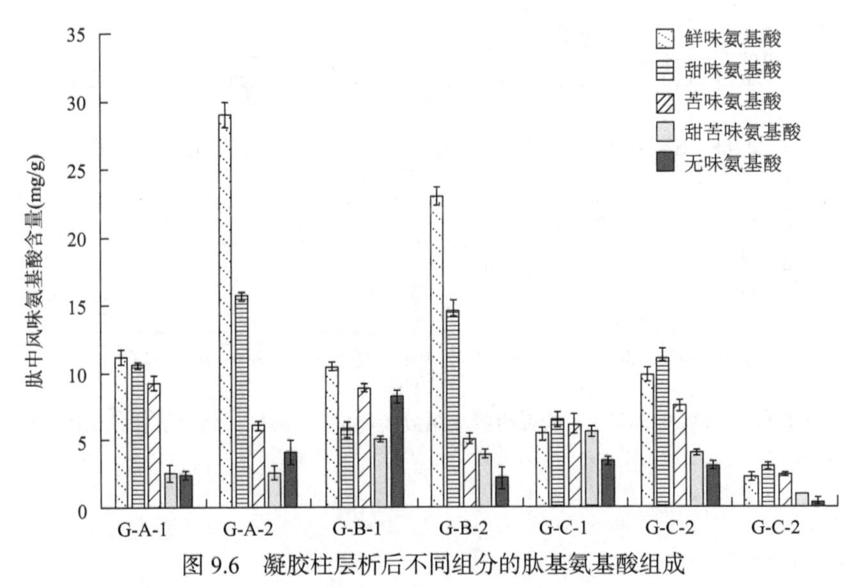

图 9.6　凝胶柱层析后不同组分的肽基氨基酸组成

因此选取收集各菌株的 G2 组分，通过半制备反相高效液相色潽法（reverse phase high performance liquid chromatography，RP-HPLC）对其进一步分离纯化，根据峰组分的峰高、峰面积以及出峰时间，对主要的峰组分进行大批量收集，分别得到 G-A-2-Ⅱ、G-B-2-Ⅲ和 G-C-2-Ⅰ三个目标鲜味肽组分。

3. 鲜味肽的结构鉴定

1）鲜味肽的 RP-HPLC 纯化

通过半制备 RP-HPLC 分别得到 G-A-2-Ⅱ、G-B-2-Ⅲ和 G-C-2-Ⅰ三个目标鲜味肽组分，如图 9.7～图 9.9 和表 9.11 所示。

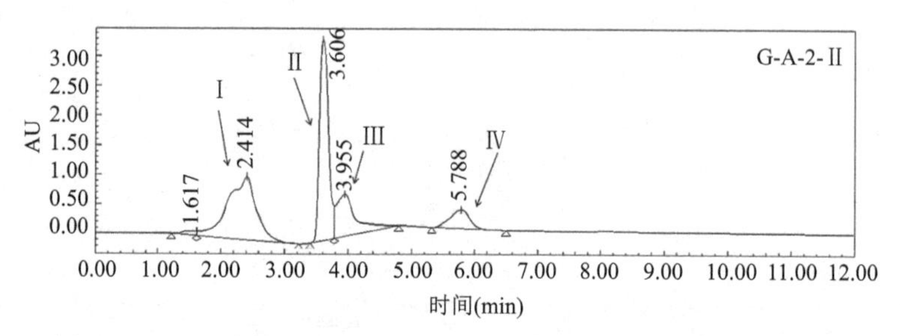

图 9.7　LY9-1 凝胶层析鲜味组分（G-A-2）的反相高效液相色谱图

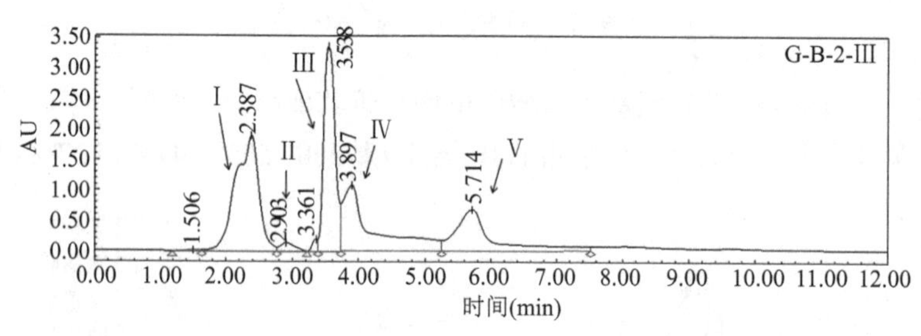

图 9.8　SY2-1 凝胶层析鲜味组分（G-B-2）的反相高效液相色谱图

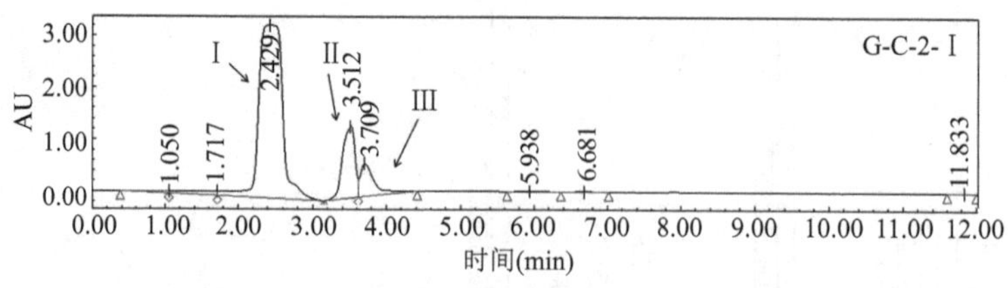

图 9.9　ATCC 33315 凝胶层析鲜味组分（G-C-2）的反相高效液相色谱图

表 9.11　RP-HPLC 各组分鲜味肽的氨基酸序列

组分	氨基酸序列	长度	分子量	*T. halophilus* 对应蛋白质	*T. halophilus* 对应基因	峰强度
G-A-2-Ⅱ	DFE	3	409.14851	A0A3G5FJU2	*C7H83_09190*	4169500
	LAGE	4	388.1958	A0A6I5YLN3	*cas3*	10020000
	QLQ	3	387.21178	A0A6I5YLN3	*cas3*	23073000
G-B-2-Ⅲ	LAGE	4	388.1958	A0A6I5YLN3	*cas3*	4804800
	QLQ	3	387.21178	A0A6I5YLN3	*cas3*	18831000
G-C-2-Ⅰ	DKNKVFK	7	877.50215	A0A6I5YC45	*csm6*	27794000

2）鲜味肽的 UPLC-ESI-MS/MS 结构鉴定

利用超高效液相色谱-电喷雾电离-串联质谱（UPLC-ESI-MS/MS）技术，结合嗜盐四联球菌数据库对上述组分进行结构鉴定，并鉴定出 3 个新型鲜味肽，分别为 DFE、LAGE 和 QLQ。其中 LY9-1 可以生产出以上 3 种肽，SY2-1 仅可以生产出 LAGE 和 QLQ，而 ATCC 33315 等未产出鲜味肽。同时研究表明 DFE 可能由 *T. halophilus* 的一种 CDP-甘油磷酸转移酶（EC:2.7.8.45）调控生成，LAGE 和 QLQ 是由 CRISPR 相关解旋酶 Cas3（EC:3.1.-.- 3.6.4.-）调控生成。

BIOPEP 数据库是一种开放式资源库，里面更新并记录着大量报道过的呈味肽，它支持分析并预测多肽分子结构与其感官特性之间的联系，并能够建立多肽的潜在感官档案。通过 BIOPEP 数据库对 DFE、LAGE 和 QLQ 3 个鲜味肽进行检测，未搜索到相关信息，对近年来文献进行检索也未见相关报道，表明这 3 种肽为新型鲜味肽。为进一步验证这些肽的呈鲜效果，还需要定向合成目标肽，并进行呈味特性的验证试验。

9.3.2　嗜盐四联球菌产糖机制研究

对于极端环境下的乳酸菌会形成各种各样的特殊适应机制，来抵御高温、高盐、高辐射等不利环境，LAB-EPS 合成系统是最常见的保护机制，通常被认为是菌体天然的保护屏障。乳酸菌菌种合成 EPS 具有不同基因调控机制，一些乳酸菌的 EPS 编码基因位于染色体上，而部分乳酸菌的 EPS 合成基因则位于质粒上。

嗜盐四联球菌作为耐盐菌株，次级代谢产物胞外多糖是其在高盐高渗透环境下的保护机制。魏丽丽对 LZ4 发酵液进行除杂、醇沉、透析过滤和层析得到两种单一多糖组分 EPS 1 和 EPS 2；紫外全波长扫描和化学组成成分结果表明，两纯组分多糖均不含核酸和蛋白质，同时，化学组成成分还表明两种多糖均含微量的硫酸基，EPS 2（2.23%）相对 EPS 1（0.35%）含有更多的糖醛酸。再用凝胶色谱法测定 EPS 1 和 EPS 2 分子质量分别为 14976 Da 和 21031 Da，高效液相色谱分析、核磁共振分析和甲基化分析结果表明，EPS 1 的骨架是 1, 4-连接的 Xyl 和 1, 6-连接的 Gal 残基，分支为 1, 4, 6-和 1, 6-连接的 Gal，端基为木糖；EPS 2 的骨架是 1, 4-连接的 Xyl 残基，1, 6-连接的 Gal 残基，分支为 1, 4, 6-连接的 Gal 残基，端基为葡萄糖醛酸。红外光谱和核磁共振分析表明 EPS 1 和 EPS 2 不仅具有多糖的特征吸收峰，且存在糖醛酸，同时具有 α 构型和 β 构型糖苷键。扫描电镜的观察结果表明 EPS 1 多糖表面呈现出薄板样形态，表面十分光滑。EPS 2 多糖显示出多孔棒状且有分支的复杂结构；刚果红结果表明，EPS 1 和 EPS 2 不含三股螺旋结构，且呈现无规则卷曲构象。

9.4 植物乳杆菌特性研究

9.4.1 植物乳杆菌简介

植物乳杆菌（*Lactobacillus plantarum*）是一类革兰氏阳性、兼性异型发酵乳酸菌，厌氧或兼性厌氧，是国家卫生健康委员会颁布的可用于食品的益生菌之一。植物乳杆菌在自然界中广泛存在，尤其是分布在各类发酵食品中，如蔬菜、肉、乳制品及葡萄酒等，也存在于人体胃肠道中，是人体胃肠道内的益生菌群，对人体健康具有很大的促进作用。目前大量研究表明，植物乳杆菌具有调节免疫功能、拮抗致病菌感染、调节肠道功能、调节神经功能等多种功效，同时植物乳杆菌益生功能的临床研究也在逐渐展开。基于植物乳杆菌良好的特性及益生功能，植物乳杆菌在食品、动物饲料、工业生产、医疗保健等领域被广泛应用，国内外学者对其研究也越来越深入。

9.4.2 植物乳杆菌降低胆固醇的研究

胆固醇对哺乳动物具有重要生理功能，但过高的胆固醇水平会诱导产生高脂血症、动脉粥样硬化、冠心病，甚至糖尿病。以健康人群胆固醇水平为基准，血清胆固醇水平每下降 1%，患心血管类疾病的风险便降低 2%～3%。世界卫生组织预计到 2030 年，每年大约有 2300 万人会死于心血管疾病。但是因常用药物的高价格和副作用，乳酸杆菌成为对付代谢综合征的一种选择。本课题组以从东北自然发酵豆酱中筛选出的在体外有高效降胆固醇作用的植物乳杆菌 *Lactobacillus plantarum* WW 为研究对象，通过动物试验验证该菌株及其发酵制品在体内的降胆固醇效果，将其应用到发酵乳和发酵豆乳中，研究发现：*Lactobacillus plantarum* WW 能够抑制高脂饮食引起的体重增加，降低脂肪在肝脏、腹部、肾周和附睾部位的堆积，能够显著降低肝脏和血清血脂水平以及谷丙转氨酶（ALT）和谷草转氨酶（AST）水平，增加 HDL-C 含量，并且能够显著降低血清中丙二醛（MDA）和总胆汁酸（TBA）水平，增加粪便中 TC、TG 和 TBA 含量，具体结果如下。

由表 9.12 可知，相对于正常对照组，高脂模型组和脱脂乳对照组粪便中 TC、TG 含量明显升高（$P<0.01$），这说明高脂饮食中含量过高的胆固醇不能在体内被消化和吸收，与粪便一起排出了体外。菌液干预试验组粪便中 TC 含量相对高脂模型组和脱脂乳对照组有所升高，但差异不明显（$P>0.05$）。TG 含量明显升高（$P<0.05$），分别高出高脂模型组和脱脂乳对照组 21.54%和 14.49%，说明植物乳杆菌 *L. plantarum* WW 能够促进大鼠体内胆固醇随粪便的排出。TBA 与胆固醇的吸收、代谢和调节有着密切的关系，促进胆汁酸在肠道的排泄是降低体内胆固醇的主要途径。从表 9.12 中可以看出高脂饮食大鼠粪便中 TBA 含量明显高于普通饮食大鼠（$P<0.01$），灌胃植物乳杆菌 *L. plantarum* WW 后粪便中 TBA 含量明显升高（$P<0.05$），与高脂模型组相比升高了 27.00%，与脱脂乳对照组相比升高了 24.02%，说明植物乳杆菌 *L. plantarum* WW 能有效促进大鼠体内 TBA 的排泄，从而降低血清中胆固醇的含量，减少心血管疾病的发生。

表 9.12　*L. plantarum* WW 对大鼠粪便 TC、TG 和 TBA 的影响（$x\pm$SD，n=8）

组别	TC（mmol/g）	TG（mmol/g）	TBA（μmol/g）
正常对照组	0.28 ± 0.05^{Bb}	0.24 ± 0.03^{Bc}	22.96 ± 3.44^{Bc}
高脂模型组	0.47 ± 0.11^{ABa}	0.65 ± 0.07^{Ab}	43.97 ± 6.44^{Ab}
脱脂乳对照组	0.46 ± 0.04^{ABa}	0.69 ± 0.09^{Aab}	45.03 ± 3.44^{Ab}
菌液干预试验组	0.55 ± 0.04^{Aa}	0.79 ± 0.07^{Aa}	55.84 ± 3.63^{Aa}

注：同列大写字母不相同表示组间的差异极显著（$P<0.01$），同列小写字母不相同表示差异显著（$P<0.05$），小写字母相同表示差异不显著。

在上述研究基础上，将植物乳杆菌 WW 接种到豆乳中，并进行动物试验。在四组大鼠 12 周的饲养过程中，每组大鼠体征正常，没有死亡现象。由表 9.13 可知，四组大鼠初始体重没有差异，在 12 周饲养结束后，相对于正常对照组，高脂模型组的最终体重、体重增加量和总摄食量均显著增加（$P<0.01$），这说明高脂饮食能够引起大鼠体重和摄食量的增加，初步确定高脂模型构建成功；相对于高脂模型组和豆乳对照组，发酵豆乳试验组大鼠的最终体重和体重增加量均有所降低但差异不明显（$P>0.05$），总摄食量明显减少（$P<0.01$），说明经植物乳杆菌 *L. plantarum* WW 发酵后的豆乳能够减少大鼠摄食量，抑制体重的增加。

表 9.13　各组大鼠的体重增加量、总摄食量（$\bar{x}$±SD，n=8）

组别	初始体重（g）	最终体重（g）	体重增加量（g）	总摄食量（g）
正常对照组	126.38 ± 5.85^{Aa}	387.00 ± 12.83^{Bb}	260.63 ± 13.72^{Bb}	18444 ± 31.53^{Cc}
高脂模型组	127.50 ± 5.68^{Aa}	447.13 ± 41.83^{Aa}	319.63 ± 41.50^{Aa}	21689 ± 50.78^{Aa}
豆乳对照组	127.50 ± 5.40^{Aa}	445.63 ± 40.84^{Aa}	318.13 ± 37.89^{Aa}	22153 ± 66.93^{Aa}
发酵豆乳试验组	128.25 ± 7.01^{Aa}	437.50 ± 36.56^{Aa}	309.25 ± 36.96^{Aa}	19985 ± 51.52^{Bb}

从表 9.14 中脏器指数可以看出，四组大鼠的心脏、肾脏和脾脏指数差异不明显（P>0.05），这说明 *L. plantarum* WW 发酵豆乳对大鼠的心脏、肾脏和脾脏无毒副作用。从肝脏指数情况来看，高脂模型组和豆乳对照组肝脏指数明显高于正常对照组和发酵豆乳试验组（P<0.05），这说明 *L. plantarum* WW 发酵后豆乳能够有效减少脂肪在肝脏的堆积。从脂肪系数来看，相对于正常对照组，高脂模型组和豆乳对照组大鼠的腹部、肾周和附睾脂肪系数明显升高（P<0.01），而灌胃 *L. plantarum* WW 发酵豆乳后，三个脂肪系数均明显降低（P<0.01），说明 *L. plantarum* WW 发酵豆乳能够有效减少高脂大鼠体内的脂肪。

表 9.14　各组大鼠的脏器指数、脂肪系数（$\bar{x}$±SD，n=8）

组别	肝脏指数（%）	心脏指数（%）	肾脏指数（%）	脾脏指数（%）	腹部脂肪系数（%）	肾周脂肪系数（%）	附睾脂肪系数（%）
正常对照组	3.01 ± 0.36^{ABb}	0.36 ± 0.04^{Aa}	0.92 ± 0.10^{Aa}	0.25 ± 0.03^{Aa}	0.32 ± 0.08^{Bb}	0.42 ± 0.06^{Bc}	0.49 ± 0.09^{Bb}
高脂模型组	3.48 ± 0.24^{Aa}	0.36 ± 0.04^{Aa}	0.90 ± 0.08^{Aa}	0.24 ± 0.02^{Aa}	0.75 ± 0.16^{Aa}	0.68 ± 0.15^{Aa}	0.80 ± 0.11^{Aa}
豆乳对照组	3.31 ± 0.48^{ABa}	0.34 ± 0.06^{Aa}	0.91 ± 0.12^{Aa}	0.24 ± 0.06^{Aa}	0.71 ± 0.21^{Aa}	0.64 ± 0.08^{Aa}	0.83 ± 0.12^{Aa}
发酵豆乳试验组	2.89 ± 0.33^{Bb}	0.34 ± 0.06^{Aa}	0.92 ± 0.15^{Aa}	0.22 ± 0.04^{Aa}	0.59 ± 0.10^{Aa}	0.52 ± 0.08^{Bb}	0.56 ± 0.13^{Bb}

从表 9.15 中可以看出，与高脂模型组和豆乳对照组相比，发酵豆乳试验组血清中 TC（P<0.01）、TG（P<0.05）和 LDL-C（P<0.05）的含量明显降低，相对于高脂模型组分别降低了 31.04%、20.97%和 18.84%，相对于豆乳对照组分别降低了 30.05%、18.53%和 18.84%；发酵豆乳试验组血清中 HDL-C 的含量明显高于高脂模型组 45.45%（P<0.05）。结果表明 *L. plantarum* WW 发酵豆乳能够有效降低高脂饮食引起的血脂水平的升高，同时增加血清中 HDL-C 含量来帮助降低患动脉粥样硬化等心血管疾病的风险。

表 9.15 发酵豆乳对大鼠血清血脂水平的影响（x±SD，n=8）

组别	TC（mmol/L）	TG（mmol/L）	LDL-C（mmol/L）	HDL-C（mmol/L）
正常对照组	2.40±0.48^{Cc}	1.06±0.21^{Cc}	0.32±0.09^{Cc}	0.84±0.22^{Aa}
高脂模型组	5.67±0.71^{Aa}	2.67±0.46^{Aa}	0.69±0.14^{Aa}	0.33±0.09^{Cc}
豆乳对照组	5.50±0.67^{Aa}	2.63±0.42^{Aa}	0.67±0.17^{Aa}	0.42±0.12^{BCbc}
发酵豆乳试验组	3.83±0.54^{Bb}	2.07±0.29^{Bb}	0.53±0.04^{Bb}	0.53±0.10^{Bb}

此外，显著性差异分析表明：与正常对照组相比，高脂模型组和豆乳对照组血清中 MDA 的含量明显升高（P<0.01），灌胃 *L. plantarum* WW 发酵豆乳后血清中 MDA 含量明显降低（P<0.01），相对于高脂模型组和豆乳对照组分别降低了 21.43%和 22.27%，但明显高于正常水平（P<0.01）。这说明 *L. plantarum* WW 发酵豆乳可以通过降低 MDA 含量来缓解脂质过氧化程度。

由表 9.16 可知，与正常对照组相比，高脂模型组和豆乳对照组大鼠肝脏血脂水平明显升高（P<0.01），而在灌胃 *L. plantarum* WW 发酵豆乳后，肝脏血脂水平明显降低（P<0.05），相对于高脂模型组 TC、TG、LDL-C 分别降低了 24.73%、22.83%和 18.18%，相对于豆乳对照组分别降低了 18.93%、26.80%和 19.64%。从 HDL-C 水平来看，与正常对照组相比，其余三组大鼠肝脏中 HDL-C 含量均明显降低（P<0.01），而发酵豆乳试验组大鼠肝脏 HDL-C 含量高于高脂模型组和豆乳对照组，但差异不明显（P>0.05）。以上结果表明 *L. plantarum* WW 发酵豆乳能有效抑制高脂饮食大鼠肝脂质增加，进而对肝脏起保护作用。

表 9.16 发酵豆乳对大鼠肝脏血脂水平的影响（x±SD，n=8）

组别	TC（mmol/g prot）	TG（mmol/g prot）	LDL-C（mmol/g prot）	HDL-C（mmol/g prot）
正常对照组	1.11±0.23^{Bb}	0.32±0.04^{Cc}	0.24±0.05^{Cc}	0.34±0.10^{Aa}
高脂模型组	1.82±0.09^{Aa}	0.92±0.18^{Aa}	0.55±0.12^{Aa}	0.18±0.05^{Bb}
豆乳对照组	1.63±0.20^{Aa}	0.95±0.17^{Aa}	0.58±0.09^{Aa}	0.20±0.07^{Bb}
发酵豆乳试验组	1.28±0.526^{Bb}	0.69±0.13^{Bb}	0.40±0.07^{Bb}	0.25±0.13^{ABb}

以上研究说明植物乳杆菌 *L. plantarum* WW 能够有效改善高脂饮食引起的大鼠血清血脂水平升高，促进体内胆固醇随粪便的排出，缓解肝损伤：植物乳杆菌 *L. plantarum* WW 发酵脱脂乳和发酵豆乳均能够抑制高脂饮食大鼠体重增加，并

降低脂肪在肝脏、腹部、肾周和附睾部位的堆积，能够有效改善血清和肝脏的血脂水平，减少血清和肝脏中 ALT 和 AST 含量，显著降低血清中 MDA 和 TBA 含量，增加粪便中 TC、TG 和 TBA 水平，并且粪便中乳酸菌属和拟杆菌属数量增加，链球菌属数量减少。结果表明植物乳杆菌 *L. plantarum* WW 发酵制品同样能够有效改善高脂血症大鼠的血脂水平，促进体内胆固醇随粪便的排出，缓解肝损伤，并且可以调节肠道菌群。

9.4.3 耐渗透压乳酸杆菌

由于发酵环境通常具有环境胁迫，所以乳酸菌具有良好的耐受性，乳酸菌的细胞膜、细胞壁都对其耐渗透压性起到重要作用。细胞膜是细菌应对各种不利环境的第一道屏障，在酸碱调控时起重要作用，环境胁迫通常会引起细胞膜脂肪酸组成变化。细胞壁在酸胁迫反应中也起到一定的保护作用。近些年，随着组学技术的发展，针对乳酸菌基因、蛋白质、代谢的耐渗透压能力研究也越来越多，研究表明耐酸相关基因 *ff* 和 GTP 链球菌结合蛋白（*Streptococcus* GTP-binding protein）与维持细胞膜的稳定性和活性也有一定关系。除上述机制外，细胞密度和糖代谢等可能也与乳酸菌酸胁迫相关。细胞密度可影响革兰氏阳性菌对酸的耐受性，尽管这与细胞处于游离状态还是附着于某物形成生物膜有关。糖代谢是细菌产生能量的主要途径，而在外界不利环境下能量的代谢必然加快，所以糖代谢途径中的某些酶类在酸胁迫下也会发生变化。如果细菌在高于极端 pH 的温和酸性环境中培养一定时间后，再暴露于极端酸性环境中，其存活率高于未经此培养的细菌，这种反应称为酸适应性反应机制。除了进行 pH 的自我平衡，酸诱导的酸适应性反应也是乳酸菌耐酸性提高的原因之一。

1. 耐渗透压乳酸菌筛选与利用

各种微生物对高渗透压的适应能力也各有不同。只有充分了解乳酸菌对周围条件的所需关系，才可以创造对乳酸菌生长繁殖有利的条件，从而提升其益生功效，提高产品质量。孟祥利（2014）对 4 株乳酸菌进行耐糖、耐盐和耐乙醇高渗透压驯化，然后选择耐高渗透压和理化特性较好的菌株在市售的高糖发酵产品中进行应用试验，最后选出性能最好的一株，经鉴定为植物乳杆菌。徐鑫等（2014）在大酱中分离了 62 株具有耐盐性的菌株，初步鉴定出 26 株为乳酸菌（表 9.17），从中筛选 5 株耐盐性最好的乳酸菌并进行了同源性分析，结果显示 5 株菌中，DL3-1、DL4-5、FS5-5 为植物乳杆菌，SY4-2、FS1-11 为屎肠球菌，与其他菌株相比，这 5 株菌具有较好的耐盐特性（表 9.18）。

表 9.17　从农家大酱中分离得到的菌株初步鉴定结果

菌株名称	革兰氏染色	过氧化氢酶	初步鉴定结果	菌株名称	革兰氏染色	过氧化氢酶	初步鉴定结果
SY1-1	+	—	乳酸菌	FS1-2	+	+	非乳酸菌
SY1-5	+	+	非乳酸菌	FS1-8	+	—	乳酸菌
SY2-2	+	—	乳酸菌	FS1-11	+	—	乳酸菌
SY2-4	+	—	乳酸菌	FS2-1	+	+	非乳酸菌
SY3-5	+	—	乳酸菌	FS2-3	+	—	乳酸菌
SY4-1	+	+	非乳酸菌	FS2-10	+	—	乳酸菌
SY4-2	+	—	乳酸菌	FS3-3	+	+	非乳酸菌
SY4-4	+	—	乳酸菌	FS3-5	+	—	乳酸菌
DL1-1	+	+	非乳酸菌	FS3-12	+	—	乳酸菌
DL1-6	+	—	乳酸菌	FS5-5	+	—	乳酸菌
DL1-7	+	+	非乳酸菌	BX1-2	+	—	乳酸菌
DL2-2	+	—	乳酸菌	BX1-8	+	—	乳酸菌
DL3-1	+	—	乳酸菌	BX2-9	+	+	非乳酸菌
DL3-3	+	—	乳酸菌	BX2-11	+	—	乳酸菌
DL3-6	+	—	乳酸菌	BX3-10	+	—	乳酸菌
DL4-2	+	+	非乳酸菌	BX4-3	+	—	乳酸菌
DL4-5	+	—	乳酸菌	BX4-9	+	+	非乳酸菌
DL4-6	+	—	乳酸菌	BX4-12	+	—	乳酸菌

注：“+”为阳性反应；“—”为阴性反应。

表 9.18　乳酸菌株在不同 NaCl 浓度下生长情况

菌株名称	NaCl 浓度							
	4%	6%	8%	10%	12%	14%	16%	20%
SY1-1	1.945	1.087	0.499	0.109	0.047	0.051	0.043	0.049
SY2-2	1.658	0.600	0.112	0.043	0.041	0.042	0.039	0.051
SY2-4	1.325	1.153	0.103	0.052	0.055	0.048	0.051	0.041
SY3-5	1.414	1.021	0.251	0.050	0.049	0.051	0.045	0.050
SY4-2	1.856	1.252	0.743	0.195	0.110	0.063	0.042	0.039
SY4-4	1.872	1.013	0.106	0.071	0.047	0.046	0.036	0.041
DL1-6	1.521	0.689	0.105	0.030	0.042	0.039	0.052	0.038
DL2-2	1.121	0.543	0.063	0.041	0.046	0.056	0.045	0.051
DL3-1	1.981	1.465	0.476	0.276	0.103	0.033	0.038	0.044

续表

菌株名称	NaCl 浓度							
	4%	6%	8%	10%	12%	14%	16%	20%
DL3-3	1.692	1.123	0.196	0.071	0.041	0.045	0.031	0.034
DL3-6	1.257	0.721	0.343	0.110	0.065	0.051	0.045	0.054
DL4-5	1.784	1.103	0.365	0.203	0.097	0.030	0.039	0.046
DL4-6	1.636	0.985	0.106	0.058	0.046	0.037	0.047	0.038
FS1-8	1.432	0.821	0.101	0.045	0.023	0.048	0.052	0.037
FS1-11	1.981	1.584	0.369	0.212	0.101	0.037	0.041	0.034
FS2-3	1.660	0.312	0.245	0.131	0.061	0.042	0.058	0.042
FS2-10	1.732	0.583	0.149	0.045	0.045	0.056	0.049	0.033
FS5-5	2.176	1.665	0.725	0.387	0.137	0.038	0.046	0.052
FS3-5	2.010	0.545	0.076	0.052	0.061	0.047	0.054	0.058
FS3-12	1.462	0.634	0.143	0.054	0.045	0.046	0.037	0.057
BX1-2	0.921	0.325	0.068	0.051	0.049	0.043	0.057	0.046
BX1-8	1.313	0.543	0.103	0.043	0.049	0.042	0.052	0.037
BX2-11	1.962	0.848	0.201	0.052	0.043	0.044	0.036	0.038
BX3-10	1.832	0.365	0.094	0.045	0.052	0.030	0.037	0.042
BX4-3	1.675	1.150	0.201	0.033	0.060	0.049	0.036	0.051
BX4-12	1.467	0.763	0.096	0.042	0.047	0.044	0.047	0.049

2. 利用组学技术探究乳酸菌耐受性机制

随着后基因组时代的来临，利用组学技术对乳酸菌耐渗透压的研究日益广泛且高效，在基因或蛋白质组的方向上深入探究渗透压胁迫下的乳酸菌耐受分子机制，为乳酸菌菌种选育与改造奠定了基础。乌日娜利用组学技术对多种乳酸菌的不同胁迫环境进行了多次研究，探索乳酸菌的蛋白质基因表达与耐受性的关系。以耐盐植物乳杆菌 FS5-5 为研究对象，采用十二烷基硫酸钠-聚丙烯酰胺凝胶电泳（SDS-PAGE）技术构建了菌株在不同 NaCl 质量浓度的培养基中生长至对数期中期的全蛋白表达图谱（图 9.10），选取了 6 个差异蛋白质条带，并采用液相色谱-质谱/质谱联用对差异蛋白质条带进行质谱分析（表 9.19～表 9.22）。结果表明，可能是这些蛋白的表达发生变化，才导致菌体中蛋白质合成、能量代谢、DNA 复制能够正常进行，最终使植物乳杆菌 FS5-5 能够更好地在盐环境下生存下去。除此以外，通过实时荧光定量聚合酶链式反应技术，在转录水平上对 FS5-5 分子伴侣蛋白的相应基因在盐胁迫下的表达进行研究，结果表明：在菌体对数生长期，分子伴侣蛋白调控系统中，基因均受培养基中 NaCl 的诱导而表达上调，并且 NaCl 的质量浓度越高，基因受诱导表达上调越显著。Wu 采用 SDS-PAGE 对酸菜中分离的一株乳酸菌进行盐胁迫蛋白质水平检测，发现了一株小的热休克蛋白，其是一类应激蛋白质，可用于修复受损蛋白质。

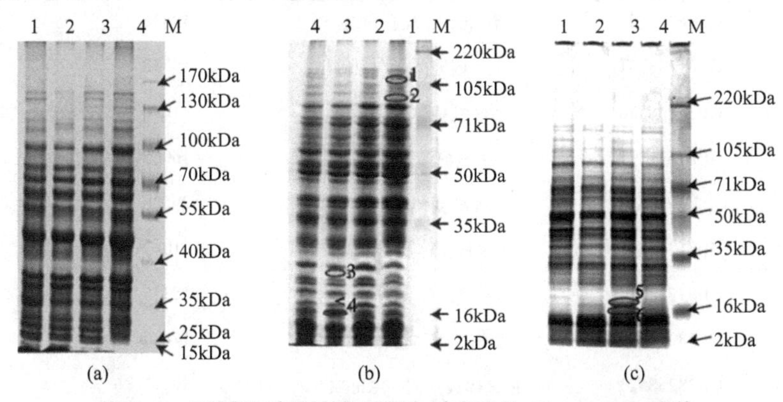

图 9.10　不同盐质量浓度下蛋白质表达的 SDS-PAGE 图谱

（a） Bio-Rad Mini 聚丙烯酰胺凝胶；（b） Bio-Rad 18.5 cm×20 cm 聚丙烯酰胺凝胶；（c）Bio-Rad 预制 4%～20%梯度聚丙烯酰胺凝胶。M. Marker；泳道 1～4 分别代表 NaCl 质量浓度为 0 g/100 mL、3 g/100 mL、6 g/100 mL、9 g/100 mL 的 MRS 培养基中生长至对数期中期的菌体全蛋白；1～6 分别代表 6 个差异蛋白质条带

表 9.19　与蛋白质合成相关的蛋白质

蛋白质编号	登录号	蛋白质名称	分子质量/Da	蛋白质评分
1	GI:12374223	延伸因子 Tu	43251	31
2	GI:38258338	30S 核糖体蛋白 S3	24193	768
3	GI:34395595	延伸因子 G	76965	103
4	GI:38257836	翻译起始因子 IF-2	93605	58
5	GI:310943135	ATP-依赖锌金属蛋白酶 FTSH	80753	33
6	GI:119371306	延伸因子 4	68741	24
7	GI:67461606	谷氨酸-氨酰 tRNA 连接酶	57501	21
8	GI:42559624	50S 核糖体蛋白 L3	22683	282
9	GI:38257321	肽脱甲酰基酶	20965	140
10	GI:46577245	50S 核糖体蛋白 L4	22623	44
11	GI:50400761	50S 核糖体蛋白 L5	20226	1366
12	GI:81733727	50S 核糖体蛋白 L13	16159	141
13	GI:67461606	谷氨酸-转移 RNA 连接酶	57501	20
14	GI:38258542	50S 核糖体蛋白 L10	17916	1013
15	GI:38258345	50S 核糖体蛋白 L9	16459	185

续表

蛋白质编号	登录号	蛋白质名称	分子质量/Da	蛋白质评分
16	GI:38257838	翻译起始因子 IF-3	19636	56
17	GI:81733731	50S 核糖体蛋白 L6	19338	37
18	GI:38258336	30S 核糖体蛋白 S3	17250	29
19	GI:81631772	50S 核糖体蛋白 L16	16065	24
20	GI:238693050	30S 核糖体蛋白 S2	29528	22
21	GI:81733707	50S 核糖体蛋白 L21	11042	21
22	GI:81733730	50S 核糖体蛋白 L15	15335	173
23	GI:38258339	30S 核糖体蛋白 S7	17830	53
24	GI:38258523	核糖体成熟因子 RimM	19311	42
25	GI:73921869	磷酸核糖甲酰甘氨脒合成酶 PurQ	24777	23

表 9.20　与代谢相关的蛋白质

蛋白质编号	登录号	蛋白质名称	分子质量/Da	蛋白质评分
1	GI:29337221	氨甲酰基-磷酸合成酶	116141	1371
2	GI:38257528	烯醇酶 1	48057	24
3	GI:357528765	ATP 依赖的解旋酶	136275	20
4	GI:38257835	疑似磷酸转酮酶 1	88675	54
5	GI:13431512	甘油醛-3-磷酸脱氢酶	36713	26
6	GI:38258511	Holiday 交叉 ATP 依赖 DNA 解旋酶 RUVA	21651	25
7	GI:81631035	ATP 合成酶	20009	62
8	GI:122448947	ATP-依赖蛋白酶单元 Hs1V	18591	58
9	GI:38257503	ATP 链合成酶 OS	15688	24
10	GI:122448453	甘露醇-1-磷酸 5-脱氢酶	42808	18

表 9.21　与 DNA 合成相关的蛋白质

蛋白质编号	登录号	蛋白质名称	分子质量/Da	蛋白质评分
1	GI:141018003	DNA 指导的 DNA 聚合酶	135746	1013
2	GI:38258029	DNA 错配修复蛋白 MutS	100088	440
3	GI:141018003	DNA 指导 RNA 聚合酶 β′亚基	135746	36

续表

蛋白质编号	登录号	蛋白质名称	分子质量/Da	蛋白质评分
4	GI:181841043	黄嘌呤磷酸酶	21497	295
5	GI:18203415	尿嘧啶磷酸核糖转移酶	23071	104
6	GI:29336599	双功能蛋白 PyrR2	19291	108
7	GI:38257322	腺嘌呤磷酸核糖转移酶	18938	27
8	GI:38257843	肽基-tRNA 水解酶	20280	20

表 9.22　未知功能蛋白

蛋白质编号	登录号	蛋白质名称	分子质量/Da	蛋白质评分
1	GI:34222710	Xaa 蛋白的二肽基肽	91548	114
2	GI:38258033	非规范嘌呤 NTP 焦磷酸酶	21777	283

通过组学技术的研究发现，乳酸菌代谢途径的调控在胁迫应激机制中逐渐凸显，代谢是乳酸菌主要的生长供能方式，在环境胁迫下乳酸菌所需能量增多，需要维持生长代谢的活力能量增加，参与代谢调控的酶类基因表达也可能发生变化。乌日娜在酸马奶中筛选一株益生菌 *Lactobacillus casei* Zhang，利用蛋白质组双向电泳比较了不同酸度培养基中分别生长至对数期时的差异蛋白质，结果同样表明酸胁迫可诱导乳酸菌产生复杂的酸应激反应，涉及不同的代谢调控途径。同样利用双向电泳技术对耐盐副干酪乳杆菌在盐胁迫下的应激反应进行研究，建立对数生长期中期的菌体蛋白质组双向凝胶电泳表达图谱，通过图谱分析发现部分蛋白质基因表达出现上调或下调变化，这可能与盐胁迫密切相关。宋雪飞在转录水平上对植物乳杆菌 FS5-5 菌株盐胁迫相关基因表达进行了研究，结果表明参与不同代谢反应的某些基因在对数生长期表达显著变化，这些变化可能与盐胁迫有关。王茜茜对植物乳杆菌 FS5-5 进行了耐盐性蛋白质组学分析，为研究植物乳杆菌盐胁迫应激机制提供了实验数据。Song 在大酱中筛选 3 株耐盐性好的乳酸菌进行蛋白质组学分析，结论表明盐胁迫下的差异蛋白质的表达变化与多种代谢途径有关。Wu 在乳酸菌 FS5-5 耐盐胁迫的基因组学分析中采用实时定量聚合酶链式反应检测了参与调控的五个编码酶基因的表达，结果显示大部分酶基因在盐胁迫环境下都具有较高表达，这与前文所述相符，在胁迫环境下参与代谢调控的酶类基因表达可能发生变化。

乳酸菌常添加于发酵乳制品中，其耐酸性非常重要，而且人体胃肠道内环境也呈酸性，因此对乳酸菌耐酸性机制的研究有利于实际生产。Wu 利用双向电泳技术对益生菌干酪乳杆菌进行了酸胁迫下蛋白质组学分析，结果表明差异蛋白质的表达与酸胁迫下的代谢息息相关。赵春燕研究了酸胁迫下乳酸链球菌素产生菌 *Lactococcus lactis* LN26 的应激反应，结果表明酸胁迫对乳酸链球菌素的合成具有抑制作用，pH 为 6 时最适合 *Lactococcus lactis* LN26 的生长和合成乳酸链球菌素。

9.5 明串珠菌特性研究

9.5.1 明串珠菌全基因组研究

1. 全基因组学技术

最初的全基因组测序方法是以测序法为基础而进行的，主要是逐步克隆法和全基因组鸟枪测序法。其中，逐步克隆法可以简单概括为分离构建文库、制作物理图谱、挑选重叠效率高的克隆群和随机测序。该方法主要被应用于较大物种的基因组测序。鸟枪法测序主要是先将基因组随机打断成一些小的片段，再进行质粒文库的构建工作，最后进行随机测序。由于该方法无需进行基因组物理图谱的构建工作，因此，相比前者可以更加快速地进行全基因组的测序工作，该方法主要被应用于微生物的基因组测序工作。

随着第二代测序技术的迅猛发展，科学界也越来越多地运用第二代测序技术来解决生物学问题。例如，在基因组水平上对还没有参考序列的物种进行从头测序（*de novo* sequencing），从而获得该物种的参考序列，为后续研究和分子育种奠定基础；对有参考序列的物种，可进行全基因组重测序（whole genome resequncing），在全基因组水平上扫描并检测突变位点，发现个体差异。随着基因组学的兴起，对乳酸菌的研究也逐渐成为热点。人们期待从分子水平上揭示乳酸菌的多样性和进化历程，解析生理和代谢机制，挖掘重要性状相关的功能基因，进而加速优良菌种的选育和改造，为高效利用乳酸菌，提高发酵工业化控制水平提供依据。关于乳酸菌的基因组研究，目前的研究表明，乳酸菌基因组比较小，不同种的乳酸菌基因组全长约在 1.8～3.3 Mb 之间，相对较大的有植物乳杆菌 WCFS1，为 3.35 Mb。基因组重复序列不多，GC 含量约为 30%～60%。许多乳酸菌特别是乳球菌均含有质粒，质粒的大小约为 1.9～242 kb，其编码的基因数目约占总基因组的 4.8%。乳酸菌质粒所编码的基因与多种重要性状相关，如乳糖发酵酶类、蛋白质水解酶类、细菌素合成、产生芳香物质相关的酶类、噬菌体抗性、金属离子抗性及抗生素抗性等。乳酸菌具有许多生理特性，如底物利用、应激反应、代谢功能、群体互作、益生特性。这些特性的机制比较复杂，利用基因组学和功能基因组学研究方法，结合实验和计算方法学可以进行大规模高通量的研究，从而发现新基因、信号通路、代谢途径和调节回路。

近年来随着人们对明串珠菌的核酸、蛋白质、代谢物研究的深入，在此基础上形成的明串珠菌基因组学、蛋白质组学、代谢组学等已逐渐成为当今的研究热点。目前明串珠菌属中已经实现全基因组测序的有 15 个菌株（表 9.23）。

表 9.23　明串珠菌属中已完成全基因组测序的菌株

菌株名称	基因组大小（bp）	蛋白质基因数量（个）	rRNA 操纵子数量（个）	tRNA 数量（个）
乳酸明串珠菌 KCTC 3528	2011205	2727	1	46
肉明串珠菌 KCTC 3535	3234408	3446	1	60
泡菜明串珠菌 C2	1877273	1855	4	68
假肠膜明串珠菌 KCTC	3244985	3832	1	54
冷明串珠菌 LMG 18811T	1954080	1912	4	67
乳酸明串珠菌 KCTC 3774	2298088	2611	1	47
冷明串珠菌 KCTC 3527	1957281	1928	1	47
谲诈明串珠菌 KCTC 3537	1638971	1551	1	50
阿根廷明串珠菌 KCTC 3773	1720683	1759	1	48
泡菜明串珠菌 IMSNU 11154	2002721	2026	4	68
嗜柠檬酸明串珠菌 KM20	1796284	1702	4	70
冷明串珠菌 KCCM 43211	1663492	1635	12	69
肠膜明串珠菌肠膜亚种 ATCC8293	2038396	1970	4	71
肠膜明串珠菌乳脂亚种 ATCC19354	1638511	1847	1	48
肠膜明串珠菌右旋葡聚糖亚种 DSM3527	1818633	1673	12	70

目前已通过基因组测序和注释提示了大多数乳酸菌中缺乏重要氨基酸、核苷酸和维生素的合成途径，通过基因组学分析发现，基因组上存在许多编码糖类吸收系统、蛋白合成系统和氨基酸转运蛋白的基因以帮助其从宿主身上吸收营养。基因组学研究还提示了基因复制或基因水平转移使得乳酸菌底物利用能力得到提高。

2. 明串珠菌全基因组学功能研究

明串珠菌是豆酱发酵中优势菌群之一，与豆酱发酵密切相关，但是目前人们对豆酱中明串珠菌资源的开发较少，尚未明确明串珠菌在豆酱发酵过程中的具体作用。基因组学分析方法有助于研究者从基因水平了解菌体的遗传结构和组成，进而预测和调控其功能。从基因水平认识其益生特性的遗传机理，期待从基因水平了解其遗传基础，挖掘其与豆酱发酵有关的功能性质。本课题组对分离筛选自传统发酵豆酱的肠膜明串珠菌 FX6 的全基因组进行分析，研究发现，肠膜明串珠菌 FX6 的全基因组是由一个 2047924 bp 的环状染色体和一个 28760 bp 的环状质粒组成，包含 72 个 tRNA 基因和 12 个 rRNA，GC 含量为 37.78%，共预测出 2064 个开放阅读框，预测出 32 个开放阅读框和 2 个其他非编码 RNA（图 9.11）。

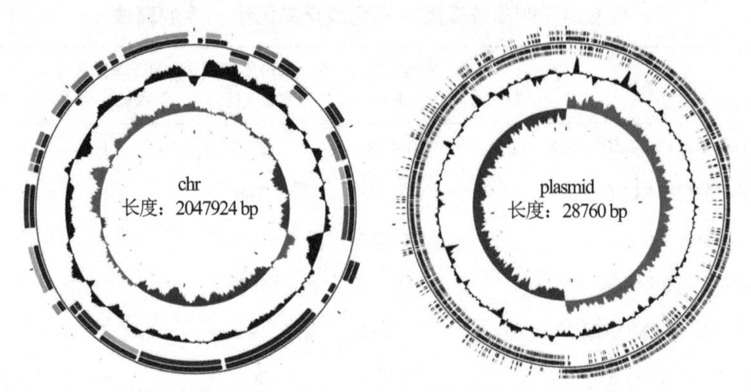

图 9.11　染色体（chr）和质粒（plasmid）基因组圈图

肠膜明串珠菌 FX6 中 1756 个染色体基因和 27 个质粒基因可注释到 eggNOG 数据库，1114 个染色体基因和 12 个质粒基因可注释到 KEGG 中。根据注释基因的统计分析发现，参与碳水化合物代谢、氨基酸代谢、与外膜环境交互作用、基因翻译、转录的基因较丰富，预测菌体 FX6 生存能力和风味物质合成能力强。

肠膜明串珠菌 FX6 基因组中有 24 个基因参与 DNA 复制。其中，7 个基因 *dnaN* β、*dnaE*、*holA* δ、*dnaX* γ、*holB* δ'、*dnaQ*ε、*polC* 参与编码 DNA 聚合酶Ⅲ，1 个染色体复制起始蛋白基因 *dnaA*、1 个单链 DNA 结合蛋白基因 *ssb*、1 个复制起始和膜附着蛋白基因 *dnaB*、1 个 DNA 引物酶基因 *dnaG*、1 个 DNA 结合蛋白基因 *hupB* 负责 DNA 复制初始化，还有 6 个 DNA 拓扑异酶基因，包括 2 个 DNA 促旋酶基因 *gyrB* 和 *gyrA*、2 个 DNA 拓扑异构酶Ⅳ基因 *parE* 和 *parC*、2 个 DNA 拓扑异构酶基因 *topB* 和 *topA*。基因组中含有与 DNA 修复相关的基因，其中甲基化 DNA-蛋白质-半胱氨酸甲基转移酶基因 *ogt*（chr-1450）可直接修复。肠膜明串珠菌 FX6 基因组含有丰富的与转录相关的基因，如 5 个 DNA 指导的 RNA 聚合酶基因，3 个转录终止/抗终止蛋白因子（NusA、NusB、NusG），1 个转录延伸因子（GreA）。NusA、NusB 和 NusG 可一起诱导转录暂停或刺激抗终止；GreA 是 RNA 聚合酶自然进展所必需的切割因子，其通过刺激 RNA 聚合酶的内源性内切核酸转录酶切割活性来促进转录延伸。基因组中参与翻译的基因有 55 个核糖体蛋白质基因，19 个 tRNA 合成酶基因，1 个核糖体结合因子 RbfA，4 个核糖体成熟因子 rimN、rimI、rimP、rimM，3 个翻译起始因子 InfA、InfB、InfC，4 个延伸因子，3 个肽链释放因子等。

明串珠菌的基因组中含有与耐酸、耐胆盐、黏附、抗氧化、耐温度、防御系统有关的基因，具备完整的 DNA 复制、DNA 修复、转录、翻译基因过程，包含丰富的糖代谢、蛋白质代谢的相关基因，具备良好的生存能力和风味物质合成能力。通过全基因组分析揭示了肠膜明串珠菌的遗传组成和生理功能之间的关系，为其在豆酱发酵过程中的作用提供了分子水平的解释。

9.5.2　明串珠菌益生性研究

张平自传统发酵豆酱中分离筛选了 6 株明串珠菌，并对其进行生理生化特征鉴定(表 9.24),均符合明串珠菌的生理生化特征；对其耐受性进行评价(表 9.25),结果显示菌株 FX6、WDX、LBQ、MC3 对胆盐的耐受性较好，均可以做更深入的研究。综合考虑，菌株 FX6 的益生性最好。

表 9.24　部分明串珠菌疑似菌株的生理生化特征

生理生化特征	菌株					
	MC3	LBQ	LBH	FX6	WQD	WDX
37°C生长	+	+	+	+	+	+
运动性	–	–	–	–	–	–
pH 6.5 生长	+	+	+	+	+	+
pH 4.8 生长	–	–	–	–	–	–
3.0 g/100mL NaCl	+	+	+	+	+	+
6.5 g/100mL NaCl	–	–	–	–	–	–
10%乙醇生长	–	–	–	–	–	–
过氧化氢酶实验	–	–	–	–	–	–
葡萄糖产酸	+	+	+	+	+	+
葡萄糖产气	+	+	+	+	+	+
精氨酸水解	–	–	–	–	–	–
七叶苷水解	–	–	–	+	+	+
葡聚糖生成实验	–	–	–	+	+	+
阿拉伯糖	–	–	–	+	+	+
熊果苷	–	–	–	+	+	d
纤维素	–	–	–	+	+	+
纤维二糖	–	–	–	+	d	+
果糖	+	+	+	+	+	+

续表

生理生化特征	菌株					
	MC3	LBQ	LBH	FX6	WQD	WDX
半乳糖	+	+	+	+	+	+
乳糖	+	+	+	d	+	+
麦芽糖	+	+	+	+	+	+
甘露糖	+	d	+	+	+	+
蜜二糖	+	+	+	+	+	+
蜜三糖	+	+	+	+	+	d
核糖	−	−	−	+	+	+
水杨苷	+	+	d	d	+	+
蔗糖	+	+	+	+	+	+
海藻糖	−	−	−	+	+	+
木糖	−	−	−	d	+	+

注：+. 阳性；−. 阴性；d. 延时。

表 9.25　明串珠菌酸耐受性实验结果

菌株	活菌数（CFU/mL）				3 h 存活率（%）
	0 h	1 h	2 h	3 h	
MC3	$(6.26±0.14)×10^7$	$(5.04±0.06)×10^7$	$(4.93±0.08)×10^7$	$(5.77±0.10)×10^7$	92.12
LBQ	$(5.47±0.07)×10^7$	$(3.10±0.12)×10^7$	$(2.81±0.14)×10^7$	$(2.59±0.20)×10^7$	47.35
LBH	$(4.36±0.06)×10^7$	$(1.67±0.03)×10^7$	$(1.10±0.15)×10^7$	$(1.03±0.12)×10^7$	23.55
FX6	$(4.89±0.11)×10^7$	$(4.07±0.15)×10^7$	$(4.00±0.10)×10^7$	$(4.16±0.21)×10^7$	85.16
WQD	$(3.36±0.09)×10^7$	$(7.77±0.09)×10^6$	$(6.69±0.15)×10^5$	$(5.07±0.06)×10^6$	15.08
WDX	$(4.07±0.08)×10^7$	$(3.31±0.10)×10^7$	$(3.24±0.06)×10^7$	$(3.21±0.17)×10^7$	78.93

9.5.3　明串珠菌产胞外多糖特性及功能研究

1. 乳酸菌胞外多糖

胞外多糖（EPS）是由一些特殊微生物（包括藻类、细菌、真菌等）在生长代谢过程中分泌到细胞壁外的次级代谢产物。根据其与细胞壁结合的能力强弱，EPS 可分为两种，一种失去与细胞结合的能力而渗入培养基形成黏液，称黏液多糖；另一种黏附于细胞壁形成荚膜，称荚膜多糖。在产 EPS 的各种微生物中，乳酸菌的安全性较高，并且其产出的 EPS 具有潜在的益生特性。目前已知肠膜明串珠菌（*Leuconostoc mesenteroides*）、鼠李糖乳杆菌（*Lactobacillus rhamnosus*）、干酪乳杆菌（*Lactobacillus casei*）、嗜酸乳杆菌（*Lactobacillus acidophilus*）、嗜热链球菌（*Streptococcus thermophilus*）、乳双歧杆菌（*Bifidobacterium lactis*）等菌属均可在生长代谢过程中产生胞外多糖。

乳酸菌胞外多糖（LAB-EPS）是乳酸菌在生长代谢过程中发酵产生并分泌到细胞壁外的次级代谢物的总称，一般为黏液或荚膜多糖等水溶性多糖，是一种天然高分子聚合物，作为一种安全的功能性产物，乳酸菌胞外多糖因其双重理化功能，越来越广泛地被应用于食品工业及医疗领域中。在生理功能上，胞外多糖具有良好的抗肿瘤、保护机体组织细胞、增强免疫抵抗力和降低胆固醇等活性。在物化特性上，作为一种新型天然食品添加剂，胞外多糖对于酸乳及豆制品的流变性、乳化性、黏着性都有显著影响，极大地提高了其质构、凝胶和流变性能，缓解了乳清分离、结构脆弱等问题，使其变得更加细腻、鲜嫩爽滑，从而大大改善酸乳及豆制品的口感，提高风味，乳酸菌胞外多糖有广阔的工业应用价值。

2. 明串珠菌胞外多糖

明串珠菌属是由一些革兰氏阳性、接触酶阴性、不形成芽孢、兼性厌氧、成对或链状排列的球菌组成，包括肠膜明串珠菌、冷明串珠菌、肉明串珠菌、谲诈明串珠菌、嗜柠檬酸明串珠菌、阿根廷明串珠菌、假肠膜明串珠菌和乳酸明串珠菌。肠膜明串珠菌是乳酸菌明串珠菌属中最常见的一个种，其是一类不产生孢子，G+C 含量低于 50%，兼性厌氧且过氧化氢酶呈阴性的革兰氏阳性细菌。肠膜明串珠菌又包括三个亚种：肠膜明串珠菌肠膜亚种、肠膜明串珠菌右旋葡聚糖亚种和肠膜明串珠菌乳脂亚种。

诸多研究发现明串珠菌在发酵过程中能够产生大量不同的胞外多糖，如葡聚糖、低聚糖、甘露醇等，产胞外多糖的明串珠菌具有免疫调节作用等潜在的应用价值，除了具有普通乳酸菌的高产酸能力、抗氧化能力和拮抗致病菌的特性外，还具有产生种类丰富、数量较多的胞外多糖的能力。例如，在葡聚糖亚种中，目前已经有多个高产工程菌株被培育成功，并应用到医用葡聚糖——右旋糖酐的生产中。该产品已被广泛用于失血、创伤、烧伤和中毒等引起的失血性休克的治疗中，已形成了完整的经济产业格局。研究发现肠膜明串珠菌能够合成胞外非营养性低聚糖，包括异麦芽糖、异麦芽三糖、潘糖、异麦芽四糖、异麦芽五糖、低聚半乳糖、甘露醇等。

3. 明串珠菌胞外多糖的功能研究

从豆瓣酱中分离出的一株产生 EPS 的菌株被鉴定为肠膜明串珠菌 SN-8。对其性质进行了分析，高效液相色谱分析证实了葡聚糖和甘露糖等单体的存在。傅里叶变换红外光谱显示，EPS 具有典型的多糖结构的基本骨架和官能团。如图 9.12

所示，通过扫描电镜图像观察发现其表面光滑，多糖具有典型的外观、形态和结构。

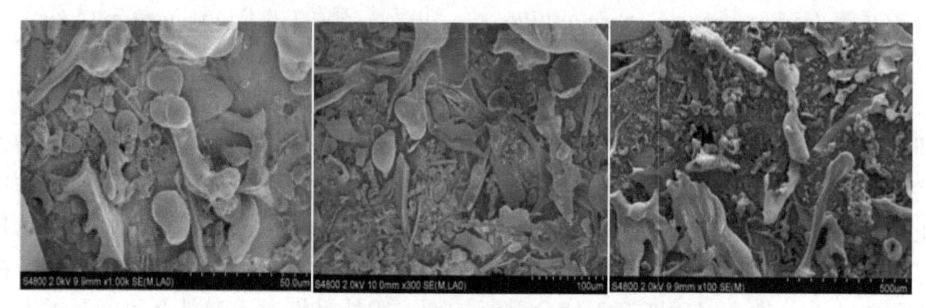

图 9.12　肠膜明串珠菌 SN-8 胞外多糖扫描电镜图像

乳化指数的结果表明，多糖对多种油脂具有良好的乳化作用，如图 9.13 所示，随着剪切速率的增大，溶液黏度均有所下降。剪切力可使 EPS 分子构象由初始结构逐渐改变为新的分子构象。随着剪切速率的增加，SN-8 EPS 的黏度降低，呈现出非牛顿的假塑性行为。此外，从图 9.13（a）可以看出，EPS 对四种油的乳化效果都很好，其中花生油的乳化效果最好。当 EPS 浓度为 1.5 mg/mL 时，乳化指数达到 0.55［图 9.13（b）］。在食品工业中，非牛顿聚合物被用作增稠剂、胶凝剂和稳定剂。

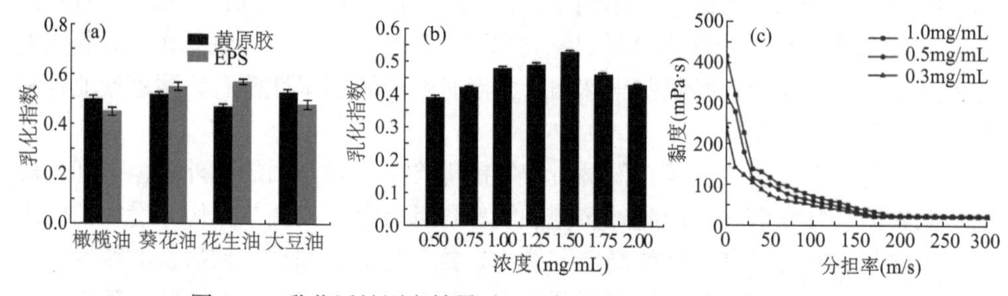

图 9.13　乳化活性测定结果（a，b）和流变学研究结果（c）

此外，体外实验表明，EPS 具有较高的抗氧化活性，并具有一定的耐热性，通过测试氢氧自由基清除活动可得到验证。羟基自由基可以自由进入细胞膜，导致组织损伤。因此，清除这些特定的自由基可以避免组织损伤。DPPH 清除活性由线粒体电子传输系统产生。随着浓度的增加，EPS 的清除活性显著增强。如图 9.14（a）所示，不同浓度的 EPS 和维生素 C 对 DPPH 的清除作用呈剂量依赖性。如图 9.14（b）所示，低浓度时 EPS 清除能力较弱。但随着浓度的增加，其浓度迅速上升，EPS 溶液对羟基自由基的清除能力提高。这些发现表明 EPS 可以通过提供电子或氢，来完成清除。EPS 还具有清除超氧阴离子自由基的作用，特别是在高浓度下。结果表明，肠膜明串珠菌提取得到的 EPS 可作为一种天然抗氧化剂在食品和治疗中具有广阔的应用前景。

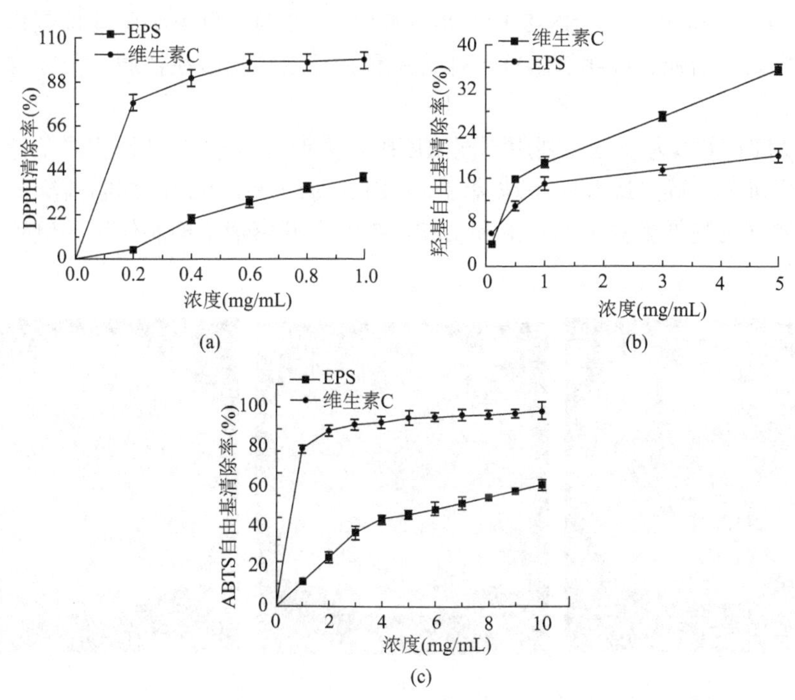

图 9.14　抗坏血酸作用下肠系膜白介素细胞体外抗氧化活性的研究
（a）DPPH 清除能力；（b）清除羟基自由基的能力；（c）ABTS 自由基清除能力；
维生素 C 分别作为参考

通过测定不同浓度胞外多糖对 HepG2 细胞生长的抑制，初步确定多糖浓度与癌细胞生长的关系。图 9.15 表示胞外多糖对人肝癌细胞的抑制作用。

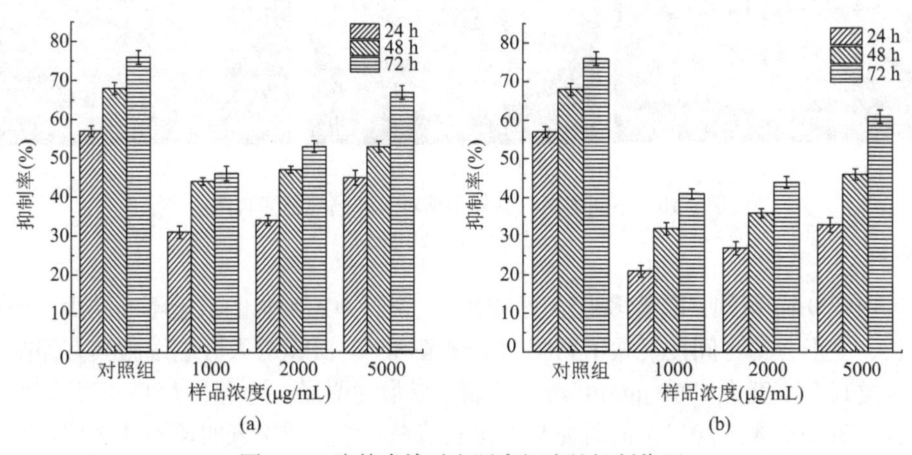

图 9.15　胞外多糖对人肝癌细胞的抑制作用
（a）EPS-8-1；（b）EPS-8-2

由图 9.15 可知，对照组对癌细胞的抑制最为明显，肠膜明串珠菌 *Leuconostoc mesenteroide* SN-8 EPS-8-1 和 EPS-8-2 对人肝癌细胞的抑制作用随着浓度的增大而增强，说明该多糖可作为一种治疗癌症的潜在物质，值得进一步深入探究。

以 MTT 实验为基础，利用不同浓度胞外多糖对 HepG2 进行相同条件的培养观察，来进一步确定肠膜明串珠菌 SN-8 EPS 对癌细胞生长的抑制情况。图 9.16 是不同浓度的胞外多糖 EPS-8-1 和 EPS-8-2 对人肝癌细胞抑制作用的倒置显微镜观察图片。

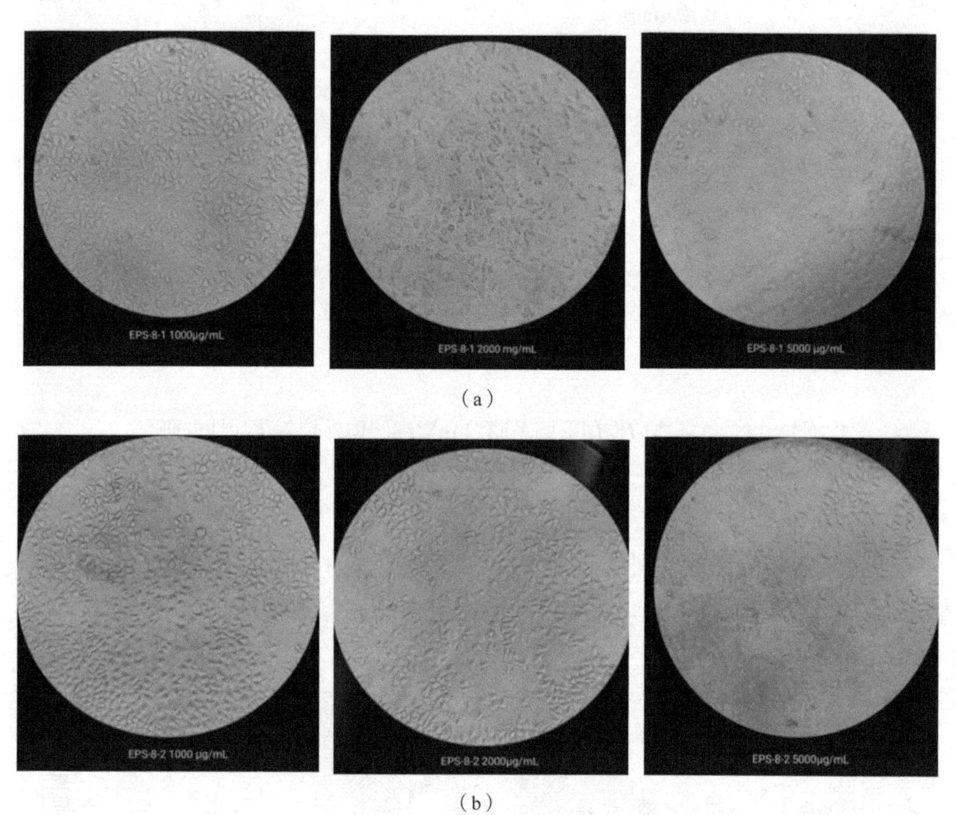

（a）

（b）

图 9.16　不同浓度的胞外多糖对人肝癌细胞抑制作用

（a）EPS-8-1；（b）EPS-8-2

由图 9.16 可知，随着多糖浓度的增大，视野中癌细胞的数量不断减少，细胞拉长、变形，这也间接反映了肠膜明串珠菌 SN-8 EPS 对人肝癌细胞具有抑制作用，尤其在浓度为 5000 μg/mL 时，抑制效果最为明显，这也与 MTT 实验结果相吻合。Behare 等（2013）的研究与本实验结果一致，结果表明该胞外多糖具有抑制癌细胞生长的作用，可作为一种潜在的抗癌治疗剂加以研究和开发。

综上所述，明串珠菌产胞外多糖具有良好的功能。因此，筛选出高产胞外多糖的明串珠菌，并对该菌株所具有的物化性质进行优化，方便其应用于工业生产和食品行业，为菌种开发和工业化生产提供物质来源和理论基础。

第 10 章

芽孢杆菌在发酵豆制品中的功能研究

10.1 芽孢杆菌的研究进展

发酵豆制品风味独特且营养价值丰富，其风味和品质与其中发酵微生物密切相关。利用对发酵有影响的优势微生物直接接种发酵，可在不损失营养风味的前提下快速缩短豆制品发酵周期，对优化豆制品发酵品质具有十分重要的意义。所以，在发酵豆制品中分离筛选优势菌成为发酵食品领域及科研人员的首要工作。近些年来研究人员采用基因组学、蛋白质组学和代谢组学等方法对发酵豆制品进行深入研究，发现芽孢杆菌是传统发酵豆制品中的优势细菌，能够显著影响豆制品发酵过程中风味物质的形成及营养物质的积累。

芽孢杆菌的利用不仅能够提升发酵豆制品的品质，其自身具有的益生特性也得到了验证。例如，芽孢杆菌可产生纤维素酶、植酸酶、单宁酶、几丁质酶、木聚糖酶、蛋白酶和脂肪酶等，不仅能够促进动物营养吸收，还能够调节肠道微生态平衡。此外，其次级代谢产物具有抑制病原菌的活性和增强机体免疫的能力。因此，芽孢杆菌在农业、工业、医疗、食品等多领域被广泛应用。所以，建立芽孢杆菌与豆制品发酵的重要联系，不仅有利于发酵技术的发展，更为揭示蕴含在传统发酵豆制品中的营养底蕴提供了帮助。

10.1.1 发酵豆制品芽孢杆菌分离筛选研究

发酵豆制品中复杂庞大的微生物体系是形成其独特品质的主要贡献者。芽孢杆菌是传统发酵豆制品中的优势菌,在多个产地的发酵豆制品中都占有较大丰度。Lee 等使用 PCR-DGGE 方法分析韩国自然发酵豆酱样品中微生物群体的差异性和相似性，结果表明所有样品中均检测到了含量较高的枯草芽孢杆菌和地衣芽孢杆菌。贾东旭等对贵州省发酵生产的豆豉样品进行检测，同样得到枯草芽孢杆菌为发酵优势菌。

芽孢杆菌是一种需氧型的革兰氏阳性菌，无荚膜，具有用于运动的鞭毛。在恶劣的环境下其能形成内生芽孢，其具有的耐高温、高 pH、高盐、干燥和抗氧化等特点，可保护芽孢杆菌免受不良环境的影响，从而保持良好的生物活性。所以，芽孢杆菌可以在豆酱、豆豉等多种发酵制品中顽强生长。但是，芽孢杆菌对发酵豆制品品质形成的具体作用机制尚不明确，所以快速、准确分离出具有潜在益生特性芽孢杆菌菌株具有重要意义。

邱博书对采自东北传统发酵豆酱的芽孢杆菌进行分离筛选，采用菌落计数法和牛津杯琼脂扩散法筛选得到肠道耐受性好，并且对金黄色葡萄球菌、单增李斯特菌和大肠杆菌具有明显抑菌效果的优良芽孢杆菌菌株。罗建超等从高温大曲制作过程的不同环节筛选出芽孢杆菌 104 株，用麦曲模仿升温发酵技术，筛选出了枯草芽孢杆菌、解淀粉芽孢杆菌、地衣芽孢杆菌等产香效果好的菌株。Lee 等从韩国发酵豆酱中分离得到一株具有益生特性的枯草芽孢杆菌 MKSK-E1，该菌株可以有效抑制 11 种食源性病原体的生长。此外，菌株 MKSK-E1 为羊血液中的非溶血性和非生物胺生产者，可用作食品工业中的益生菌发酵剂培养物。Lee 等从韩国清麴酱中分离的枯草芽孢杆菌 LM7,可生产由 4 个芽孢菌霉素 D 和 4 个表面活性素类似物组成的脂肽，热稳定性和 pH 稳定性良好，对蜡样芽孢杆菌和单增李斯特菌等革兰氏阳性菌具有广谱抑菌性，同时还可抑制部分真菌的生长，并且不抑制植物乳杆菌和乳酸乳球菌等乳酸菌的生长。

10.1.2　芽孢杆菌生理功能研究

芽孢杆菌作为一种具有益生特性的微生物,其相关生理功能被人们广泛研究。芽孢杆菌在动物体内常用作饲料营养剂，可通过动物胃肠道微生物的竞争性排斥作用抑制有害菌生长，从而促进动物生长、增强机体免疫力和提高饲料转化率。芽孢杆菌也作为益生菌制剂广泛用于调整人类体内肠道环境的稳态。

1. 增强机体免疫功能

芽孢杆菌能定殖于动物的肠黏膜上，成为肠道的优势菌群，通过免疫刺激和免疫调节作用于机体，促进机体免疫器官、组织的发育成熟，刺激宿主建立完备的免疫系统。芽孢杆菌还可以刺激机体产生免疫及清除功能，增加黏膜表面和血清的 IgA、IgM、IgG 水平，增强体液免疫，促进 T 淋巴细胞、B 淋巴细胞的产生，产生免疫球蛋白。芽孢杆菌增强免疫作用的机理是在动物口服芽孢杆菌后，调整肠道菌群或作用于肠道集合淋巴结的抗原结合位点，活化肠黏膜内的相关淋巴组织，从而发挥免疫佐剂的作用，使动物血清的 SIgA 抗体分泌增加，诱导 T 淋巴细胞、B 淋巴细胞和巨噬细胞产生细胞因子通过淋巴细胞循环，因此可提高机体免疫识别力和抗病能力。此外，芽孢杆菌作为一类益生菌，能够加固肠道屏障功能，增加小肠绒毛长度和隐窝深度，从而促进机体对营养物质的消化吸收和健康生长。

2. 竞争作用

两个或两个以上种类的微生物之间会对不足的自然资源发生争夺，这种现象称为竞争作用，一方面表现为生活空间的竞争，如生态位点、物理位点等，当拮抗菌被人工接入到一定的环境后，它们能够迅速在土壤或植株的体表、根部、体内等位点定殖，优先占领有利的生存空间而大量繁殖，从而阻隔了病原菌对植株的侵染。另一方面表现为营养物质的竞争，如食物、氧气等。芽孢杆菌进入动物胃肠道内，可消耗大量的游离氧，促进有益厌氧菌的增殖，抑制病原菌生长，使失调的菌群得以调节，提高了动物的免疫力、抗病能力，有利于动物健康的维持。研究人员发现凝结芽孢杆菌具有兼性厌氧特性,无论有氧或无氧状况都可以生存。凝结芽孢杆菌对肠道内游离氧的消耗可以降低氧化还原电势，从而抑制有害菌生存。此外，凝结芽孢杆菌在进入肠道后可以在肠道内定殖，在一定程度上与肠道有害菌进行生存空间上的争夺，对有害菌的生长也起一定抑制作用。

3. 拮抗作用

微生物代谢过程中产生的抗菌物质杀死或抑制其他类微生物的作用称为拮抗作用。拮抗作用是微生物界中的普遍现象，人们从不同的芽孢杆菌菌株中分离出多种抗菌物质，由于抗菌物质不同、浓度不同、抗菌分子结构不同，所以它们会表现出不同的抑菌方式。一些芽孢杆菌菌株可以同时分泌多种结构类似的物质，它们在发挥作用时通常会表现出协同作用，能够增强抗菌物质对作物病害的防治效果，现有研究报道解淀粉芽孢杆菌 ASR-12 粗蛋白抗菌蛋白粗提液对 8 种植物病原真菌均有一定的抑制作用。内生甲基营养型芽孢杆菌对罗汉果斑枯病具有拮抗作用。萎缩芽孢杆菌的发酵上清液对从刺果番荔枝和鳄梨中分离出的炭疽病菌有抑制作用。从水稻根系中分离出来的贝莱斯芽孢杆菌 CAU B946 产生多种抗生素类物质，能够抑制由植物病原真菌引起的几种植物病害。

4. 溶菌作用

当芽孢杆菌吸附到病原菌的菌丝上后，开始的一段生长时期内，芽孢杆菌周围的营养物质十分丰富，它会不断地生长，但不会危及寄主菌丝的正常生长；然而当周围营养物质消耗殆尽时，它会产生溶菌物质消溶寄主的菌丝体，使其菌丝膨大，细胞质（原生质）发生外溢，最终病原菌的菌丝完全崩解。贝莱斯芽孢杆菌 3A3-15 能够产生表面活性素等次生代谢抑菌物质，这些产物能够造成尖孢镰刀菌的菌丝膨大、弯曲、缠绕、螺旋、节间缩短甚至菌丝断裂，具有明显的致畸作用，而且能高效抑制孢子萌发。枯草芽孢杆菌 JZ2-1-12 菌株发酵液乙酸乙酯提取物可使马铃薯干腐病病原菌菌丝出现畸形、分叉、断裂及粗细不均的现象，对马铃薯干腐病病原菌孢子萌发具有强烈的抑制作用。

5. 干扰群体感应信号分子

群体感应是细菌之间用来信息交流的一种现象，其可以分泌自诱导肽（AIP）信号分子启动菌体中相关基因的表达，并调控细菌的生物行为，如毒力因子的产生、生物膜的形成和一旦达到群体阈值时的群集运动性等。群体感应系统由催化信号合成的酶（如酰基-高丝氨酸内酯或环肽）和一种结合信号改编成几种基因表达的受体组成，是一个积极的反馈循环。

芬芥素作为信号分子结构类似物可以抑制群体感应系统。研究表明芽孢杆菌可以分泌干扰金黄色葡萄球菌 Agr 群体感应系统的物质，通过对 Agr 调节毒力因子进行测试以及对芽孢杆菌分离物的培养滤液进行研究，发现 Agr 调节毒力因子受到抑制，且对 Agr 群体感应系统有明显的抑制作用。通过发酵滤液的提取与分离，研究认为有抑制效果的为芽孢杆菌的脂肽类抗菌物质芬芥素。在金黄色葡萄球菌 Agr 群体感应调节回路中，分泌的 AIP 与 Agr C 结合发生自动磷酸化后将磷酰基转给 Agr A，再与转录因子结合激活操纵子，完成由 Agr 操控的自诱导循环体系，最终实现基因的表达。而芬芥素具体的抑制机制是由于其与九肽 AIP 显示出结构相似性，与天然 AIP 竞争 Agr C 结合位点，有效的竞争性抑制阻止了 Agr 信号转导。

10.1.3　芽孢杆菌的组学研究

1. 芽孢杆菌基因组学研究

芽孢杆菌基因组学主要是研究基因组的结构、功能、进化、定位和编辑等，对芽孢杆菌基因进行集体表征与量化，并研究它们之间的关系、相互作用及对生物体的影响。通常采用高通量 DNA 测序和分子生物信息学，进行组装和解析整个基因组的功能与结构。郭宴君等采用 Illumina Hi Seq 2000 测序平台进行测序，对芽孢杆菌 TYF-B5-5 菌株进行了全基因组测序，基因组统计结果如表 10.1 所示。

表 10.1　芽孢杆菌 TYF-B5-5 的基因组统计信息

属性	数值
GC 含量（%）	43.56
Contigs 重叠序列	12
Scaffolds 多个重叠序列	11
Contig N50（bp）	2063254
Contig N90（bp）	290635
测序总长度（bp）	3984415
注释基因个数（个）	4303

2. 芽孢杆菌转录组学研究

研究人员对解淀粉芽孢杆菌 WS-8 转录组数据进行分析，发现基因组中预测的关键抑菌基因表现出不同水平的 mRNA 表达，此外，通过转录组学技术研究了有机酸、消毒剂和硝酸银等物质对蜡样芽孢杆菌的影响。结果发现，有机酸对菌体生长代谢产生了影响，经有机酸处理的蜡样芽孢杆菌氨基酸代谢、脂肪酸代谢和电子转移链等均有所改变。经过不同的消毒剂处理的蜡样芽孢杆菌细胞膜发生破裂，与脂肪酸代谢相关的基因被诱导表达，与 DNA 损伤修复相关的基因也发生明显的上调，表明经消毒剂处理后芽孢杆菌 DNA 受到破坏，并通过合成脂肪酸来修复受损的细胞膜。此外，对乙酸和山梨酸抑制枯草芽孢杆菌转录组学进行研究，结果表明弱有机酸会影响营养代谢、导致细胞质酸化、改变细胞膜，最终破坏细胞膜菌体的死亡。

3. 芽孢杆菌蛋白质组学研究

地衣芽孢杆菌在乳业生产中是具有致腐能力的微生物，研究人员基于串联质谱标签的定量蛋白质组学比较生物膜细胞和浮游细胞之间的表达谱，发现重要的上调蛋白 Spo0F 和 KapB 以及下调蛋白 MotB、FliG 和 FliK 是芽孢杆菌生物膜预防的关键调节剂。基质的产生、孢子形成、细菌趋化性、鞭毛组装和两组分系统在地衣芽孢杆菌生物膜形成中起着重要作用，为生物膜形成和控制提供了新的见解。强脉冲光（IPL）具有灭活芽孢杆菌的作用，在最佳灭菌条件下 IPL 会导致芽孢杆菌菌株结构被破坏。比较蛋白质组学分析表明，与未经 IPL 处理的菌株培养相比，IPL 处理的菌株培养物中存在 46 种上调蛋白质和 58 种下调蛋白质。Western 印迹分析证实了 4 种蛋白即过氧化氢酶 1、过氧化氢酶 2、壳聚糖酶和 γ-谷氨酰转移酶出现上调，证明了 IPL 处理的菌株在灭菌过程中存在应力反应过程。

4. 芽孢杆菌代谢组学研究

芽孢杆菌代谢物的相关报道较多，但主要集中在对挥发性物质、发酵液成分、脂肪酸成分的研究，对芽孢杆菌的代谢物差异的报道较少。Guevara-Avendaño 等发现芽孢杆菌属的三种细菌分离株（INECOL-6004、INECOL-6005 和 INECOL-6006）对镰刀菌丝体的生长具有抑制效果，通过使用超高效液相色谱和高分辨率质谱分析 EtOAc 和 *n*-BuOH 提取物，实现对抑菌物质的鉴定和筛选。研究结果发现发挥抑制作用的物质为伊枯草菌素（iturin）、芬芥素（fengycin）和表面活性素（surfactin）家族的环脂肽，其中 *n*-BuOH 提取物的抗真菌活性比 EtOAc 提取物的抗真菌活性大，经检测，前者中的芬芥素相对含量较高。通过固相微萃取结合气相色谱和质谱对挥发性抑菌物质进行分析，发现存在酮和吡嗪化合物，特别是 2-壬酮类化合物，而 INECOL-6005 中未检测到 2-壬酮类化合物。这些结果表明，芽孢杆菌中含有具有抗真菌活性的代谢物，需要进一步研究每种代谢产物的性质，以便开发新的抗真菌制剂。

10.2　发酵豆制品中的芽孢杆菌

芽孢杆菌广泛存在于发酵豆制品中，目前从自然发酵豆酱中分离得到的芽孢杆菌主要有枯草芽孢杆菌、纳豆芽孢杆菌、解淀粉芽孢杆菌、贝莱斯芽孢杆菌、地衣芽孢杆菌、巨大芽孢杆菌、蜡样芽孢杆菌等。

芽孢杆菌本身含有丰富的生物酶，其可水解大豆中不易消化的大分子蛋白和碳水化合物，生成人体易于吸收的多肽和可溶性糖，促进了人体对这些营养物质的吸收。此外，豆制品经芽孢杆菌发酵可产生吡嗪类、醇类、酮类、酚类等风味物质，为发酵豆制品风味的形成提供基础。

10.2.1　枯草芽孢杆菌

在武汉地区一些厂家使用枯草芽孢杆菌（*Bacillus subtilis*）作为腐乳发酵菌。枯草芽孢杆菌在腐乳发酵中能提升腐乳口感、增添氨基酸含量等，还能分泌多种有机酸，降低肠道 pH，间接抑制致病菌生长。枯草芽孢杆菌还广泛应用于酱油的生产。在酱油发酵过程中，往往伴随着其他微生物的产生，其中，大肠杆菌和金黄色葡萄球菌是发酵过程中容易滋生的有害微生物，所以抑制大肠杆菌及金黄色葡萄球菌的能力是检测酱油发酵过程中优势菌株的重要指标。枯草芽孢杆菌可抑制大肠杆菌和金黄色葡萄球菌，相比于发酵乳杆菌抑菌能力更强且安全。而且枯草芽孢杆菌在酱油中产生吡嗪类风味物质，增添了酱油的风味，保障了酱油的品质。此外，枯草芽孢杆菌和米曲霉发酵的大豆还具有促胰岛素分泌的作用，其机理是通过增加异黄酮苷元和小肽来对 2 型糖尿病产生治疗作用。

10.2.2　纳豆芽孢杆菌

纳豆芽孢杆菌（*Bacillus subtilis* natto）是对人体无病原性的安全菌株，具有分解蛋白质、碳水化合物、脂肪等大分子物质的性能，使发酵产品中富含氨基酸、寡聚糖等多种易被人体吸收的成分，因而对于发酵豆制品来说，纳豆芽孢杆菌是一种非常重要的发酵剂。纳豆芽孢杆菌发酵得到的纳豆中豆黏性物质中获得的该因子活性更强。纳豆芽孢杆菌发酵后的大豆中抗氧化物质显著增加（$P<0.05$）。纳豆激酶是一种具有溶栓功能的激酶，枯草芽孢杆菌通过液体发酵豆乳可大量富集纳豆激酶，纳豆芽孢杆菌也可以通过发酵大豆生产出溶解纤维的纳豆激酶。这种酶不仅自身具有纤溶酶活性，而且可以激活其他的纤溶酶，如尿激酶原，并可

以作为组织纤溶酶原激活剂。纳豆芽孢杆菌还可以生成杆菌肽、2,6-吡啶二羧酸和γ-多聚谷氨酸等多种生理活性物质，使纳豆具有溶血栓、降血压、抑菌、抗氧化等保健功能。

10.2.3　解淀粉芽孢杆菌

研究人员在韩国传统大豆酱中分离出解淀粉芽孢杆菌（*Bacillus amyloliquefaciens*）菌株（KHG19），在老化2个月后研究制备的大豆酱，发现其成为最大的优势菌，占68.8%。在发酵豆制品中芽孢杆菌可以改善食品品质，参与物质代谢分解。通过分泌蛋白酶和淀粉酶，有助于发酵过程降解原料，即水解蛋白质和多糖，使发酵液中氨基酸种类、浓度较高，还原糖含量增加，产生丰富的前体环境。从高盐稀态酱油酱醅中分离鉴定得到2株芽孢杆菌，解淀粉芽孢杆菌SWJS B1801 A62和枯草芽孢杆菌SWJS B1801 B06，在解淀粉芽孢杆菌共培养体系下，使酱油中细菌生长量提升8.7倍，酵母提升10.5倍。

10.2.4　其他芽孢杆菌

从水豆豉中分离得到一株高产豆豉纤溶酶的贝莱斯芽孢杆菌，若能将其接种黄豆进行发酵条件的优化，将会大大提高水豆豉的发酵品质。氨基酸态氮含量能够显示酿造酱油的呈味能力，能够反映蛋白的水解程度，是国标中酿造酱油分级的重要指标。不同菌株发酵液中氨基酸态氮含量不同，研究人员加盐水进行盐卤发酵，对芽孢杆菌菌株产蛋白酶酶活大小和样品中氨基酸态氮含量检测，发现甲基营养性芽孢杆菌发酵酱油氨基酸态氮含量最高，有促进酱醪中氨基酸态氮形成的作用，贝莱斯芽孢杆菌发酵酱油还原糖含量最高。此外，芽孢杆菌分泌的蛋白酶在较高盐浓度的酱醪发酵体系中能保持良好的酶活，蛋白酶酶活高的菌株在酱油盐卤发酵初期能水解蛋白质获得较高的氨基酸态氮含量，其中高产谷氨酰胺酶的芽孢杆菌能提升酱油氨基酸态氮的含量。

10.3　芽孢杆菌次级代谢产物研究

1945年人们首次发现芽孢杆菌可以产生抑菌活性物质，后期研究表明芽孢杆菌所产的次级代谢产物能抑制真菌、细菌、病原体的生长，具有较高抑菌活性和广谱抑菌效果，对于植物病害防治效果显著。目前，根据这些物质在细胞中的合成场所来区分，主要可分为：非核糖体途径合成的抗菌物质、核糖体途径合成的抗菌物质和一些其他类型抗菌物质。

10.3.1　非核糖体途径合成的抗菌物质

此途径合成的抗菌物质是微生物的次级代谢产物，多在菌体的衰亡期合成，通过酶合成系统中的非核糖体多肽合成酶（nonribosomal peptide synthetases，NRPSs）催化。大多是低分子质量（300～3000 Da）的脂肽类物质、多肽类抗生素和挥发性抑菌气体。

1. 脂肽类物质

脂肽又名脂酰肽，是一类重要的抗菌肽，芽孢杆菌所产环状脂肽存在形式一般为同系物或同分异构体，种类繁多、结构复杂多样，但主要由 β-OH 脂肪酸链和 7～10 个 α-氨基酸闭合环状物质组成，是一类具有亲水亲油特性的闭合环状化合物。环状脂肽类物质普遍在芽孢杆菌的发酵培养后期产生，低毒、易降解，其是抑制植物病原菌的生长并导致病原菌的菌丝畸形的主要抑制活性物质之一。环状脂肽在芽孢状态下稳定性好、耐氧化、耐挤压、耐高温、耐酸碱，在环境净化、农药添加剂等方面展现出了广阔的应用前景。

芽孢杆菌所产脂肽主要包括：表面活性素、芬芥素和伊枯草菌素，它们大多是由 7～10 个氨基酸和一个 C_{13}～C_{17} 脂肪酸链构成的环形化合物组成。表面活性素具有很强的溶血性和表面活性，能有效抑制病毒、肿瘤和支原体，具有广谱抑菌谱，但对病原真菌没有显著的抑菌活性。伊枯草菌素具有强溶血性及抑制真菌活性，抑制细菌和病毒的能力较弱。芬芥素只对丝状真菌具有抑菌活性且有一定的溶血性。根据对新分离的解淀粉芽孢杆菌 C-1 对艰难梭菌的体外抗菌机制研究，C-1 产生的脂肽破坏了艰难梭菌细胞壁和细胞膜的完整性。另外，脂肽结合艰难梭菌基因组 DNA，导致细胞死亡。王晓青从枯草芽孢杆菌 OKB105 中提取一组脂肪酸链为 C_{13}～C_{16} 的表面活性素，研究发现，枯草芽孢杆菌及所产表面活性素对于抑制猪传染性胃肠炎病毒（TGEV）入侵 IPEC-J2 细胞具有较为理想的抑制作用。特基拉芽孢杆菌 SDS21 产生的生物表面活性剂可以用作消毒剂或用于有效抵抗浮游细菌和生物膜驻留细菌的类似消毒剂的制剂，且在含有 Mg^{2+}和 Ca^{2+}的硬水中也能保持其杀菌和生物膜去除活性。目前，对于表面活性素抑菌机理没有统一明确的解释。不同研究表明，表面活性素通过与病原菌的脂膜相互作用抑制微生物的生长。可能是使膜裂解而使胞内物质外泄，最终抑制细胞生长或死亡。利用枯草芽孢杆菌 NCD-2 野生型菌株和丧失芬芥素合成突变子的 MF 突变株进行对比，观察对大丽轮枝菌抑菌活性影响。结果表明，芬芥素对大丽轮枝菌具有抑菌活性，同野生型菌株相比，突变株 MF 脂肽提取物显著降低了大丽轮枝菌孢子萌发的抑制效果。芬芥素对细胞膜有显著扰乱作用，基于芬芥素浓度的变化使磷脂双分子层损伤，改变病原菌细胞膜通透性（低浓度）或作用于生物膜以破坏病菌细胞膜结构（高浓度）。伊枯草菌素可以改变菌体细胞膜通透性，对菌体细胞壁、细胞膜进行破坏。除表面活性素、芬芥素和伊枯草菌素外，其他芽孢杆菌产生的环状脂肽如表 10.2 所示。

表 10.2　芽孢杆菌产环状脂肽分类

环状脂肽名称	种类	来源菌
表面活性素	11	枯草、短小芽孢杆菌
短小酸素	7	短小芽孢杆菌
地衣素	4	枯草、地衣芽孢杆菌
抗吸附素	1	地衣芽孢杆菌
盐杆菌素	1	芽孢杆菌
异盐杆菌素	1	芽孢杆菌
伊枯草菌素	3	枯草、解淀粉芽孢杆菌
杆菌抗霉素	4	贝莱斯、解淀粉芽孢杆菌
抗霉枯草菌素	1	枯草芽孢杆菌
环状芽孢菌素	4	环状芽孢杆菌
芬芥素	2	枯草、解淀粉芽孢杆菌
制磷脂菌素	4	蜡样芽孢杆菌
库尔斯塔克素	1	苏云金芽孢杆菌
多黏菌素	1	多黏芽孢杆菌

2. 多肽类抗生素

多肽类抗生素分为分支环状、线状、环状和线环状等多种类型。分支环状多肽抗生素主要来源于地衣芽孢杆菌的杆菌肽（bacitracin）。线状多肽抗生素主要包括由短芽孢杆菌产生的伊短菌素（edeine）和短杆菌肽（gramicidin），苏云金芽孢杆菌和蜡样芽孢杆菌产生的双效菌素（zwittermicin A）线状聚酰胺物。环状抗生素包括由短芽孢杆菌产生的短杆菌肽（gramicidin S）和短杆菌酪肽（tyrocidine）。多黏类芽孢杆菌能产生一类线环状阳离子多肽抗生素多黏菌素（polymyxins）。此外，还有一些多肽类抗生素，如分子质量为 911 Da 的 gavaserin 和分子质量为 903 Da 的 saltavalin。

3. 挥发性抑菌气体

芽孢杆菌在生长代谢过程中还会产生一些挥发性气体，主要包括醇类、醛类、酸类、脂类和酮类等化合物。这些挥发性气体能对多种植物病原菌产生抑制作用。研究表明，枯草芽孢杆菌 STO-12 的挥发性气体对 3 种不同的病原菌中杨树腐烂病菌的抑制作用最好。解淀粉芽孢杆菌 LJ02 菌株产生的挥发性气体 4-乙基苯酚、2-丙基环己酮成分对黑腐皮壳菌有强烈的抑制效果。枯草芽孢杆菌 CCTCC M207209 挥发性气体产物对扩展青霉的抑菌率可以达（87.2±4.19）%。

10.3.2　核糖体途径合成的抗菌物质

核糖体途径合成的抗菌物质分子量较大，合成于菌体的核糖体中，可利用菌体中的氨基酸合成出一些蛋白质或多肽类物质。合成的过程多发生在菌体对数生长期。主要有酶类、细菌素、活性蛋白类等，如枯草菌素（subtilin）、β-1,3-葡聚糖酶、几丁质酶、多肽和蛋白等。

1. 酶类物质

大部分芽孢杆菌都能产生一种或多种细胞壁裂解酶类物质，如几丁质酶、β-1,3-葡聚糖酶、纤维素酶、蛋白酶、脂肪酶。这些酶通过裂解病原菌细胞壁，导致细胞破裂、病原菌死亡。蛋白酶和纤维素酶这两类蛋白类物质使菌丝产生显著畸形，是抑制多种病原真菌的重要原因之一。而 β-1,3-葡聚糖酶和几丁质酶作为植物病程相关蛋白，对病原菌及病虫害具有抑制效果。研究表明，苏云金芽孢杆菌自身产生的几丁质酶对其杀虫毒力具有增效作用。从百合根部分离得到的蜡样芽孢杆菌 28-9 产生的几丁质酶对百合叶枯病致病菌的孢子萌发有抑制效果。

2. 细菌素

细菌素是芽孢杆菌在代谢过程中通过核糖体合成机制产生的一类具有抑菌活性的多肽或前体多肽，前体在核糖体合成后需要经过转录后修饰才形成有活性的物质。第一类细菌素（class Ⅰ）称为羊毛硫细菌素，是一类小分子的修饰肽，通过特异性或非特异性受体与细胞壁受体结合，促进细胞形成孔结构或直接裂解，或者通过细菌系统质子动力的耗散导致细胞死亡。第二类细菌素（class Ⅱ）是不经修饰的小分子的热稳定肽，通过其两性螺旋结构插入靶细胞膜，使细胞内的离子如 Na^+、K^+流失，从而破坏靶细胞膜的概率质量函数（PMF）及 pH 梯度，导致细胞死亡。第三类细菌素（class Ⅲ）是热不稳定的大分子蛋白，不易穿过肽聚糖层，通过水解靶细胞的细胞壁使细胞溶解而最终致使细胞死亡。Ⅰ类和Ⅱ类细菌素，分子量较小，易穿过肽聚糖层到达细胞膜，对革兰氏阳性菌有较好的杀菌效果。研究人员发现一株海洋芽孢杆菌属 Sh10 的细菌素对微生物奇异变形杆菌 Uca4 和 Uce1 具有杀菌活性，所产细菌素干扰了生物膜的形成并破坏已建立的生物膜。解淀粉芽孢杆菌 ZJHD3-06 生产的新型细菌素 CAMT2 具有潜在的天然生物防腐剂的作用，可控制食源性腐败和致病菌，在冷藏温度下对脱脂牛奶均具有良好的抗李斯特菌作用。此外，细菌素在群体感应中能够作为信息素在同类型的细胞中执行程序性凋亡的功能。

3. 蛋白类物质

除细菌素和酶类物质外，芽孢杆菌还会产生一些具有抑菌活性的大分子量蛋白类物质，这些抗菌蛋白氨基酸含量通常在 50 个以上、分子质量大于 5 kDa，大部分抗菌蛋白对蛋白酶、温度和酸碱不敏感，是比较稳定的蛋白质，并且可以抑制多种病原菌生长。抗菌活性蛋白可以破坏细胞壁造成菌丝变形，抑制孢子萌发。芽孢杆菌 EB-28 菌株中纯化出相对分子质量为 24.3 kDa 的抗菌蛋白，对马铃薯晚疫病菌具有强烈的抑制作用。柑橘叶片中分离出对柑橘溃疡病菌有良好抑菌效果的芽孢杆菌 CQBS03，并从其发酵液中纯化出分子质量为 55 kDa 的抑菌蛋白。对解淀粉芽孢杆菌 ASR-12 菌株胞外蛋白粗提液对病原真菌抑制作用进行研究，发现它同时对大白菜软腐病菌和 8 种病原真菌有抑制作用，降解菌丝细胞壁，抑制孢子萌发，造成菌丝畸形、膨大、扭曲。对西太平洋雅浦海沟的水样进行筛选，获得一株深海贝莱斯芽孢杆菌 DH82，提取其抗菌粗蛋白进行柱层析获得两个活性峰蛋白 PrⅠ和 PrⅡ，经抑菌谱检测，发现对常见的 7 种水产指示病原细菌都产生抗性，其中峰蛋白 PrⅡ对植物病原真菌中的水贼镰刀菌也具有较好抑菌作用。

10.3.3 其他抗菌物质

除了以上抗菌物质外，芽孢杆菌还能产生一些其他类型的抗菌物质，主要有酚类、大环内酯类、氨基糖苷类、异构香豆素类和多烯类。海洋生物环境中分离得到 1 株芽孢杆菌 B-9987，研究发现其胞外分泌的代谢产物对植物病原真菌有显著的抑制作用，该抑菌物质经提取鉴定推断为酚类化合物。解淀粉芽孢杆菌 MB40 可以分泌高含量的丙酮酸、3-羟基丁酮和 2,3-丁二酮，对大多数种类的蔷薇树火疫病的小球藻欧文氏菌 1E IMIV 具有抑制活性。另有研究发现异构香豆素类化合物是芽孢杆菌产生的活性抗菌物质，结构为板状晶体，该类化合物及其衍生物被广泛应用于农药、医药和香料等行业中，有抗肿瘤、抗菌消炎、降压和止血等多种功能。

10.4 芽孢杆菌多糖研究

微生物多糖是指微生物在生长代谢活动中分泌到细胞壁外的长链、高黏度、高分子质量聚合物，其水溶液表现为典型的非牛顿流体，具有良好的流变学特性。

微生物多糖与植物多糖相比，具有生产周期短、产量稳定、分离纯化简单等生产优势。细胞外多糖主要分为胞外多糖（EPS）和荚膜多糖（CPS）。胞外多糖可保护微生物免受渗透压、干燥和有毒化合物等有害环境的影响。此外，其在不同生态系统的定殖中也起着至关重要的作用。CPS 能够促进益生菌在肠道黏膜中的定殖，规避宿主的免疫系统活性。EPS 还具有抗癌、抗氧化剂、增强免疫力、降低胆固醇、抗高血压和抗菌等多种生物活性，化学结构复杂。因此，微生物多糖被广泛应用于医药、食品、环保及石油工业。另外，在一些新的研究领域中微生物多糖也作为生物絮凝剂、重金属离子吸附剂和生物活性物质被开发应用。

10.4.1　多糖的制备与结构鉴定

目前，一般芽孢杆菌多糖的制备采用乙醇沉淀、纯化得粗多糖，干重法测定或苯酚-硫酸显色法测多糖含量。由于多糖是继蛋白质、核酸之后的又一信息分子，分子质量、极性、组成结构不均一，因此，它的纯化和鉴定存在一定的困难，可以使用化学、物理诱变方法来诱变工业发酵生产中的菌种以提高微生物多糖生产能力。近年来，关于多糖化学分子修饰的文献主要集中在植物多糖和真菌子实体多糖上，对微生物多糖的研究较少，常见方法有硫酸化、磷酸化、乙酰化、烷基化、磺酰化、羧甲基化等，可以通过对多糖化学修饰提高或开拓微生物多糖的功能，促进其在工业生产中更好发展。

现有多种手段对微生物胞外多糖进行检测鉴定。可通过离子交换、尺寸排阻色谱法、凝胶柱层析（丙烯葡聚糖凝胶 S-200 HR）对精制多糖进行纯化，采用高效凝胶渗透色谱法、气相色谱法测定多糖组分的分子量，进一步采用硫酸-咔唑法、2,4-二硝基苯肼比色法、氯化钡明胶比色法、茚三酮反应和气相色谱法等测定其组分，高效液相法分析单糖组成。通过酶法、电喷雾电离质谱（ESI-MS）、核磁共振波谱分析、甲基化分析、红外光谱分析、高碘酸氧化和 Smith 降解等方法研究多糖的结构特征，且傅里叶变换红外光谱（FTIR）可鉴定组成多糖的杂环化合物。

曹承旭等从东北地区的 10 个自然发酵大酱样品中分离出了一株胞外多糖产量最高的芽孢杆菌 SN-1 菌株。通过对生长动力学曲线进行测定，研究不同发酵时间下贝莱斯芽孢杆菌 *Bacillus velezensis* SN-1 的生长、培养基的 pH 和胞外多糖产量情况。结果如图 10.1 所示，在初始的 32 h 内，胞外多糖产量迅速增加，EPS 和 CPS 的最大浓度分别为 697 mg/L 和 270.34 mg/L，随着持续发酵，产量趋于平稳。此外，在发酵的前 32 h 内，贝莱斯芽孢杆菌 *Bacillus velezensis* SN-1 迅速生长，而培养基的 pH 迅速下降，此后贝莱斯芽孢杆菌 *Bacillus velezensis* SN-1 的生长速率略有下降，培养 48 h 后，培养基的最终 pH 为 3.1。CPS 的产量在前 28h 迅速增长，达到峰值后产量开始下降，可以看出 CPS 产量的变化趋势与菌体细胞数量（lgCFU）的变化趋势保持一致。

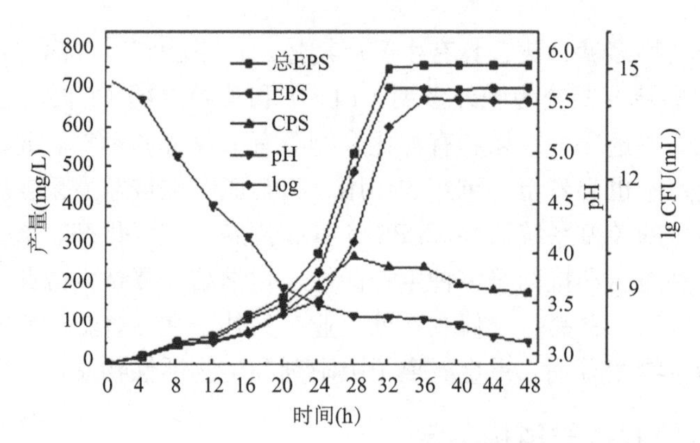

图 10.1 贝莱斯芽孢杆菌 *Bacillus velezensis* SN-1 的产量动力曲线（37℃，48 h）

粗 EPS 和 CPS 通过 DEAE-Sepharose 52 阴离子交换柱进一步纯化，都获得了两个多糖组分。结果均显示第一个峰显著，表明第一个峰是粗 EPS 和 CPS 样品的主要馏分，存在大量胞外多糖。根据洗脱曲线可知，EPS 的组分分别由 0.1 mol/L 和 0.3 mol/L 的 NaCl 洗脱液出峰，CPS 的组分分别由 0.05 mol/L、0.1mol/L 和 0.2 mol/L 的 NaCl 洗脱液出峰，表明这些组分带有一定负电荷，可能是酸性或其他电负性基团。分别将 DEAE-Sepharose 52 阴离子交换柱纯化所得第一个峰的组分进行合并收集，透析，冷冻干燥以进行下一步 Sephadex G-100 纯化。EPS 经洗脱得到两个均一组分，分别命名为 EPS-1 和 EPS-2。CPS 经洗脱获得一个均一组分。经 DEAE-Sepharose 52 阴离子交换柱和 G-100 凝胶柱纯化后，EPS-1、EPS-2 和 CPS 的得率分别为 12.3%、48.2%和 38.4%。

采用凝胶渗透色谱法（GPC）测定多糖分子量，结果表明 EPS-1、EPS-2 和 CPS 的重均分子量（M_w）分别为 2.2×10^5、2.0×10^5 和 1.5×10^5；数均分子量（M_n）分别为 1.0×10^5、7.5×10^4 和 6.7×10^4。多分散性指数（PDI）测定分散均匀性之间的偏差，PDI>2 意味着分布广泛。因此，三者中 EPS-2 分布最为广泛。

利用苯酚-硫酸法测定中性糖含量，考马斯亮蓝法测定蛋白质含量，氯化钡-明胶比色法测定硫酸基含量，间羟基联苯比色法测定糖醛酸含量，结果如表 10.3 所示，EPS-1、EPS-2 和 CPS 中不含有蛋白质，说明通过 TCA 除蛋白处理后，所提胞外多糖成分均一且无蛋白质氨基酸污染。

表 10.3 粗多糖、EPS-1、EPS-2 和 CPS 的组成成分分析

样品	中性糖（%）	蛋白质（%）	硫酸基（%）	糖醛酸（%）
粗多糖	64.73	5.3	0.46	—
EPS-1	91.37	—	—	—
EPS-2	94.04	—	1.93	—
CPS	96.31	—	0.92	1.33

贝莱斯芽孢杆菌 *Bacillus velezensis* SN-1 粗多糖及其纯化组分的紫外全波长扫描结果显示粗多糖在 200～300 nm 之间存在明显吸收峰。肽骨架和氨基酸通常在 260～280 nm 之间显示吸收峰，说明粗多糖存在少量蛋白质或核酸成分；而纯化组分在 260～280 nm 处不显示吸收峰，说明通过纯化分离出的 EPS-1、EPS-2 和 CPS 无蛋白质或核酸污染。

根据单糖标准品和多糖样品色谱图谱的出峰时间，对多糖进行分离。气相色谱中各单糖标准品在指定色谱条件下分离效果较好，保留时间从小到大依次为鼠李糖、岩藻糖、阿拉伯糖、甘露糖、葡萄糖、果糖、半乳糖和内标物肌醇。胞外多糖 EPS-2 与 CPS 单糖组成近似。其中 EPS-2 以甘露糖、果糖和葡萄糖为主，摩尔比约为 0.38：0.33：0.30。CPS 以甘露糖和葡萄糖为主，摩尔比约为 0.55：0.45。

EPS、EPS-1 和 EPS-2 的 FTIR 谱图如图 10.2 所示。所有组分在 800～4000 cm^{-1} 范围内均具有明显的多糖吸收峰。多糖组分 EPS 在 3417 cm^{-1} 处显示出较强的吸收峰，此处吸收峰代表羟基（O—H）的伸缩振动。所有组分在 2926 cm^{-1} 和 1406 cm^{-1} 处的吸收峰代表 C—H 的伸缩振动。EPS 在 1055 cm^{-1} 和 1130 cm^{-1} 处的强吸收峰属于 1200～1000 cm^{-1} 范围，说明多糖含有 C—O—C 基团，表明 EPS 中的单糖具有吡喃糖环。在 818 cm^{-1} 处的特征吸收峰表明 EPS-2 中存在甘露糖，这与单糖组成的结果一致。CPS 的 FTIR 谱图如图 10.3 所示。多糖组分在 3416 cm^{-1}（范围 3600～3200 cm^{-1}）附近出现一个吸收峰，代表多糖含有 O—H 的伸缩振动，并且在 2925 cm^{-1} 处含有较弱的 C—H 伸缩振动。在 1651cm^{-1} 处的吸收峰对应于 *N*-乙酰基团或 C═O 的伸缩振动。此外，在 1540 cm^{-1} 处观察到吸收峰，该峰与 N—H 基团的伸缩振动有关。在 1408 cm^{-1} 处的吸收峰对应于 C═O 和 C—O 基团，说明 CPS 中可能含有糖醛酸。在 1245 cm^{-1} 处的吸收峰可能是由乙酰基的伸缩振动引起的。此外，在 1150～900 cm^{-1} 范围内的光谱归因于 C—O—C 键的伸缩振动。

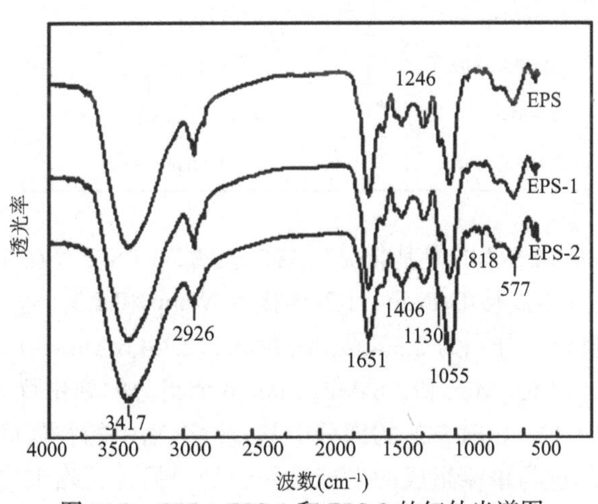

图 10.2　EPS、EPS-1 和 EPS-2 的红外光谱图

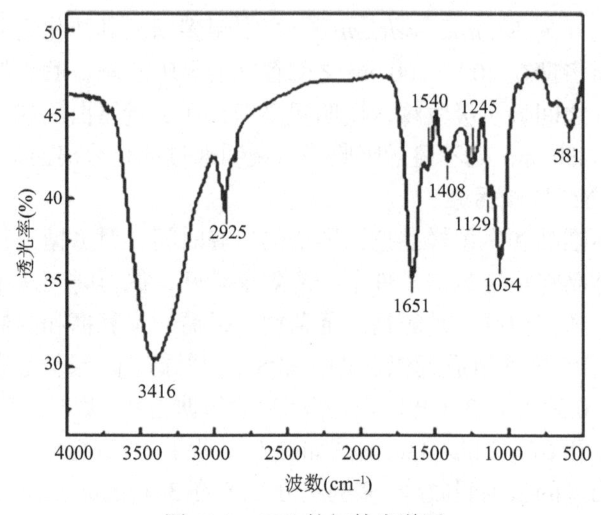

图 10.3　CPS 的红外光谱图

利用甲基化分析方法对多糖结构进行鉴定，表 10.4 所示的 EPS-1 的甲基化分析结果表明，EPS-1 存在 5 个组分，分别为 2,3,4,6-Me_4-Man、2,3,6-Me_3-Glc、2,4,6-Me_3-Glc、2,6-Me_2-Fru 和 2,4-Me_2-Man，其中甘露糖、葡萄糖和果糖的残基摩尔比约为 50.8∶26.7∶12.5。基于这些数据，EPS-1 的主链主要由 1,4-连接的 Glcp、1,3-连接的 Glcp、1,3,6-连接的 Manp 和甘露糖终端残基组成。

表 10.4　EPS-1 的甲基化分析

峰号	甲基化糖	联系类型	相对摩尔比
1	2,3,4,6-Me_4-Man	Manp-（1→	33.5
2	2,3,6-Me_3-Glc	→4）Glcp（1→	23.3
3	2,4,6-Me_3-Glc	→3）Glcp（1→	13.4
4	2,6-Me_2-Fru	→3,4）Frup（1→	12.5
5	2,4-Me_2-Man	→3,6）Manp（1→	17.3

表 10.5 所示的 EPS-2 的甲基化分析结果表明，EPS-2 存在 T-Manp、T-Frup、1,4-连接的 Glcp、1,4-连接的 Frup、1,3-连接的 Manp 和 1,3,4-连接的 Manp，并且 EPS-2 存在 6 个组分，分别为 2,3,4,6-Me_4-Man、2,3,4,6-Me_4-Fru、2,3,6-Me_3-Glc、2,3,6-Me_3-Fru、2,4,6-Me_3-Man 和 2,6-Me_2-Man，6 个组分的摩尔百分比为 7.3∶9.0∶29.5∶23.8∶17.5∶12.9。EPS-2 的部分甲基化混合物中的甘露糖含量约占总碳水化合物的 37.7%，这与单糖组成的发现是一致的。另外，除末端残基外，上述残

基的数量占甲基化糖总量的 83.7%，表明 EPS-2 是高度分支的多糖。

表 10.5　EPS-2 的甲基化分析

峰号	甲基化糖	联系类型	相对摩尔比
1	2,3,4,6-Me_4-Man	Manp-（1→	7.3
2	2,3,4,6-Me_4-Fru	Frup-（1→	9.0
3	2,3,6-Me_3-Glc	→4）Glcp（1→	29.5
4	2,3,6-Me_3-Fru	→4）Frup（1→	23.8
5	2,4,6-Me_3-Man	→3）Manp（1→	17.5
6	2,6-Me_2-Man	→3，4）Manp（1→	12.9

CPS 的甲基化分析（表 10.6）表明存在 T-Manp、1,3-连接的 Glcp、1,3-连接的 Manp 和 1,3,6-连接的 Manp 单元。结果表明存在 4 个组分，即 2,3,4,6-Me_4-Man、2,4,6-Me_3-Glc、2,4,6-Me_3-Man 和 2,4-Me_2-Man，其摩尔比为 14.5∶44.5∶36.7∶4.3。CPS 甲基化的混合物中的葡萄糖含量约占总碳水化合物的 44.5%，这与单糖成分的发现一致。

表 10.6　CPS 的甲基化分析

峰号	甲基化糖	联系类型	相对摩尔比
1	2,3,4,6-Me_4-Man	Manp-（1→	14.5
2	2,4,6-Me_3-Glc	→3）Glcp（1→	44.5
3	2,4,6-Me_3-Man	→3）Manp（1→	36.7
4	2,4-Me_2-Man	→3，6）Manp（1→	4.3

扫描电镜被用来分析多糖的形态和物理特性。图 10.4 为 EPS-1、EPS-2 和 CPS 的电镜扫描结果。EPS-1 的 SEM 照片[图 10.4（a）]显示出表面平滑不规则的长柱状结构，上面覆盖着一些分散的碎片。EPS-2 在 10 k 放大倍率下显示出光滑表面，类似于多糖片，且结构大小较为均一[图 10.4（b）]。EPS-1 和 EPS-2 光滑的表面有利于生物膜的形成。CPS［图 10.4（c）]显示出疏松的立体结构，且呈现均一较大的尺寸。这种均一性可赋予多糖聚合物生物膜的机械稳定性。三种多糖组分较大的外貌差异性可能与单糖组成、分子量等结构特征有关，除此之外多糖的结构和表观形态同样受到样品制备方法的影响。

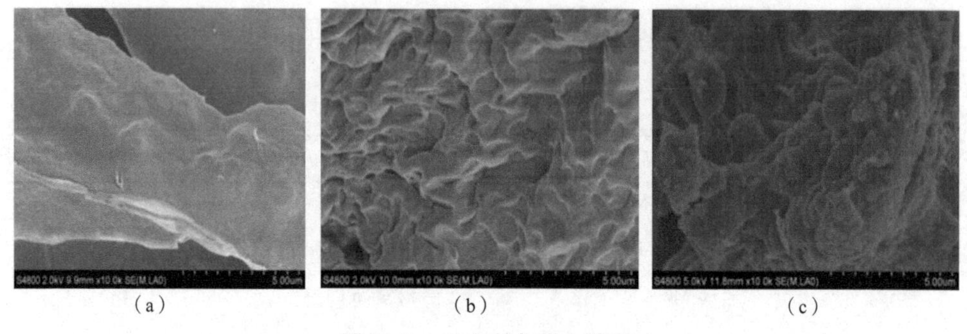

图 10.4　EPS 的扫描电镜图

（a）EPS-1×10 k；（b）EPS-2×10 k；（c）CPS×10 k

10.4.2　胞外多糖理化性质研究

对胞外多糖的乳化活性进行分析，结果如图 10.5 所示，图中比较了 EPS-1、EPS-2、CPS 和黄原胶对不同食用油的乳化指数。与黄原胶相比，各纯化多糖组分大多对稻米油、葵花籽油、花生油和大豆油具有较高的乳化活性。目前还没有关于芽孢杆菌产生胞外多糖的乳化活性的文献报道，而其他菌种所产的生物聚合物有类似的结果，研究报道在浓度为 0.5 mg/mL 的情况下，链球菌 PI80 制备的胞外多糖的乳化活性（81.8）高于黄原胶（68.8）。在另一项研究中，与相同浓度的黄原胶（37.4）相比，马乳酒样乳杆菌 *Lactobacillus kefiranofaciens* ZW3 表现出更高的乳化活性（88.0）。与其他食用油相比，贝莱斯芽孢杆菌 *B.velezensis* SN-1 的三种纯化多糖对葵花籽油的乳化稳定性明显更高。

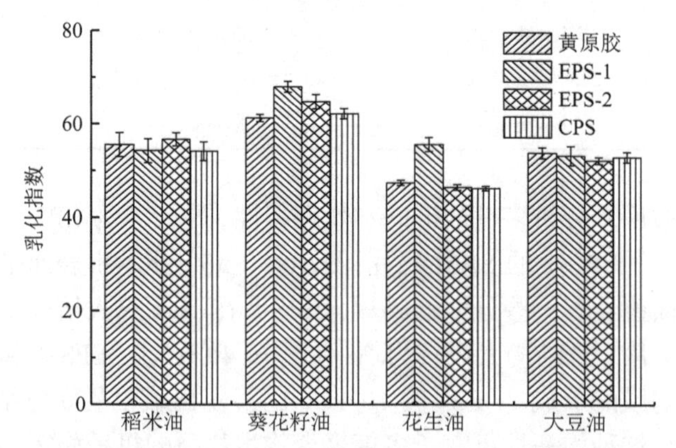

图 10.5　EPS-1、EPS-2、CPS 和黄原胶对不同食用油的乳化指数

图 10.6 所示为胞外多糖浓度对乳液稳定性的影响，利用不同浓度的胞外多糖与葵花籽油制得乳化溶液，并测定其乳化指数（E_{168}）。当胞外多糖的浓度为 0.00～1.50 mg/mL 时，其乳化指数存在显著差异（$P<0.05$）。然而，当胞外多糖的浓度

在 1.00～1.50mg/mL 之间时，乳化指数没有显著性差异（P>0.05）。因此，胞外多糖的最佳浓度为 1 mg/mL。

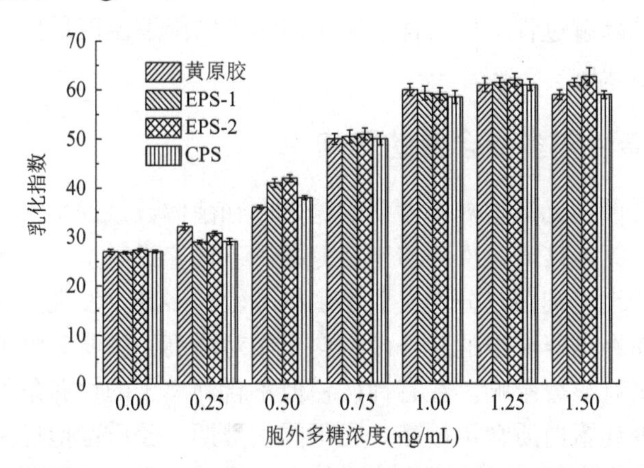

图 10.6　不同浓度 EPS-1、EPS-2、CPS 和黄原胶对葵花籽油的乳化指数的影响

胞外多糖的流变特性分析如图 10.7 所示，EPS-1、EPS-2 和 CPS 在水溶液中显示出明显假塑性或剪切稀化特性。CPS 具有更高的黏度和显著的剪切稀化特性。

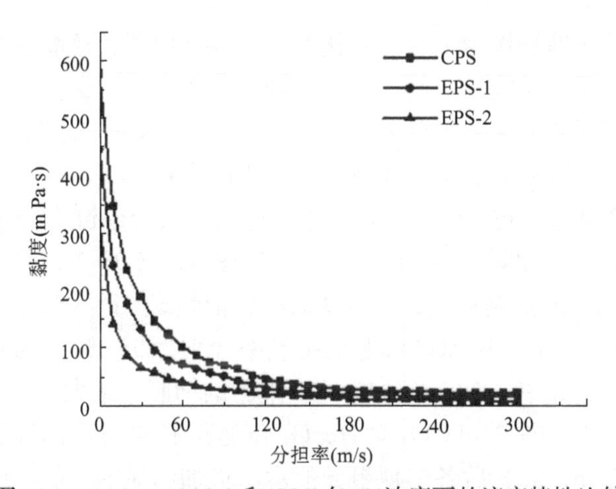

图 10.7　EPS-1、EPS-2 和 CPS 在 1%浓度下的流变特性比较

多糖的热力学性质与食品工商业存在着密不可分的关系。热重分析（TGA）是分析温度与材料质量损失之间关系的功能函数分析技术。研究发现，所有样品质量均随温度的升高而减少，此过程有两个明显的质量损失阶段。第一阶段（80～200℃）的质量损失（4.87%～8.2%）中，多糖中的羟基含量很高，推测其原始质量的减少可能与结合水和自由水的挥发有关；而第二阶段（200～600℃）的质量

损失是由样品自身降解引起的。EPS-1、EPS-2 和 CPS 的降解温度（也称最快降解温度，T_d）分别是 310.3℃、284.3℃和 304.4℃。此外，CPS 在 275℃左右还有一个较为明显的降解过程。所有样品中，EPS-2 的降解温度最低，这可能是由其结构分支较多造成的。

10.4.3 培养条件对多糖含量的影响

胶质芽孢杆菌在无氮培养条件下的糖蛋白和菌体数量远小于有氮培养条件，但多糖提取量在无氮培养条件下多于有氮条件下培养提取量。在无氮培养基中添加不同种类矿粉培养细菌，分别提取粗多糖和较纯多糖，发现添加含有细菌所需矿质养料的矿粉在培养液中的胞外多糖含量相对增高，说明矿物种类对胶质芽孢杆菌多糖的分泌有显著影响。在有钾矿粉但不含钾离子的培养条件下，胶质芽孢杆菌产生的多糖和蛋白质含量最高。在不同发酵期，胶质芽孢杆菌菌株无氮或含石英粉的培养基有利于细菌大量合成多糖类物质。胶质芽孢杆菌在添加钾矿粉或黑云母粉制作的无氮、有氮培养基中均能够形成大量多糖，且前者第 3 天所提多糖含量最高，后者第 4 天所提多糖含量最高。

10.4.4 芽孢杆菌多糖功能

微生物胞外多糖能作为天然抗氧化剂，清除自由基，还能够抑制肿瘤细胞活性，具有一定的免疫功能。因此，胞外多糖可以用于医疗保健。

为了探索不同浓度多糖组分 EPS-1、EPS-2 和 CPS 对 HepG2 细胞增殖抑制的作用，将培养至对数期的 HepG2 接种到 96 孔板培养 24 h、48 h 和 72 h，随后分别加入浓度为 0.05 mg/mL、0.2 mg/mL、0.5 mg/mL、1 mg/mL、2 mg/mL 的 EPS-1、EPS-2 和 CPS 溶液。如图 10.8 所示，各浓度 EPS-1、EPS-2 和 CPS 对 HepG2 细胞培养 24 h 后均具有抑制作用，并呈现出浓度依赖式。最大浓度（2 mg/mL）时，EPS-1、EPS-2 和 CPS 对 HepG2 细胞的抑制率分别为 55.3%、56.9%和 51.2%。因此，在三种多糖组分中，EPS-2 对 HepG2 细胞的抑制率最大。

各浓度 EPS-1、EPS-2 和 CPS 对 HepG2 细胞培养 48 h 后的抑制作用如图 10.9 所示，相比于 24 h，48 h 后各多糖组分显示出更加明显的抑制作用。类似于 24 h 的结果，所有样品的抑制活性均呈现出浓度依赖式提高。最大浓度（2 mg/mL）时，EPS-1、EPS-2 和 CPS 对 HepG2 细胞的抑制率分别为 53.1%、49.9%和 63.9%。另外，48 h 后 50 μg/mL 氟二氧嘧啶对 HepG2 细胞的抑制率为 60.4%。其中 CPS 对 HepG2 细胞的抑制率高于阳性对照氟二氧嘧啶。

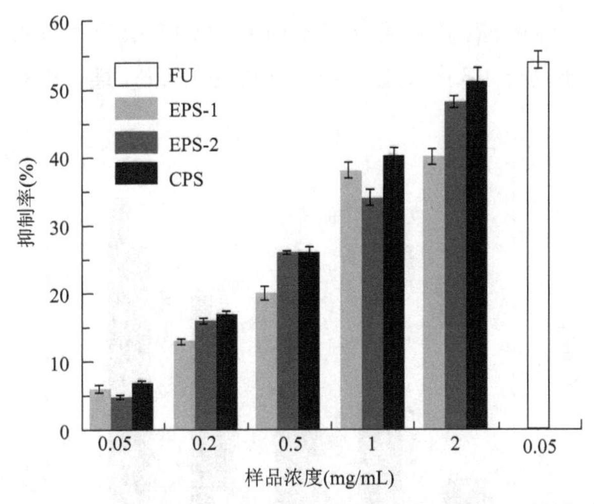

图 10.8　EPS-1、EPS-2 和 CPS 作用于 HepG2 细胞 24 h 后的抑制效果

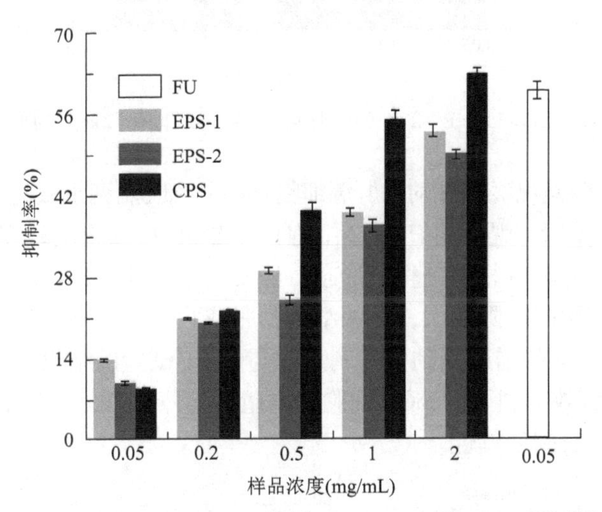

图 10.9　EPS-1、EPS-2 和 CPS 作用于 HepG2 细胞 48 h 后的抑制效果

各浓度 EPS-1、EPS-2 和 CPS 对 HepG2 细胞培养 72 h 后的抑制作用如图 10.10 所示，相比于 24 h 和 48 h，各多糖组分对 HepG2 细胞抑制作用更加显著，且抑制活性同样呈现剂量依赖式提高。最大浓度（2 mg/mL）时，EPS-1、EPS-2 和 CPS 对 HepG2 细胞的抑制率分别为 63.3%、72.0%和 81.3%。另外，72 h 后 50 μg/mL 的 FU 对 HepG2 细胞的抑制率为 77.9%。综上所述，CPS 对 HepG2 细胞的抑制率明显好于 EPS-1 和 EPS-2。多糖的抗癌活性受糖链结构、单糖组成、多糖中硫酸基或蛋白等官能团的含量和分子量的影响。多糖的抗肿瘤活性还与其分子量密切相关，这是由于多糖的高级构型影响着分子量，研究发现分子量在 1×10^5～2×10^5

内的多糖抗肿瘤活性最强，这也可能是本研究中 CPS 具有最强抗肿瘤活性的原因之一。此外 CPS 还具有 1.33%的糖醛酸，这可能是 CPS 具有更高抗肿瘤活性的另一个原因。

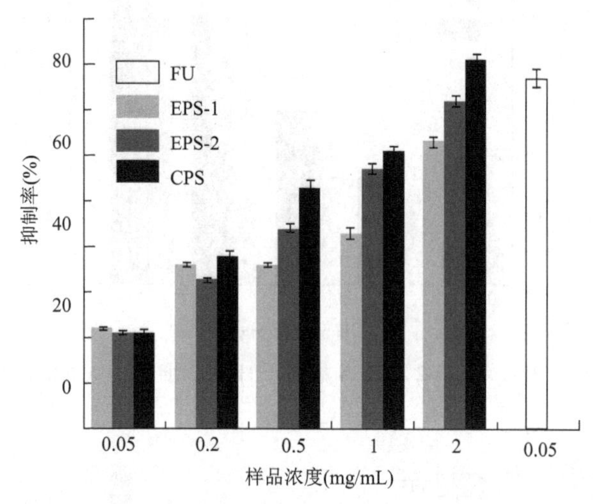

图 10.10 EPS-1、EPS-2 和 CPS 作用于 HepG2 细胞 72 h 后的抑制效果

通过倒置显微镜观察 CPS 对人肝癌细胞 HepG2 细胞群落形成的影响(图 10.11)。在低浓度多糖条件下，观察到 HepG2 细胞具有健康单一的形态，细胞间紧密连接，单个细胞体积大并具有相对完整的形态。经 CPS 处理 48 h 后，HepG2 细胞的数量逐渐减少，细胞间空隙变大，一些细胞膨胀或收缩，细胞碎片数量增加。这表明 HepG2 细胞群落的增殖受到了抑制，这与 MTT 试验的结果一致。细胞形态的变化表明 CPS 有效抑制了 HepG2 细胞的增殖。此外，CPS 对 HepG2 细胞的抑制作用呈现浓度与时间依赖性。

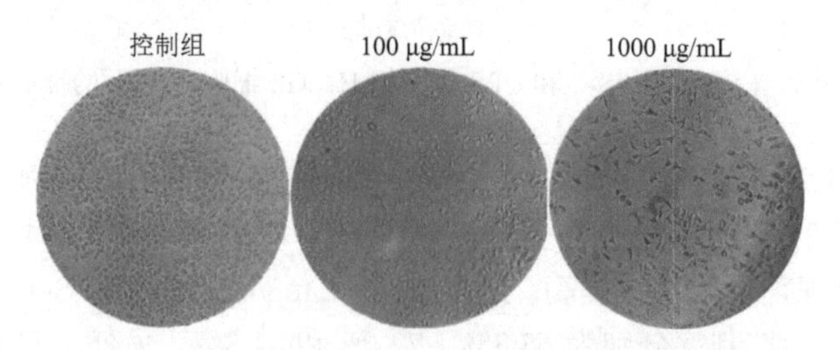

图 10.11 CPS 作用后 HepG2 细胞的倒置显微镜观察图

由图 10.12 可知，CPS 处理 48 h 后，胱天蛋白酶 Caspase-3 和 Caspase-9 的活性呈现浓度依赖式提高，随着多糖溶液浓度的增大均呈现增加的趋势。这说明 CPS 致使 HepG2 细胞凋亡，是通过增加细胞凋亡酶 Caspase-3 和 Caspase-9 的

活性来实现的，更深入地说明 CPS 是通过诱导细胞的凋亡而对 HepG2 细胞起抑制作用。

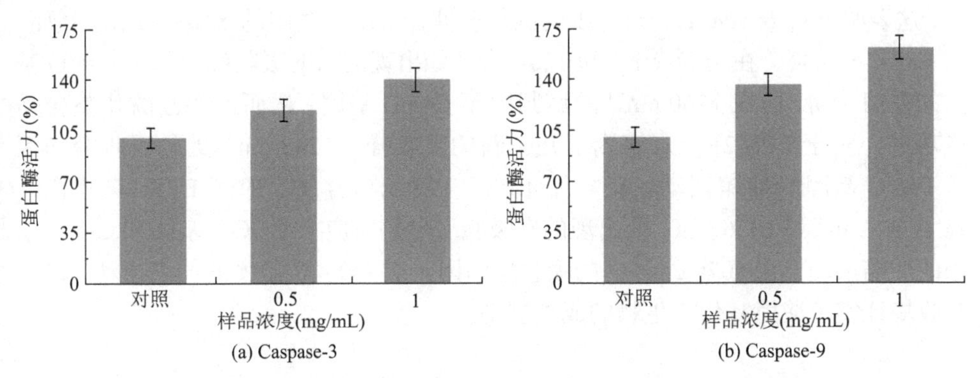

图 10.12　CPS 对 HepG2 细胞 Caspase-3 和 Caspase-9 活力的影响

通过乙酰化、磷酸化和羧甲基化制备出 EPS-2 的不同衍生物，对 EPS-2 衍生物取代度、产量和分子量进行测定。EPS-2A、EPS-2P 和 EPS-2C 的取代度分别为 0.89、0.08 和 0.53；EPS-2A、EPS-2P 和 EPS-2C 的产率分别为 43%、50%和 54%。使用 GPC 方法对 EPS-2 多糖衍生物的重均分子量（M_w）进行测定。各衍生物的 GPC 谱图均呈现单一、对称的峰型（图 10.13），表明所有样品具有均一性。然而，与 EPS-2（2.0×10^5）相比，EPS-2P（2.78×10^5）和 EPS-2A（2.38×10^5）的 M_w 显著提高，EPS-2C 的 M_w（1.96×10^5）相对降低。

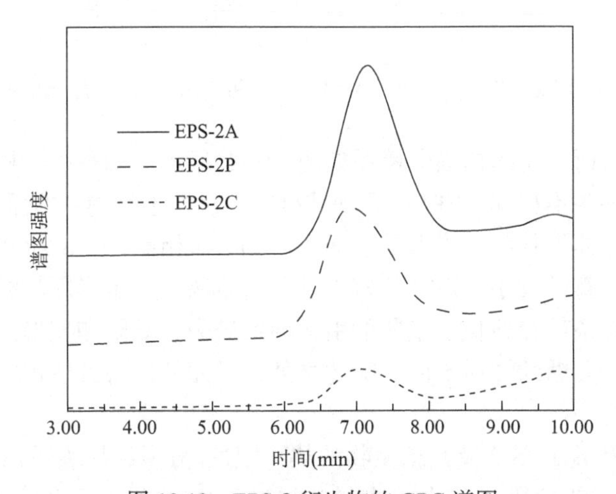

图 10.13　EPS-2 衍生物的 GPC 谱图

图 10.14 所示为 EPS-2 及其衍生物的 FTIR 谱图。EPS-2、EPS-2A、EPS-2P 和 EPS-2C 的 FTIR 谱图基本相同。所有组分在 4000～500 cm^{-1} 范围内均具有明显

的多糖吸收峰，其中包括 3417 cm^{-1}（O—H）和 1055 cm^{-1}（C—O）。此外，在 1055 cm^{-1} 处的主要吸收峰表明多糖及其衍生物中葡萄糖残基以 α-吡喃糖形式存在，这表明来自 *B. velezensis* SN-1 的胞外多糖含有吡喃基团的 α 型杂多糖。然而，对 EPS-2A 而言，在 1686 cm^{-1} 和 1234 cm^{-1} 处出现的新的吸收峰归因于 C═O 基团的伸缩振动，而在 1560 cm^{-1} 的峰归因于 C═C 基团，从而证实乙酰化整合是成功的。对于 EPS-2P，观察到了几个新的吸收峰。1248 cm^{-1} 处的吸收峰归因于 P═O 基团的伸缩振动，证实了 EPS-2P 的成功合成。对于 EPS-2C 来说，在 1600 cm^{-1} 和 1326 cm^{-1} 处出现的新吸收峰分别对应于 COO—基团和 CH_2—基团的伸缩振动，在 1070 cm^{-1} 处的吸收峰归因于 C—O—C 基团的伸缩振动。以上吸收峰证实了羧甲基化衍生物的成功制备。

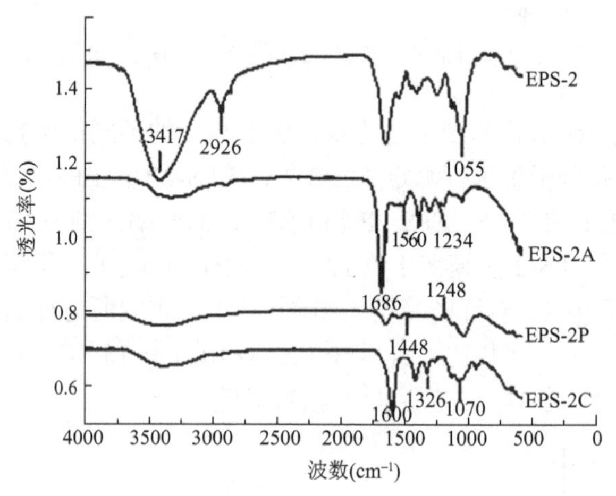

图 10.14 EPS-2、EPS-2A、EPS-2P 和 EPS-2C 的红外光谱图

EPS-2 及其衍生物的扫描电镜图如图 10.15 所示。四种多糖样品的表观在大小和形状方面都各不相同。EPS-2 呈块状外观，尺寸不均匀；然而，EPS-2A 显示出更规则的立方体形状和更光滑的表面。与 EPS-2 相比，EPS-2P 的表面粗糙，中间有明显的孔，直径较小。EPS-2 羧甲基化衍生物为无定形颗粒结构，这可能是由于极端的反应条件和新化学基团的引入导致破裂、黏附和变形。各修饰多糖的结构不同归因于多糖的性质不同，除此之外，样品的制备方法也是影响结构和形状的关键因素之一。

TGA 用于确定 EPS-2 及其衍生物的热稳定性。分析结果表明每个样品的 TGA 均显示两个不同的阶段。首先，在 30～193℃之间失去了水的质量（6.10%～13.07%）。EPS-2A 和 EPS-2P 由于具有更好的水结合能力而在所有样品中的失重最大。由微商热重分析曲线得出的 EPS-2C、EPS-2P、EPS-2 和 EPS-2A 的分解温度分别为 261.63℃、282.15℃、284.30℃和 303.18℃，多糖衍生物第二阶段的热稳定性下降归因于引入的官能团会阻止多糖链的包裹。以上结果表明乙酰化有效改善了热稳定性，使其具有一个更加松散的包裹结构。

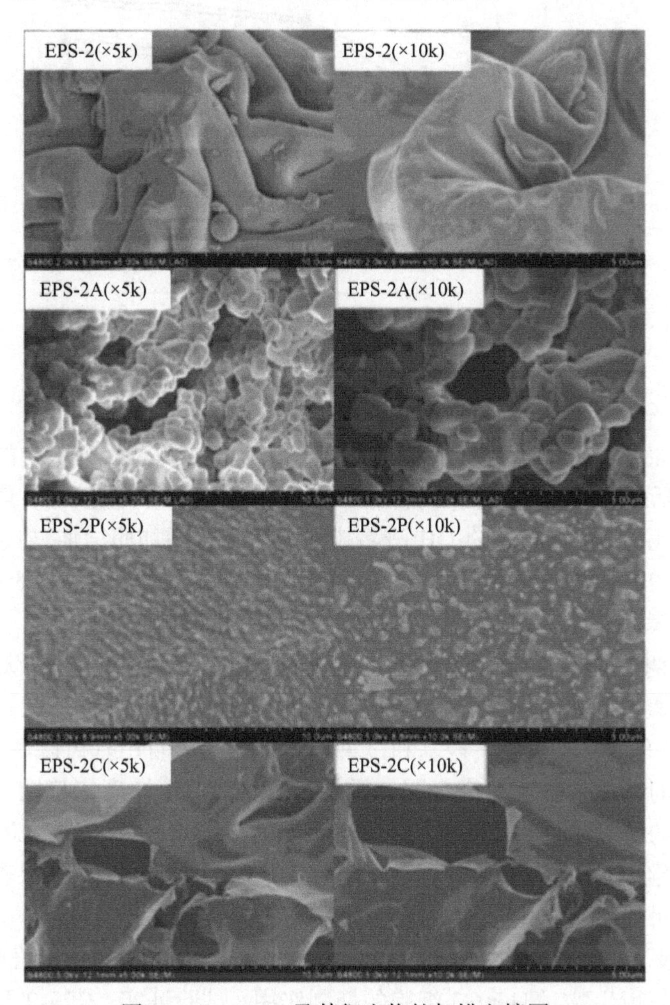

图 10.15　EPS-2 及其衍生物的扫描电镜图

EPS-2 及其衍生物的 DPPH 自由基（DPPH·）清除活性如图 10.16 所示。图中显示 EPS-2 衍生物的 DPPH·清除能力均高于 EPS-2。与其他衍生物相比，EPS-2P 表现出最强的清除能力，从 52.87%增加到 81.4%。所有样品的清除活性均以浓度依赖性的方式按以下顺序增加：EPS-2<EPS-2A<EPS-2C<EPS-2P。EPS-2P 强大的 DPPH·抗氧化活性归因于其提供电子或氢以终止 DPPH·链反应的能力。该结果与先前研究一致，由于卡拉胶磷酸化衍生物相比其他衍生物具有更好的供氢能力，因此其具有最高的 DPPH·清除能力。

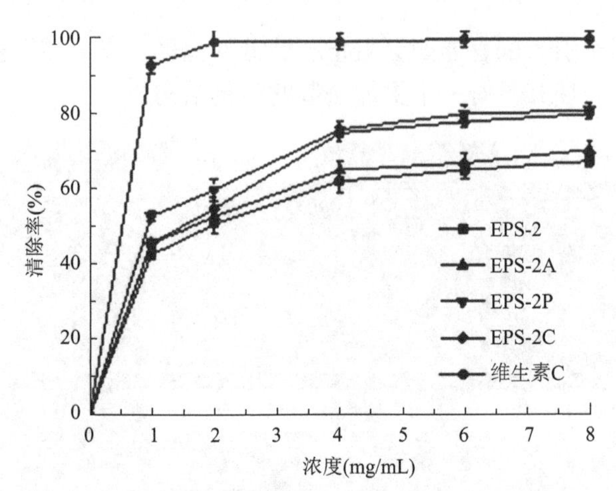

图 10.16　EPS-2 及其衍生物的 DPPH 自由基清除活性

通过 Fenton 反应产生的•OH 很容易穿过细胞膜，并对活细胞中的大多数生物大分子（包括碳水化合物、蛋白质、脂质和 DNA）造成严重破坏，最终导致组织损伤或细胞死亡。所有样品的•OH 清除能力随浓度的增加而增加。在 8 mg/mL 时，EPS-2、EPS-2P、EPS-2A 和 EPS-2C 的清除率分别为 73.21%、74.98%、75.42%和 80.98%，这表明羧甲基化对 EPS-2 的•OH 清除活性影响最大。

通过代谢或物理辐射诱导氧气活化而获得的超氧自由基被认为是活性氧（ROS）。超氧自由基进一步与其他分子反应，通过酶或金属催化的过程直接或间接生成 ROS（如单线态氧、羟基和过氧化氢）。超氧自由基可以诱导 DNA、脂质和蛋白质的氧化损伤。研究表明，样品的清除活性以浓度依赖性方式递增，其中各衍生物的清除活性大于 EPS-2。在 8 mg/mL 时，EPS-2、EPS-2P、EPS-2A 和 EPS-2C 的清除率分别为 65.22%、71.28%、76.32%和 88.32%。结果表明，羧甲基化的 EPS-2 可使超氧自由基清除能力大幅提高。

EPS-2 及其衍生物的体外抗肿瘤活性如图 10.17 所示，使用标准的 MTT 法分析 EPS-2 及其衍生物对 HepG2 细胞的抑制作用。试验证实，EPS-2 及其衍生物以浓度依赖性的方式抑制 HepG2 细胞的生长，并且与天然多糖相比，衍生物显示出更强的抑制作用。在 1 mg/mL 时，EPS-2，EPS-2A，EPS-2P 和 EPS-2C 对 HepG2 细胞的抑制百分比分别为 42.2%、54.98%、72.73%和 75.35%。此外，FU（50 μg/mL）对 HepG2 细胞表现出显著的抑制作用，抑制率为 54.45%。

此外，胞外多糖还具有一定的免疫活性。枯草芽孢杆菌所产胞外多糖可以缓解啮齿动物诱导的炎症，对小鼠脾淋巴细胞增殖及细胞因子产生有一定促进作用。在基础饲粮中添加适量的胶质类芽孢杆菌胞外多糖有利于黄羽肉仔鸡的生长发育，饲粮中添加 4.0 g/kg 胞外多糖能显著提高黄羽肉仔鸡平均日增重，降低黄羽

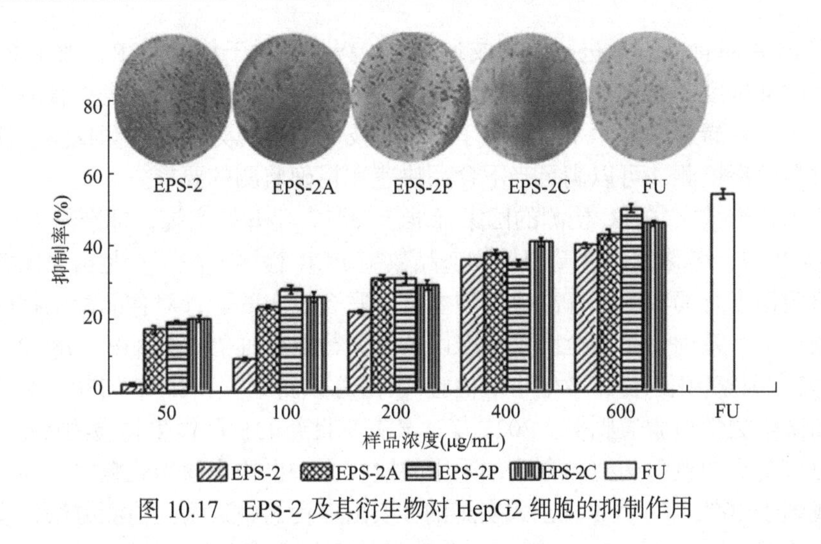

图 10.17　EPS-2 及其衍生物对 HepG2 细胞的抑制作用

肉仔鸡的料重比及死淘率，提高黄羽肉仔鸡的免疫器官指数。地衣芽孢杆菌 TS-01 生产的胞外多糖还可对 T 淋巴细胞和 B 淋巴细胞转化有增强作用。枯草芽孢杆菌衍生的胞外多糖可以抑制树突状细胞功能，防止诱导过敏性嗜酸性粒细胞增多。

10.5　芽孢杆菌与食品安全

在自然界存在很多细菌，其中有一部分会给人体带来疾病，甚至会威胁到人的生命安全，这种细菌被称为致病菌。而在食品生产加工过程中，由于加工设备、车间环境、食品原材料、人员、包装材料和生产加工工艺等多方面因素的影响，致病菌进入加工的食物中，从而引发食物腐败，食用后引起食物中毒等生产安全隐患。

其中，蜡样芽孢杆菌引发的食品安全问题备受关注。防控蜡样芽孢杆菌中毒，主要是避免其在食物中大量生长及产生毒素。食品生产经营企业，如米制品、乳制品、腐乳、泡菜等生产企业，尤其是发酵豆制品生产企业，如果不能严格控制原料、环境及加工过程，防止微生物污染和交叉污染，非常有可能造成蜡样芽孢杆菌大量繁殖。快速高效地检出食品中的蜡样芽孢杆菌，是保护消费者身体健康的有效屏障。

然而，大部分芽孢杆菌作为益生菌，其次生产物能够有效抑制其他致病菌。所以，应用哪些新型技术对有益处的芽孢杆菌加以应用，同时对有危害的芽孢杆菌加以识别防范，是食品安全领域应该注重的问题。

10.5.1　数字化等温 PCR 技术

由于传统检测方法费时费力，经常难以满足对食品快速检测的需求。目前采用数字 PCR 对食品安全进行研究成为一种趋势，相对于传统 PCR，数字 PCR 具有较好的准确度和重现性，可实现绝对定量分析，为快速准确地进行食品安全检测提供了一种崭新的技术平台。数字 PCR 技术的出现为食品检测提供了便利条件，可高效率检测，可以满足当下食品快速和精确监测的要求。

我国首个数字 PCR 检测的国家标准于 2017 年开始实施，标准号为：GB/T 33526—2017，名称为“转基因植物产品数字 PCR 检测方法”，是由原国家质量监督检验检疫总局和国家标准化管理委员会联合发布的。针对食品微生物检测，我国制订了一系列食品安全国家标准以及有关行业标准等，如 GB 4789.2—2022《食品安全国家标准 食品微生物学检验 菌落总数测定》、SN/T 0330—2012《出口食品微生物学检验通则》。2021 年，又有一批新的食品微生物检测标准实施，均为出口食品中致病菌检测方法，采用的检测方法也均为微滴式数字 PCR 法。

我国于 2022 年 6 月 1 日正式实施的 8 项出口食品中致病菌检测方法行业标准共同组成了 SN/T 5364—2021《出口食品中致病菌检测方法 微滴式数字 PCR 法》系列标准，分别为副溶血性弧菌、霍乱弧菌、溶藻弧菌、创伤弧菌、金黄色葡萄球菌、单核细胞增生李斯特氏菌、产志贺毒素大肠埃希氏菌和克罗诺杆菌属（阪崎肠杆菌）的检测提供了规范的微滴式数字 PCR 检测法。标准的制定推广了微滴式数字 PCR 技术的应用，同时也为出口食品的致病菌检测提供了一种更快速有效的方法，为我国食品和农产品的国际贸易提供技术保障。

数字 PCR（digital PCR）是继实时荧光定量 PCR（real-time fluorescence quantitative PCR）之后发展的高灵敏核酸绝对定量分析技术，通过把反应体系均分到大量独立的微反应单元中进行 PCR 扩增，并根据泊松分布和阳性比例来计算核酸拷贝数实现定量分析。近年来，研究者在数字 PCR 的基础上发展了数字等温扩增（digital isothermal amplification，DIA）技术，该技术可在等温条件下，短时间（通常是 1 h）内完成核酸扩增。DIA 通常包括环介导等温扩增（loop-mediated isothermal amplification，LAMP）、滚环扩增（rolling circle amplification，RCA）技术等。

1. 环介导等温扩增技术

环介导等温扩增技术首次报道于 2000 年，由日本学者 Notomi 等创建。它利用识别多区域特异性引物组和具有链置换活性的 Bst DNA 聚合酶，在 65℃左右等温条件下 1 h 内能扩增出高达 10^9 拷贝的靶序列。与常规 PCR 技术相比，LAMP 设备能简化操作流程、节省检测时间，又能满足快速检测的需要，更具有推广性。环介导等温扩增技术特别适用于基层单位及实地现场检测，有利于从源头控制食品安全事故的发生，非常适合食品检测机构、出入境检验部门、边远基层地区进行检测。

2. 滚环扩增技术

滚环扩增技术是模拟自然界中的环状分子滚环式复制方式，在具有链置换活性的 DNA 聚合酶作用下，由一条与靶序列互补的引物引发沿环形 DNA 模板进行链置换扩增，扩增出 DNA 长度近千倍的单链 DNA。若再加入与 DNA 模板一致的引物，滚环扩增能实现模板的指数扩增。

3. 依赖解旋酶等温扩增

依赖解旋酶等温扩增（HAD）技术模拟体内 DNA 复制的机制和过程，在恒温条件下利用生物复制系统的关键组分实现 DNA 的体外扩增。DNA 在解旋酶的作用下解开双链，单链结合蛋白为单链提供结合模板，再在 DNA 聚合酶的催化下互补配对，新合成的双链又在解旋酶的作用下分解，进入新一轮的扩增反应，最终实现核酸的指数式增长。此外，通过添加热稳定的逆转录酶，HAD 已成功用于 RNA 模板的逆转录等温扩增。

4. 依赖核酸序列等温扩增

依赖核酸序列的扩增（NASBA）技术基本原理是将基因的体外逆转录和转录过程偶联起来，根据靶 RNA 3′端序列，在带有 T7 启动子的特异引物（oligo NTP）和逆转录酶的作用下生成 RNA-cDNA 杂交分子，再用 Rnase H 消化 RNA，接着 T7 RNA 聚合酶以带有 T7 启动子的 cDNA 为模板，大量转录 mRNA，新生成的 mRNA 在另一个特异引物的作用下，再次逆转录为 cDNA，此时产生的 cDNA 为第二特异引物和 T7 启动子间的序列片段。经过逆转录和转录之间不断往复的循环过程，最终产生大量的单链 DNA。

5. 链置换等温扩增

链置换扩增（SDA）技术是一种酶促 DNA 体外等温扩增方法。在靶 DNA 两端带上被化学修饰的限制性核酸内切酶识别序列，核酸内切酶在其识别位点将双链 DNA 打开缺口，DNA 聚合酶继之延伸缺口的 3′端并替换下一条 DNA 链。被替换下来的 DNA 单链可与引物结合并被 DNA 聚合酶延伸双链。该过程不断反复进行，使靶序列被高效扩增。

6. 交叉引物等温扩增

交叉引物等温扩增（CPA）技术是由杭州优思达生物技术有限公司完全独立研发成功的一种新的核酸恒温扩增技术，也是中国首个具有自主知识产权的核酸扩增技术。CPA 体系中除包含具有链置换功能的 Bst DNA 聚合酶外，还主要包括扩增引物和两条交叉引物。通过两条交叉引物 CPF 和 CPR 的不断杂交延伸和 DNA

聚合酶的链置换作用，DNA 拷贝数不断增加，从而达到基因扩增的效果。

7. SMAP 扩增

SMAP 技术（smart amplification process technology）采用 5 条引物和 DNA 错配结合蛋白（Mut S）进行目标产物的扩增，能保证扩增产物的“绝对特异”，目前该技术主要用于单核苷酸多态性（single nucleotide polymorphisms，SNPs）分析以及突变的检测。

10.5.2　蜡样芽孢杆菌的快速检测

蜡样芽孢杆菌是一种条件致病菌，通常可在室温下长时间放置的炒饭或米饭中发现，由其引起的病症通常称为“炒饭综合征”。该菌生长的最适温度为 28～37℃，对营养要求不高，普通培养基即可生长，在自然界分布广泛，常存在于土壤、空气、水及植物源、动物源为原料加工的产品中。其繁殖体较耐热，需 100℃×20 min 才被杀死，其芽孢可耐受 100℃×30 min 或干热 120℃×60 min 才能被杀死，这也是它不同于其他食源性致病菌的重要特征。蜡样芽孢杆菌含有多种产毒基因，可引起腹泻型或呕吐型食物中毒，其中腹泻型大多由多种基因共同作用导致，有肠毒素 FM（entFM）基因、肠毒素 T（bceT）基因、细胞毒素 K（cytK）基因、溶血性毒素 hbl 基因和非溶血素 nhe 基因。此外，还有呕吐型毒素 ces 基因，该毒素能够保持完整并且转化为活性毒素吸附在内脏上。蜡样芽孢杆菌还会通过菌体感染导致眼部疾病、心内膜炎、肺炎、败血症及脑膜炎等疾病，严重时还会导致暴发性肝衰竭，严重危害食品安全和人体健康。因此，要快速准确检测蜡样芽孢杆菌以控制其污染、减少毒素的危害。本试验采用的就是实时荧光定量 PCR 技术中的 SYBR Green Ⅰ染料法。

1. 细菌培养及 DNA 模板制备

对试验所需的 8 株蜡样芽孢杆菌和 8 株非蜡样芽孢杆菌菌株于 37℃在 LB 培养基中过夜活化，在 37℃的 LB 培养基中富集 12～14 h，然后用 PBS 缓冲液对菌液进行 10 倍梯度稀释，按照 GB 4789.2—2016 方法进行菌落计数。本试验采用细菌基因组 DNA 提取试剂盒提取 2 mL 细菌培养液制备 DNA 模板，提取的 DNA 模板保存在−20℃或立即进行 PCR 测定。

2. 实时荧光定量 PCR 反应体系

针对蜡样芽孢杆菌肠毒素 FM（entFM）基因与肠毒素 T（bceT）基因采用 DANMAN 引物设计软件分别设计一对引物（entFM-PCR-F1、entFM-PCR-R1 与 bceT-PCR-F1、bceT-PCR-R1），见表 10.7。

表 10.7　蜡样芽孢杆菌 entFM 和 bceT 引物序列

引物	序列（5′-3′）
entFM-PCR-F1	ACGAAACACAACAACCAACTAC
entFM-PCR-R1	ACTCCACCGATTACAGCG
bceT-PCR-F1	ATTTGGGCAATGAAAGGGTA
bceT-PCR-R1	GATTTATGAAAGATGCTCCAGGAC

实时荧光定量 PCR 反应体系（50μL）：Taq 酶 0.5μL，缓冲液 5μL，dNTP（2.5mmol/L）4μL，Eva green 1μL，10μmol/L F1 1μL，10μmol/L R1 1μL，DNA 模板 1μL，DEPC 水补至 50μL。反应条件：94℃预变性 3min，然后进入循环反应，94℃变性 30s，65℃退火 30s 和 72℃延伸 9s，共 30 个循环；72℃延伸 5min，4℃保存。

3. 蜡样芽孢杆菌的实时荧光定量 PCR 检测

1）蜡样芽孢杆菌实时荧光定量 PCR 检测方法的建立

以蜡样芽孢杆菌的两对 PCR 引物（entFM-PCR-F1、entFM-PCR-R1 与 bceT-PCR-F1、bceT-PCR-R1）分别对目标菌液（10^9 CFU/mL）提取的 DNA 模板进行实时荧光定量 PCR 检测，重复 3 次，试验结果表明。entFM 引物在第 14 个循环出现产物积累，bceT 引物在第 13 个循环即出现产物积累，且两对引物都具有较好的重复性。这表明所建立的实时荧光定量 PCR 方法可以实现对蜡样芽孢杆菌的快速检测。

2）蜡样芽孢杆菌实时荧光定量 PCR 特异性检测

以建立的实时荧光定量 PCR 方法对 16 株实验菌株进行检测，试验结果表明，8 株阳性对照菌检测全部为阳性，8 株阴性对照菌检测全部为阴性，说明本试验所建立的实时荧光定量 PCR 方法特异性好，对蜡样芽孢杆菌无漏检，具有较好的通用性，无非特异性扩增。

3）蜡样芽孢杆菌实时荧光定量 PCR 灵敏度检测

对目标蜡样芽孢杆菌菌液进行 10 倍梯度稀释，分别取 2 mL 浓度为 10^9 CFU/mL、10^8 CFU/mL、10^7 CFU/mL、10^6 CFU/mL、10^5 CFU/mL、10^4 CFU/mL、10^3CFU/mL 共 7 个浓度的菌液进行 DNA 模板的提取，将提取的 DNA 模板进行实时荧光定量 PCR 试验。结果显示，在纯培养条件下，基于两种肠毒素基因建立实时荧光定量 PCR 检测方法的最低检测限均为 10^4CFU/mL。

4）蜡样芽孢杆菌实时荧光定量 PCR 实际样品检测

对目标蜡样芽孢杆菌菌液进行 10 倍梯度稀释，浓度依次为 10^8 CFU/mL、10^7 CFU/mL、10^6 CFU/mL、10^5 CFU/mL、10^4 CFU/mL、10^3 CFU/mL、10^2 CFU/mL、

10 CFU/mL，分别用各个浓度的菌液对饲料进行污染，增菌 18～20 h，以 1∶10 的比例加入蒸馏水振荡混匀，分别取 2 mL 上清液提取 DNA 模板，并以无人工污染的饲料培养液作为空白对照进行实时荧光定量 PCR 检测。结果表明，原饲料中无蜡样芽孢杆菌污染，基于肠毒素 FM 基因与肠毒素 T 基因建立的实时荧光定量 PCR 检测方法的最低检测限均为 10 CFU/mL。

采用实时荧光定量 PCR 技术以蜡样芽孢杆菌肠毒素 FM 基因和肠毒素 T 基因为目的基因设计引物，建立快速检测方法，并进行 3 次重复试验，应用荧光实时定量 PCR 仪实时监测反应进程，扩增曲线证明该方法重复性较好；两组检测基因均不会对其他非蜡样芽孢杆菌进行扩增，能特异性检测蜡样芽孢杆菌，无漏检和误检现象；本研究针对未经增菌的不同浓度的蜡样芽孢杆菌（10^9 CFU/mL、10^8 CFU/mL、10^7 CFU/mL、10^6 CFU/mL、10^5 CFU/mL、10^4 CFU/mL、10^3 CFU/mL）进行扩增检测，得到最低检测限为 10^4 CFU/mL，扩增曲线图显示两组检测基因检测限基本一致；在实际样品检测中，选用饲料进行人工污染，稀释为不同浓度的培养液（10^8 CFU/mL、10^7 CFU/mL、10^6 CFU/mL、10^5 CFU/mL、10^4 CFU/mL、10^3 CFU/mL、10^2 CFU/mL、10 CFU/mL）增菌后进行试验，并以无人工污染的饲料培养液作为空白对照，结果表明，原饲料中无蜡样芽孢杆菌污染，人工污染后的饲料两种肠毒素基因检测引物的最低检测限均为 10 CFU/mL；这表明本研究建立的实时荧光定量 PCR 检测蜡样芽孢杆菌的方法可行且具有较好的重复性、特异性及灵敏度。综上所述，本试验所建立的实时荧光定量 PCR 检测方法作为一种较好的对蜡样芽孢杆菌进行快速检测的方法，可以对蜡样芽孢杆菌的分析研究提供依据和便利，可以有效地控制其污染，减少安全问题。

4. 蜡样芽孢杆菌的竞争性互补介导核酸恒温扩增技术快速检测方法

等温扩增技术（isothermal amplification technology）也是近年来迅速发展的新型核酸扩增技术，其反应过程始终保持在恒定的温度下，并且使用不同的酶和引物来达到快速扩增的目的。当前的恒温扩增技术主要包括：依赖解旋酶等温扩增（HAD）技术、重组酶聚合酶扩增（RPA）技术、交叉引物等温扩增（CPA）、依赖核酸序列的扩增（NASBA）、环介导等温扩增（LAMP）技术以及竞争性退火介导的等温扩增（CAMP）技术。其中 CAMP 是一种新的恒温扩增技术，需要借助高链置换功能的 DNA 聚合酶合成核酸；CAMP 可分为两个阶段：第一阶段是竞争性互补配对结构的形成过程；第二阶段是基于竞争性互补配对结构的自组装延伸循环扩增。该技术最大的特点是在恒温核酸扩增过程中会产生多倍数的自引物扩增结构，通过竞争性互补配对结构核酸的合成，使得核酸循环扩增引发概率大幅度增加，继而可以在短时间内使核酸合成效率提高。CAMP 快速、简便、高效率且不需要复杂的热循环过程，减少了升温降温的温度变化所需的时间，与

LAMP 相比，所需的目标核酸片段较短，引物设计更加简单，且同样具有很高的特异性及灵敏度；在结果判定上，同 LAMP 相同，CAMP 可以通过添加荧光染料进行实时荧光定量检测，还通过添加羟基萘酚蓝（hydroxynaphthol blue，HNB）等进行可视化检测，通过肉眼直接观察颜色变化判断有无反应，为发酵豆制品中蜡样芽孢杆菌的快速检测提供基础。

作者所在课题组成员以蜡样芽孢杆菌 *entFM* 基因为目标核酸设计 CAMP 引物，在 63℃恒温条件下 60min 内即可快速实现对蜡样芽孢杆菌的实时荧光检测；在对 46 株食源性致病菌进行检测时，无非特异性扩增，具有良好的专一性，检测限为 59CFU/mL，优于常规 PCR 方法，而且操作简单，无需精密复杂的变温仪器；在实际样品检测中，选用巴氏杀菌奶进行人工污染试验，检测限为 59CFU/mL。此外，基于 *bceT* 基因建立了蜡样芽孢杆菌的可视化检测方法，在 64℃恒定温度下反应 60min 即可完成蜡样芽孢杆菌的快速检测；阳性结果呈蓝色阳性，阴性结果呈紫罗兰色阴性；在对 46 株食源性致病菌进行检测时，无非特异性扩增，具有良好的专一性，检测限为 58 CFU/mL；在加入 HNB 后颜色反应结果更加直观可见，提高了对蜡样芽孢杆菌的检出效率（图 10.18）。在实际样品检测中，选用葡萄汁饮料进行人工污染试验，结果表明，人工污染样品的检测限为 58CFU/mL。证明实时荧光定量 PCR 技术和 CAMP 技术具有较强的特异性和较高的灵敏度，是快速检测蜡样芽孢杆菌的有效方法，具有很好的应用前景。

图 10.18　*bceT* 基因重复性可视化检测

10.5.3　芽孢杆菌产脂肽及抑制霉菌

脂肽是芽孢杆菌的次级代谢产物，由一定功能模块组合而成的非核糖体多肽合成酶系生产合成。脂肽具有良好的抑菌性、耐热性以及酸碱性好、安全无毒、稳定性好和等电点高等特点。因此，选用脂肽作为抗霉菌制剂主要成分具有良好应用前景。

1. 产脂肽芽孢杆菌的筛选

1）芽孢杆菌基因组 DNA 提取

张妍为了判断 SN-20、SN-31、SN-34、SN-36、SN-43 和 SN-46 芽孢杆菌

是否含有产脂肽的基因片段，采用艾德莱细菌 DNA 提取试剂盒提取 6 株菌株 DNA。

2）DNA 浓度检测

采用超微量核酸蛋白定量仪（ND-ONE 型）检测菌株提取基因组的 DNA 浓度和纯度。

3）PCR 扩增脂肽合成基因序列

采用 PCR 技术进行芽孢杆菌环状脂肽合成的相关基因检测，根据枯草芽孢杆菌（GenBank 登录号：AL009126.3）、解淀粉芽孢杆菌（GenBank 登录号：CP000560.1）相关脂肽调控基因信息设计合成 3 对 PCR 引物 fenB、sfp 和 ituA，如表 10.8 所示，以芽孢杆菌菌株基因组 DNA 为模板，进行 PCR 扩增。PCR 扩增试验反应体系（50 μL）所用试剂、用量及反应程序如表 10.9 和表 10.10 所示。

表 10.8　引物设计

名称	靶基因	引物名称	引物序列（5′→3′）	扩增长度（bp）
表面活性素	sfp	sfp-F	ATGAAGATTTACGGAATTTA	675
		sfp-R	TTATAAAAGCTCTTCGTACG	
芬芥素	fenB	fenB-F	CTATAGTTTGTTGACGGCTC	1500
		fenB-R	CAGCACTGGTTCTTGTCGCA	
伊枯草菌素	ituA	ituA-F	ATGTATACCAGTCAATTCC	1100
		ituA-R	GATCCGAAGCTGACAATAG	
细菌鉴定	细菌通用引物	27 F	AGAGTTTGATCCTGGCTCAG	1500
		1492 R	CTACGGCTACCTTGTTACGA	

表 10.9　PCR 扩增反应体系（50 μL）

试剂	体积
基因组 DNA（ng/μL）	计算
27 F 引物（10 μmol/L）	1.5 μL
1492 R 引物（10 μmol/L）	1.5 μL
PCR 反应体系	25 μL
ddH_2O	补齐至 50.0 μL
总体积	50.0 μL

表 10.10　PCR 扩增反应程序

名称	预变性	变性	退火	延伸	循环	终延伸
芬芥素、伊枯草菌素	94℃，3 min	94℃，15 s	55℃，30 s	72℃，30 s	30 个	72℃，10 min
表面活性素	94℃，4 min	94℃，1 min	43℃，1 min	72℃，1 min	30 个	72℃，10 min
16S rDNA	94℃，5 min	94℃，30 s	58℃，30 s	72℃，1 min	30 个	72℃，10 min

4）检测脂肽合成基因扩增片段、测序及同源性分析

制备 1%琼脂糖凝胶，进行 PCR 产物检测，设置电压为 95 V，电流为 160 mA，时间为 30 min，胶板置于 GDS-8000 凝胶成像系统观察，长度匹配产物送至上海派森诺生物医药科技股份有限公司进行序列测定，测序结果与 NCBI 核酸序列数据库对比分析。

琼脂糖凝胶电泳试验结果显示 SN-20、SN-31、SN-34、SN-36、SN-43 和 SN-46 号菌株的扩增产物分别在 675 bp[图 10.19（a）]、1500 bp[图 10.19（b）]和 1000 bp[图 10.19（c）]处有清楚明亮条带，符合测序工作的要求。测序结果在 GenBank 中的参考基因相应片段进行同源性比对，结果表明 6 株菌株均含有芽孢杆菌脂肽类物质表面活性素、伊枯草菌素和芬芥素合成基因片段。

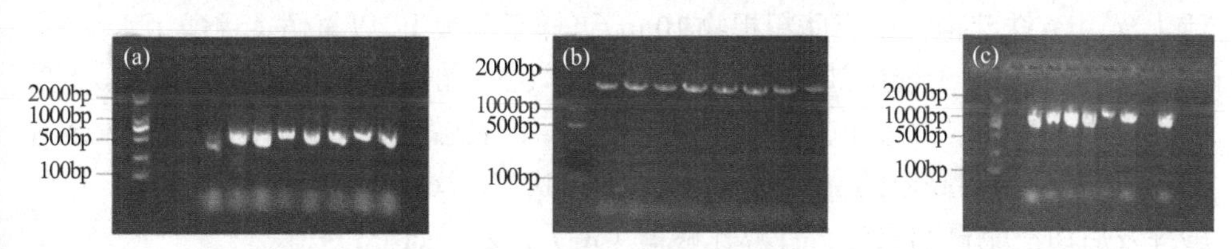

图 10.19　脂肽合成酶基因 sfp、fenB 和 ituA 的 PCR 产物

（a）sfp；（b）fenB；（c）ituA

2. 芽孢杆菌脂肽的提取

1）菌种活化

将用甘油保藏好的菌株从冰箱中取出解冻，按照液体 LB 培养基的 3%的接种量接种于培养基中，连续活化三代，使菌株活力达到最大。

2）发酵培养

活化后继续将菌株按照 3%接种量接种到液体培养基中，在 37℃条件下恒温培养 24 h。

3）离心分离菌体上清液

将菌体发酵液放入离心机中，4℃、10000 r/min 离心 10 min，保留上清液。

4）调节上清液 pH，酸沉

加入盐酸，调节上清液 pH=1.8～2.0 后，放入 4℃冰箱中，酸沉 24～36 h。

5）离心保留沉淀

将酸沉后的发酵液继续离心，离心条件为 10 min、4℃、10000 r/min，去除上清液，保留沉淀。

6）有机溶剂萃取分离，过滤

将沉淀用甲醇充分萃取，萃取后调节 pH 为中性后，用 0.22 μm 的有机滤膜对萃取液过滤，保留部分过滤液，放入 4℃冰箱中即为脂肽粗提取液。

7）烘干

将部分过滤后的黄色溶液利用旋转蒸发仪进行烘干，或者放入 55～65℃的烘箱中烘干，得到的黄褐色固体物质即为脂肽。

8）保藏

将脂肽保藏于 4℃冰箱中备用。

3. 芽孢杆菌脂肽的分离鉴定

1）薄层层析

采用薄层色谱法（TLC）和原位酸解结合对芽孢杆菌发酵上清粗提物进行组分分离与纯度分析。取 A 和 B 两组硅胶 GF254 薄层层析板，105℃加热 30 min 活化，A 组 6 株芽孢杆菌脂肽粗提物 10 μL 点样于薄板上，以氯仿：甲醇：水（65：25：4，体积比）为展层剂层析，干燥后喷含 0.5%茚三酮溶液显色观察。B 组采用原位酸水解-茚三酮显色法对薄板进行处理，将展层完毕干燥后的薄板放入装有 2 mL 浓盐酸的耐高温的密封容器中，烘箱 110℃熏蒸 1 h，通风橱中冷却，待盐酸挥发后茚三酮试剂显色，计算比移值（R_f），公式如下：

$$R_f=d_1/d_2$$

式中，d_1 为原点到斑点中心的距离；d_2 为原点到溶剂前沿的距离。

为确定 6 株菌抗菌粗提物质的成分组成及种类，对其进行了 TLC 层析试验，结果表明，A 和 B 组薄层层析试验的层析板上各有 2 个斑点，比移值在 0.245 和 0.735 左右，说明提取的芽孢杆菌粗提物中有 2 种亲水性成分，应是亲水性的蛋白质或肽类物质。经原位酸解-茚三酮显色的 TLC 板结果与 A 板的结果几乎一致，在比移值 0.245 和 0.745 附近处出现显色斑点。2 组试验斑点均有拖尾现象，说明组分中的脂肽类成分不单一，既包含环型脂肽，又含有开环或线状小分子肽类。此外，根据上述试验结果推测，菌株 SN-20 和 SN-36 芽孢杆菌粗提物含有最多的抗菌脂肽粗提物。

2）MALDI-TOF-MS 分析

采用基质辅助激光解吸电离-飞行时间质谱（MALDI-TOF-MS）对芽孢杆菌脂肽类化合物进行鉴定。α-氰基-4-羟基肉桂酸基质溶解在含 0.1%三氟乙酸（TFA）的 30%乙腈水溶液（TA30 溶液）中，基质浓度为 16 mg/mL（溶剂是 TA30 溶液），样品浓度为 10 mg/mL（溶剂是 TA30 溶液），对样品进行处理，1 μL 基质溶液混合 1 μL 样品溶液，取其中 0.5 μL 混合液点在样品靶上，自然晾干。采用正离子反射模式获得谱图，检测范围 800～3000 Da，电压 20 kV，反射电压 18 kV，8 kV 脉冲离子。

芽孢杆菌甲醇粗提活性物质是否含有脂肽类化合物，合成脂肽相关基因能否准确表达仍需进一步研究。质谱检测可较为准确获得芽孢杆菌甲醇粗提物的分子量，对 6 株芽孢杆菌脂肽粗提物进行 MALDI-TOF-MS 分析（图 10.20）。

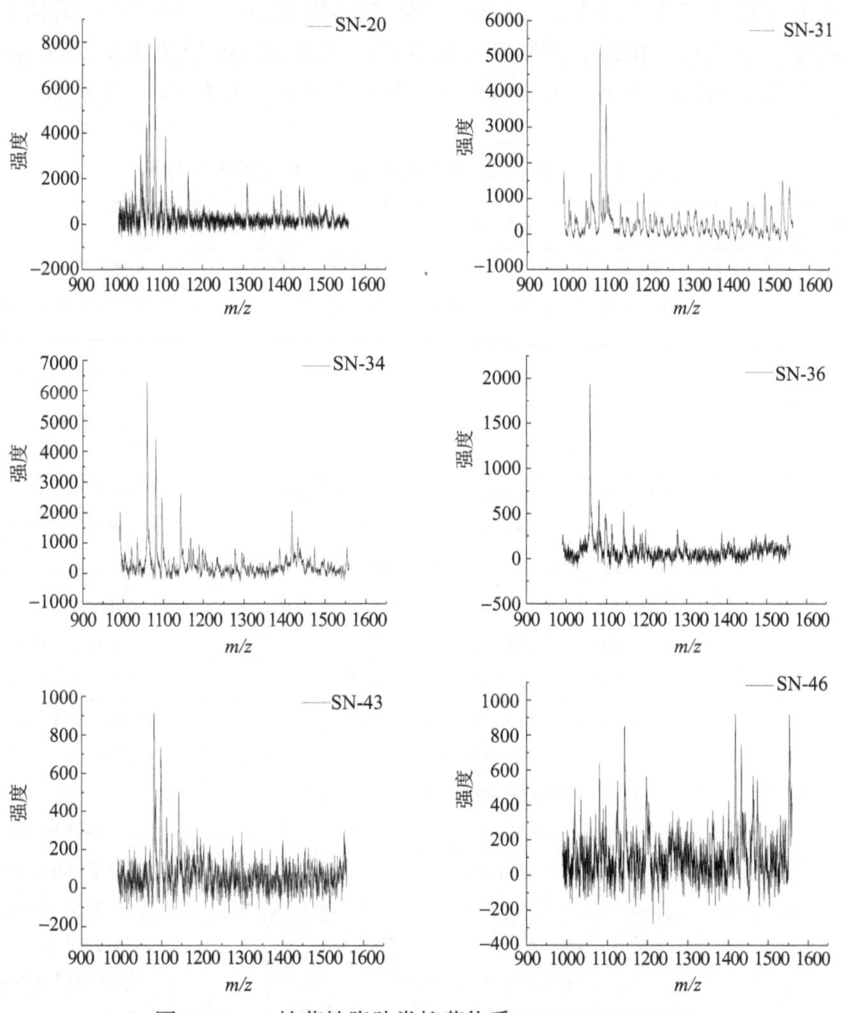

图 10.20　6 株菌株脂肽类抑菌物质 MALDI-TOF-MS

结合质谱图数据对脂肽组成含量进行分析，菌株粗提物可能含有表面活性素、伊枯草菌素、杆菌霉素（bacillomycin）和芬芥素 4 类脂肽类同系物。6 株菌株产生的脂肽类化合物特征峰如表 10.11 所示，表面活性素和伊枯草菌素的信号谱带在 m/z=990～1140 之间，芬芥素信号谱带在 m/z=1434～1558 之间。从图 10.20 中可以看出，同质量、同浓度的 6 株芽孢杆菌样品中 SN-20、SN-31 和 SN-34 响应强度较大，达 5000 以上。SN-20、SN-31、SN-34、SN-36 和 SN-43 号菌株 900～1140Da 范围具有高强度峰，表明所产表面活性素和伊枯草菌素响应强度较大，为菌株脂肽类化合物主要成分，而 SN-46 号菌株主要的峰集中在 900～1600 之间，其中信号谱带在 m/z=1400～1600 响应强度占比最高，因此推测，芬芥素为 SN-46 号菌株脂肽类化合物主要成分。其次 SN-20、SN-31、SN-34 和 SN-43 号菌株相对响应强度占比分别为 20.52%、28.92%、30.77%和 32.64%，SN-36 号菌株芬芥素响应强度小于 15%，推测利用脂肽合成基因检测的 SN-36 号菌株在 1500 bp 处的明亮条带可能为假阳性或产出脂肽类化合物中芬芥素含量较少（图 10.20）。

表 10.11 芽孢杆菌脂肽类物质 MALDI-TOF-MS 分析

菌株	质谱峰（m/z）	排布
SN-20	1502.001、1066.026、1080.023、1094.052、1108.050、1123.116	伊枯草菌素 B [M+Na]$^+$
	1031.139、1045.083、1059.180、1073.808	杆菌霉素 D [M+H]$^+$
	994.954、1008.978、1122.998	表面活性素 B [M+H]$^+$
	1435.223、1449.285、1465.186	芬芥素 A [M+H]$^+$
	1473.329、1487.581、1501.213	芬芥素 A[M+K]$^+$
	1505.818、1519.177	芬芥素 B [M+H]$^+$
SN-31	1067.009、1081.692、1095.712、1109.084、1137.240	伊枯草菌素 A [M+K]$^+$
	1008.654、1022.366、1036.824、1050.035	表面活性素 A [M+H]$^+$
	1046.962、1060.749、1074.600、1089.009	表面活性素 A [M+K]+
	1449.381、1463.408、1477.853	芬芥素 A [M+H]$^+$
	1491.346、1505.246、1519.773	芬芥素 B [M+H]$^+$
	1529.767、1543.012、1557.236	芬芥素 B [M+K]$^+$
SN-34	1059.533	杆菌霉素 D [M+H]$^+$
	1081.692、1095.822	杆菌霉素 D[M+Na]$^+$
	1097.453、1111.860	
	1008.658、1022.308、1036.122	表面活性素 B [M+H]$^+$
	1463.062	芬芥素 A [M+H]$^+$
	1473.937	芬芥素 A [M+K]$^+$
	1505.842、1519.105	芬芥素 B [M+H]$^+$
	1449.079、1513.766	芬芥素 B [M+Na]$^+$
	1515.767、1529.144、1543.723、1557.811	芬芥素 B [M+K]$^+$

续表

菌株	质谱峰（m/z）	排布
SN-36	1067.099、1081.129、1095.263	杆菌霉素 D [M+Na]$^+$
	1083.751、1097.585、1111.860	杆菌霉素 D [M+K]$^+$
	1032.697、1046.855、1060.210	表面活性素 B [M+K]$^+$
SN-43	1057.072、1070.894、1085.393、1099.018	伊枯草菌素 A [M+H]$^+$
	1068.833、1082.347、1096.475、1110.526、1124.024、1138.380	伊枯草菌素 B [M+K]$^+$
	1022.046、1036.122	表面活性素 B [M+H]$^+$
	1457.054、1471.362、1485.914	芬芥素 A [M+Na]$^+$
	1527.876、1541.049、1555.287	芬芥素 B [M+K]$^+$
SN-46	1081.910、1095.263、1109.639、1123.003	伊枯草菌素 A [M+K]$^+$
	1022.098、1036.335、1050.855	表面活性素 A [M+H]$^+$
	1044.609、1058.317、1072.546	表面活性素 A [M+Na]$^+$
	1473.675、1487.574	芬芥素 A [M+K]$^+$
	1515.166、1529.217、1543.723、1557.319	芬芥素 B [M+K]$^+$

结合质谱图数据对脂肽分子量进行对比分析，不同菌株产生脂肽类化合物的数量与种类不同，通常芽孢杆菌脂肽类化合物的同系物典型结构特征是多肽链相差一个或几个—CH_2 或氨基酸环链上 Ala、Val 或 Val、Leu 互相替代（表 10.11）。

4. 芽孢杆菌脂肽对青霉的抑制

青霉菌是引起水果、蔬菜、谷物、饲料等在贮藏运输过程中发生腐败变质的主要真菌。青霉菌污染严重影响了产品的外观，不仅降低产品自身的营养价值，还会产生展青霉素、黄绿青霉素、青霉酸、橘青霉素等真菌毒素，从而引发食用者急性中毒或慢性毒害，造成巨大的危害和经济损失。目前防止食品发生由真菌引起的腐败变质主要依靠化学防腐剂，但化学防腐剂存在毒性风险，过于频繁使用还会导致耐药性的菌群出现。而使用生物防腐剂不但能减少对产品本身的影响，还可以减少化学残留，降低对人体的危害。

芽孢杆菌能代谢产生大量酶类及抗菌物质，而且菌体本身抗逆性强，对培养条件的要求较低，有利于生物抗菌剂生产加工。芽孢杆菌可产生脂肽类代谢产物，对黄曲霉、青霉、灰霉等真菌具有良好的抑菌效果。脂肽安全无毒，且对青霉有良好抑菌效果，因此脂肽可开发作为良好的食品防腐剂，对青霉进行抑制，延长食品保质期。

1）马铃薯葡萄糖琼脂（PDA）固体培养基的配制

培养基（马铃薯 200 g/L、葡萄糖 20 g/L，自然 pH），固体培养基中加入 20 g/L 琼脂粉，121℃，20 min 灭菌备用。

2）芽孢杆菌脂肽对青霉菌的抑制

采用琼脂柱法验证芽孢杆菌脂肽代谢产物对青霉菌生长的抑制情况。将20mL PDA固体培养基与10mL脂肽充分混匀后倒入平板，待培养基凝固后，用6 mm的打孔器取青霉菌菌块放置在PDA培养基中央，28℃恒温培养，每24 h采用十字交叉法测量菌体直径，至空白对照培养皿中的菌体长满为止，抑菌率计算公式如下：

$$抑菌率=\frac{空白组菌病面积-样品组菌病面积}{空白组菌病面积}\times 100\%$$

3）抑制结果

抑制效果如图10.21所示，空白对照组的青霉菌孢子分散至整个培养皿，形成多个青霉菌菌落。芽孢杆菌脂肽代谢物实验组虽然形成了多个菌落，但并无大面积生长，抑菌率高达82.49%，表明脂肽对青霉菌有良好抑菌效果。

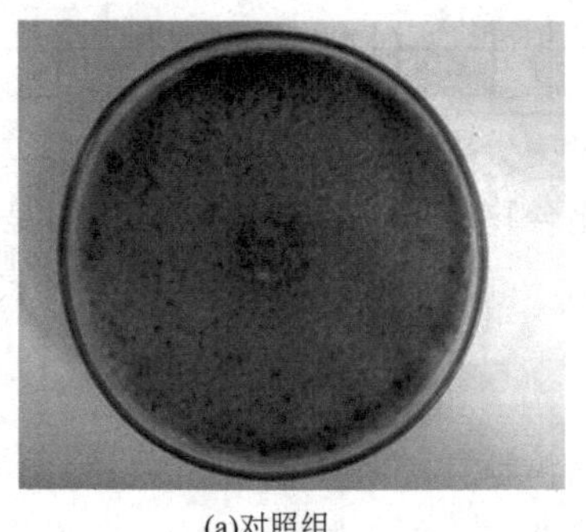

(a)对照组

(b)实验组

图10.21　脂肽对青霉菌的抑制效果及对照

综上所述，益生芽孢杆菌在发酵豆制品中发挥了重要作用，能够分泌产生氨基酸、氨肽酶、纳豆激酶、脂肽、细菌素等多种活性物质，不仅可提升发酵豆制品品质，而且具有调节肠道菌群、减少肠道炎症、提升免疫力等功能。因此，深入研究和开发利用益生芽孢杆菌具有重要意义。

参考文献

安飞宇. 2019. 豆酱自然发酵过程中菌群结构及其代谢功能的宏转录组学分析. 沈阳: 沈阳农业大学.

安飞宇, 姜静, 武俊瑞, 等. 2020a. 自然发酵豆酱的滋味特性与微生物多样性分析. 中国食品学报, 20(7): 207-215.

安飞宇, 武俊瑞, 尤升波, 等. 2020b. 基于宏转录组学技术对豆酱中活菌群落分析方法的建立. 食品科学, 41(4): 96-101.

鲍奕达. 2020. 郫县豆瓣酿造微生物来源分析及多肽降解功能微生物解析. 无锡: 江南大学.

布仁其其格. 2014. 酸马奶传统发酵过程的宏转录组学分析及细菌群落结构动态变化研究. 呼和浩特: 内蒙古农业大学.

陈聪聪. 2017. 广陈皮陈化过程中微生物群落多样性解析及代谢物成分变化分析. 广州: 华南理工大学.

成琳, 陶冠军, 王淼, 等. 2011. 超高效液相色谱-质谱联用法快速测定豆酱中 PC、LPC 和 GPC 的含量. 食品工业科技, 32(1): 287-289.

崔亮. 2019. 大豆品种对发酵豆制品品质的影响. 沈阳: 沈阳农业大学.

樊艳, 李浩丽, 郝怡宁, 等. 2020. 基于电子舌与 SPME-GC-MS 技术检测腐乳风味物质. 食品科学, 41(10): 222-229.

范霞, 陈荣顺. 2019. 5 种市售酿造酱油风味物质及氨基酸含量分析. 中国调味品, 44(10): 144-148.

方冠宇, 姜佳丽, 蒋予箭. 2019. 多菌混合发酵对酱油的风味物质形成及感官指标的影响. 中国食品学报, 19(9): 154-163.

高航, 张欣, 赵燕, 等. 2020. 宏基因组测序技术在传统酿造食品微生物群落分析中应用研究进展. 中国酿造, 39(5): 1-7.

苟萌. 2020. 原料乳冷藏过程中宏蛋白质组学与代谢组学研究初探. 银川: 宁夏大学.

胡倩倩. 2018. 冷鲜滩羊肉贮藏中微生物蛋白质组变化与代谢组及菌相变化的关联性研究. 银川: 宁夏大学.

胡晓龙, 田瑞杰, 李保坤, 等. 2022. 基于宏转录组学技术解析浓香型酒醅活性微生物群落结构及功能变化特征. 食品科学, 43(10): 124-132.

黄月, 杨昳津, 邱华振, 等. 2018. 脱皮与不脱皮青稞酿造营养黄酒风味差异的研究. 工业微生物, 48(3): 9-16.

姜锦惠, 赵悦, 李盈烁, 等. 2021. 自然发酵豆酱中嗜盐四联球菌的分离筛选及生长特性研究. 中国酿造, 40(10): 7.

姜静. 2018. 自然发酵豆酱微生物多样性及品质分析. 沈阳: 沈阳农业大学.

姜静, 郭晶晶, 安飞宇, 等. 2018a. 豆酱自然发酵过程中理化指标与滋味特性分析. 食品科技, 43(11): 319-325.

姜静, 解梦汐, 安飞宇, 等. 2018b. 应用 MiSeq 测序分析自然发酵豆酱酱块中微生物的多样性. 食品工业科技, 39(16): 92-97.

姜云耀, 孙明谦, 马博, 等. 2018. 组学技术在现代中药药理研究中的应用与思考. 世界科学技术-中医药现代化, 20(8): 1287-1295.

金玉, 李赫健, 冯成强, 等. 2018. 转录组-代谢组分析方法及其在药物作用机理研究中的应用. 生物技术通报, 34(12): 68-76.

鞠延仑, 刘敏, 赵现方, 等. 2017. 组学技术在葡萄与葡萄酒研究中的应用进展. 食品科学, 38(1): 282-288.

孔令琼, 管政兵, 张波, 等. 2012. 黄酒麦曲浸提液中宏蛋白质组的制备. 食品与发酵工业, 38(3): 7-11.

李丹, 崔春, 赵谋明, 等. 2010. 高盐稀态酱油酿造过程中的色泽变化. 食品与发酵工业, 36(4): 75-79.

刘刚. 2014. 先天性畸形羊水代谢组学研究. 重庆: 重庆医科大学.

刘敏, 张仁凤, 陈光静, 等. 2019. 霉菌纯种制曲豆豉在传统后发酵中的成分变化及其与生物胺相关性的研究. 食品与发酵工业, 45(5): 51-60.

刘晔, 朱媛媛, 冯纬, 等. 2019. 豆酱生产菌株米曲霉 ZJGS-LZ-12 的分泌蛋白组学研究. 中国酿造, 38(10): 143-148.

吕铭守, 林美君, 陈凤莲, 等. 2019. 乳酸菌的代谢组学研究进展. 中国调味品, 44(11): 174-178.

马岩石, 姜明, 李慧, 等. 2020. 基于高通量测序技术分析东北豆酱的微生物多样性. 食品工业科技, 41(12): 100-105.

孟祥利. 2014. 耐高渗透压乳酸菌的驯化、应用及特性研究. 呼和浩特: 内蒙古农业大学.

潘国杨, 安飞宇, 曹恺欣, 等. 2022. 传统发酵豆酱中嗜盐四联球菌的分离鉴定及增鲜菌株筛选. 食品科学, 43(14): 7.

潘琳. 2019. 利用比较蛋白质组学与代谢组学研究 *Lactobacillus casei* Zhang 在葡萄糖限制性环境中的生长代谢规律. 呼和浩特: 内蒙古农业大学.

庞惟俏. 2018. 黑龙江大豆酱中微生物群落与挥发性成分关系的研究. 大庆: 黑龙江八一农垦大学.

蒲静, 宫沛文, 杨潇垚, 等. 2021. 威宁豆酱纯种发酵工艺优化及挥发性风味物质分析. 中国酿造, 40(8): 37-45.

孙晓东. 2020. 东北地区传统发酵豆酱中真菌区系及功能菌株的代谢组学研究. 大连: 大连理工大学.

孙雪婷. 2020. *Candida ethanolica* SN-2 胞外多糖分离纯化、结构解析及生物活性研究. 沈阳: 沈阳农业大学.

唐筱扬. 2017. 自然发酵豆酱酱醅微生物多样性分析. 沈阳: 沈阳农业大学.

唐筱扬, 姜静, 陶冬冰, 等. 2017. 东北传统发酵豆酱品质分析. 食品科学, 38(2): 121-126.

田露, 闵建红, 张帝, 等. 2019. 宏组学在发酵食品微生物群落研究中的应用进展. 生物技术通报, 35(4): 116-124.
田甜. 2015. 东北豆酱自然发酵过程中风味品质与微生物变化规律研究. 沈阳: 沈阳农业大学.
魏雯丽, 宫尾茂雄, 吴正云, 等. 2020. 基于宏转录组学技术解析工业豇豆泡菜发酵过程中活性微生物群落结构变化. 食品与发酵工业, 46(10): 60-65.
乌日娜, 薛亚婷, 张平, 等. 2017. 豆酱微生物宏蛋白质组提取及分析. 食品科学, 38(14): 17-23.
吴博华, 蒋雪薇, 张金玉, 等. 2020. 促酱醪发酵芽孢杆菌的筛选及应用. 食品科学, 42(6): 134-141.
武俊瑞, 王晓蕊, 唐筱扬, 等. 2015. 辽宁传统发酵豆酱中乳酸菌及酵母菌分离鉴定. 食品科学, 36(9): 78-83.
解梦汐. 2019. 基于宏蛋白质组学对不同发酵豆酱菌群结构和代谢功能的差异研究. 沈阳: 沈阳农业大学.
解梦汐, 乌日娜, 姜静, 等. 2019. 基于电子舌技术探讨自然发酵豆酱滋味与微生物的关系. 现代食品科技, 35(1): 37-43.
徐菁雯, 王伟明, 史海粟, 等. 2022. 豆豉和淡豆豉微生物组与功能成分研究进展. 中国酿造, (6): 041.
徐林. 2012. 产淀粉酶链霉菌 D227 的筛选与比较蛋白组学研究. 海口: 海南大学.
徐鑫, 王茜茜, 王晓蕊, 等. 2014. 传统农家大酱中耐盐性乳酸菌的分离与鉴定. 食品与发酵工业, 40(11): 33-40.
薛亚婷. 2016. 豆酱微生物宏蛋白质组提取及分析. 沈阳: 沈阳农业大学.
杨汶燕, 林奇, 王继伟, 等. 2011. 腐乳发酵过程中生化指标动态变化的研究. 中国调味品, 36(5): 4.
杨晓苹, 罗剑飞, 刘昕, 等. 2013. 普洱茶固态发酵过程中微生物群落结构及变化. 食品科学, 34(19): 142-147.
杨阳. 2021. 基于多组学技术探究黑曲霉 FS10 脱除展青霉素的机制及应用. 乌鲁木齐: 新疆农业大学.
叶阳, 曾德玉, 刘红梅, 等. 2021. 红曲霉和乳酸菌发酵低温猪肉火腿肠工艺优化及品质分析. 中国酿造, 40(4): 127-132.
于跃, 孟柯. 2019. 浅谈气相色谱-质谱技术在食品分析的应用. 品牌与标准化, (1): 63-65.
张国华, 王伟, 涂建, 等. 2019. 基于宏转录组学技术解析传统酸面团中微生物代谢机理. 中国粮油学报, 34(11): 10-16.
张慧林, 王永胜, 李冲伟. 2019. 传统发酵豆酱的微生物群落结构和游离氨基酸组成及其相关性分析. 食品科学, 40(14): 192-197.
张鹏飞. 2019. 豆酱发酵过程中细菌的动态变化及功能解析. 沈阳: 沈阳农业大学.
张鹏飞, 乌日娜, 张平, 等. 2019. 酱醅与豆酱微生物关系研究. 食品工业科技, 40(7): 101-106.
张平. 2019. 肠膜明串珠菌FX6的全基因组序列分析及其对豆酱风味品质的影响. 沈阳: 沈阳农业大学.
张平, 武俊瑞, 乌日娜. 2018a. 大豆发酵食品-豆酱的研究进展. 中国酿造, 37(2): 5.
张平, 张鹏飞, 刘斯琪, 等. 2018b. 自然发酵豆酱中明串珠菌的分离鉴定. 食品科学, 39(22):

110-115.
张巧云. 2013. 豆酱中微生物多样性及人工接种多菌种发酵豆酱的研究. 哈尔滨: 东北农业大学.
张伟, 杨俊文, 余冰艳, 等. 2022. 耐盐植物乳杆菌的选育及其对高盐稀态发酵酱油品质的影响. 食品与发酵工业, DOI: 10. 13995/j. cnki. 11-1802/ts. 031727.
张武斌, 张秀红, 段江燕, 等. 2013. 汾酒大曲宏蛋白质组的制备与双向电泳技术的建立. 生物学杂志, 30(6): 50-53.
张妍, 武俊瑞, 曹承旭, 等. 2020. 芽孢杆菌对发酵大豆产生氨基酸和挥发性香气成分的影响. 食品科学, 41(20): 242-248.
张颖, 乌日娜, 孙慧君, 等. 2017. 豆酱不同发酵阶段细菌群落多样性及动态变化分析. 食品科学, 38(14): 6.
张与红. 2000. 毛细管气相色谱法分析啤酒中的风味物质. 啤酒科技, (9): 16-17.
赵建新. 2011. 传统豆酱发酵过程分析与控制发酵的研究. 无锡: 江南大学.
赵谋明, 林涵玉, 梁卓雄, 等. 2020. 传统酿造酱油酱醪中的霉菌筛选及其部分酶系特征分析. 现代食品科技, 36(6): 114-120.
钟方权, 黄瑶, 沈婉莹, 等. 2019. 乳酸菌与米曲霉酱油共制曲的研究. 中国调味品, 44(11): 13-17.
周鑫, 唐毅, 王森, 等. 2019. 不同厂家豆豉理化指标与感官的相关性分析. 中国调味品, 44(12): 158-161.
朱媛媛, 刘晔, 冯纬, 等. 2016. 豆酱发酵用工业米曲霉菌种的复壮. 中国调味品, 41(3): 1-5.
An F, Cao K, Ji S, et al. 2023. Identification, taste characterization, and molecular docking study of a novel microbiota-derived umami peptide. Food Chem, 404(Pt A): 134583.
An F, Li M, Zhao Y, et al. 2021. Metatranscriptome-based investigation of flavor-producing core microbiota in different fermentation stages of dajiang, a traditional fermented soybean paste of Northeast China. Food Chem, 343: 128509.
Bentley S D, Chater K F, Cerdeño-Tárraga A M, et al. 2002. Complete genome sequence of the model actinomycete *Streptomyces coelicolor* A3(2). Nature, 417(6885): 141-147.
Brooker R. 2015.Concepts of Genetics. America: McGraw-Hill Higher Education.
Cao Z H, Green-Johnson J M, Buckley N D, et al. 2019. Bioactivity of soy-based fermented foods: a review. Biotechnology Advances, 37(1): 223-238.
Daliri E B M, Tyagi A, Ofosu F W, et al. 2020. A discovery-based metabolomic approach using UHPLC Q-TOF MS/MS unveils a plethora of prospective antihypertensive compounds in Korean fermented soybeans. LWT- Food Science and Technology, 137(4): 110399.
de Filippis F, Genovese A, Ferranti P, et al. 2016. Metatranscriptomics reveals temperature-driven functional changes in microbiome impacting cheese maturation rate. Scientific Reports, 6(1): 1-11.
Dugat-Bony E, Straub C, Teissandier A, et al. 2015. Overview of a surface-ripened cheese community functioning by meta-omics analyses. PLoS one, 10(4): e0124360.
Escobar-Zepeda A, Sanchez-flores A, Baruch M Q. 2016. Metagenomic analysis of a mexican ripened cheese reveals a unique complex microbiota. Food Microbiology, 57: 116-127.
Farag M A, El Hawary E A, Elmassry M M. 2020. Rediscovering acidophilus milk, its quality

characteristics, manufacturing methods, flavor chemistry and nutritional value. Critical Reviews in Food Science and Nutrition, 60(18): 3024-3041.

Fiehn O. 2002. Metabolomics-the link between genotypes and phenotypes. Plant Molecular Biology, 48(1-2): 155-171.

Gao L, Liu T, An X, et al. 2017. Analysis of volatile flavor compounds influencing Chinese-type soy sauces using GC-MS combined with HS-SPME and discrimination with electronic nose. Journal of Food Science & Technology, 54(1): 130-143.

Gao X, Feng T, Sheng M, et al. 2021. Characterization of the aroma-active compounds in black soybean sauce, a distinctive soy sauce. Food Chem, 364: 130334.

Gao X, Shan P, Feng T, et al. 2022. Enhancing selenium and key flavor compounds contents in soy sauce using selenium-enriched soybean. Journal of Food Composition and Analysis, 106.

Gao X, Yin Y, Zhou C. 2018. Purification, characterisation and salt-tolerance molecular mechanisms of aspartyl aminopeptidase from *Aspergillus oryzae* 3.042. Food Chem, 240: 377-385.

He W, Chung H Y. 2019. Exploring core functional microbiota related with flavor compounds involved in the fermentation of a natural fermented plain sufu. Food Microbiology, 90: 103408.

Ikeda H, Ishikawa J, Hanamoto A, et al. 2003. Complete genome sequence and comparative analysis of the industrial microorganism *Streptomyces avermitilis*. Nature Biotechnology, 21(5): 526-53.

Illeghems K, de Vuyst L, Papalexandratou Z, et al. 2012. Phylogenetic analysis of a spontaneous cocoa bean fermentation metagenome reveals new insights into its bacterial and fungal community diversity. PLoS One, 7(5): 38040.

Illeghems K, Weckx S, de Vuyst L. 2015. Applying meta-pathway analyses through metagenomics to identify the functional properties of the major bacterial communities of a single spontaneous cocoa bean fermentation process sample. Food Microbiology, 50: 54-63.

Jang H H, Noh H, Kim H W, et al. 2020. Metabolic tracking of isoflavones in soybean products and biosamples from healthy adults after fermented soybean consumption. Food Chemistry, 330: 127317.

Ji C, Zhang J, Li X, et al. 2017. Metaproteomic analysis of microbiota in the fermented fish, *Siniperca chuatsi*. LWT, 80: 479-484.

Johnson C H, Ivanisevic J, Siuzdak G. 2016. Metabolomics: beyond biomarkers and towards mechanisms. Nature Reviews Molecular Cell Biology, 17(7): 451-459.

Jung J Y, Lee S H, Jin H M, et al. 2013. Metatranscriptomic analysis of lactic acid bacterial gene expression during kimchi fermentation. International Journal of Food Microbiology, 163(2-3): 171-179.

Kergourlay G, Taminiau B, Daube G, et al. 2015. Metagenomic insights into the dynamics of microbial communities in food. International Journal of Food Microbiology, 213: 31-39.

Kolmeder C A, de Vos W M. 2014. Metaproteomics of our microbiome-developing insight in function and activity in man and model systems. Journal of Proteomics, 97: 3-16.

Kusumah D, Wakui M, Murakami M, et al. 2020. Linoleic acid, α-linolenic acid, and monolinolenins as antibacterial substances in the heat-processed soybean fermented with *Rhizopus oligosporus*.

Bioscience, Biotechnology, and Biochemistry, 84 (6) : 1285-1290.

Lee S Y, Lee S, Lee S, et al. 2014. Primary and secondary metabolite profiling of doenjang, a fermented soybean paste during industrial processing. Food Chemistry, 165: 157-166.

Li C, Liu H L, Yang J, et al. 2020. Effect of soybean milk fermented with *Lactobacillus plantarum* HFY01 isolated from yak yogurt on weight loss and lipid reduction in mice with obesity induced by a high-fat diet. RSC Advances, 10 (56) : 34276-34289.

Li M, Wang Q, Song X, et al. 2019. iTRAQ-based proteomic analysis of responses of *Lactobacillus plantarum* FS5-5 to salt tolerance. Annals of Microbiology, 69 (4) : 377-394.

Liang J, Li D, Shi R, et al. 2019. Effects of microbial community succession on volatile profiles and biogenic amine during sufu fermentation. LWT, 114: 108379.

Lu X, Wu Q, Zhang Y, et al. 2015. Genomic and transcriptomic analyses of the Chinese Maotai-flavored liquor yeast MT1 revealed its unique multi-carbon co-utilization. BMC Genomics, 16 (1) : 1-14.

Lyu C, Chen C, Ge F, et al. 2013. A preliminary metagenomic study of puer tea during pile fermentation. Journal of the Science of Food and Agriculture, 93 (13) : 3165-3174.

Ma R F, Sui L, Hu J, et al. 2019. Polyphasic characterization of yeasts and lactic acid bacteria metabolic contribution in semi-solid fermentation of Chinese Baijiu (traditional fermented alcoholic drink) : towards the design of a tailored starter culture. Microorganisms, 7 (5) : 147.

Monnet C, Dugat-Bony E, Swennen D, et al. 2016. Investigation of the activity of the microorganisms in a reblochon-style cheese by metatranscriptomic analysis. Frontiers in Microbiology, 7: 536.

Oba M, Wen R, Saito A, et al. 2021. Natto extract, a Japanese fermented soybean food, directly inhibits viral infections including SARS-CoV-2 *in vitro*. Biochemical and Biophysical Research Communications, 570: 21-25.

Pan M, Barrangou R. 2020. Combining omics technologies with CRISPR-based genome editing to study food microbes. Current Opinion in Biotechnology, 61: 198-208.

Pandey A, Mann M. 2000. Proteomics to study genes and genomes. Nature, 405 (6788) : 837-846.

Park J S, Kim D H, Lee J K, et al. 2010. Natural ortho-dihydroxyisoflavone derivatives from aged Korean fermented soybean paste as potent tyrosinase and melanin formation inhibitors. Bioorganic & Mdicinal Cemistry Ltters, 20 (3) : 1162-1164.

Park Y K, Lee J H, Mah J H. 2019. Occurrence and reduction of biogenic amines in traditional Asian fermented soybean foods: a review. Food Chemistry, 278: 1-9.

Peng X, Li X, Shi X, et al. 2014. Evaluation of the aroma quality of Chinese traditional soy paste during storage based on principal component analysis. Food Chemistry, 151:532-538.

Sanjukta S, Sahoo D, Rai A K, et al. 2022. Fermentation of black soybean with *Bacillus* spp. for the production of kinema: changes in antioxidant potential on fermentation and gastrointestinal digestion. Journal of Food Science and Technology, 59 (4) : 1353-1361.

Sugimoto M, Sugawara T, Obiya S, et al. 2020. Sensory properties and metabolomic profiles of dry-cured ham during the ripening process. Food Research International, 129: 108850.

Tang J, Chen T, Hu Q, et al. 2020. Improved protease activity of Pixian broad bean paste with cocultivation of *Aspergillus oryzae* QM-6 and *Aspergillus niger* QH-3. Electronic Journal of Biotechnology, 44: 33-40.

Tian T, Wu J R, Yue X Q. 2014. Analysis of relationship between sensory quality and physiochemical indexes of natural fermented soybean paste. Applied Mechanics and Materials, 3003 (508): 75-78.

Velculescu V E, Zhang L, Zhou W, et al. 1997. Characterization of the yeast transcriptome. Cell, 88 (2): 243-251.

Wu J, Tian T, Liu Y, et al. 2018. The dynamic changes of chemical components and microbiota during the natural fermentation process in Da-Jiang, a Chinese popular traditional fermented condiment. Food Research International, 112: 457-467.

Wu P S, Yen J H, Wang C Y, et al. 2020. 8-Hydroxydaidzein, an isoflavone from fermented soybean, induces autophagy, apoptosis, differentiation, and degradation of oncoprotein BCR-ABL in K562 cells. Biomedicines, 8 (11): 506.

Xie M, An F, Wu J. 2019a. Meta-omics reveal microbial assortments and key enzymes in bean sauce mash, a traditional fermented soybean product. Journal of the Science of Food and Agriculture, 99 (14): 6522-6534.

Xie M, An F, Yue X, et al. 2019b.Characterization and comparison of metaproteomes in traditional and commercial Dajiang, a fermented soybean paste in northeast China. Food Chemistry, 301: 125270.

Yang B, Tan Y, Kan J. 2020. Regulation of quality and biogenic amine production during sufu fermentation by pure Mucor strains. LWT, 117: 108637.

Yang Y, Deng Y, Jin Y, et al. 2017. Dynamics of microbial community during the extremely long-term fermentation process of a traditional soy sauce. Journal of the Science of Food and Agriculture, 97 (10): 3220-3227.

Yao D, Ma L, Wu M, et al. 2022. Effect of microbial communities on the quality characteristics of northeast soybean paste: correlation between microorganisms and metabolites. LWT, 164: 113648.

Zhang B, Kong L, Cao Y, et al. 2012. Metaproteomic characterisation of a Shaoxing rice wine “wheat Qu” extract. Food Chemistry, 134 (1): 387-391.

Zhang D, He Y, Cao Y, et al. 2017. Flavor improvement of fermented soy sauce by extrusion as soybean meal pretreatment. Journal of Food Processing and Preservation, 41 (5): 13172.

Zhang J, Yi Y, Pan D, et al. 2019. ^{1}H NMR-based metabolomics profiling and taste of boneless dry-cured hams during processing. Food Research International, 122: 114-122.

Zhang L, Zhang L, Xu Y. 2020. Effects of *Tetragenococcus halophilus* and *Candida versatilis* on the production of aroma-active and umami-taste compounds during soy sauce fermentation. Journal of the Science of Food and Agriculture, 100 (6): 2782-2790.

Zhang P, Zhang P, Xie M, et al. 2018. Metaproteomics of microbiota in naturally fermented soybean paste, Da-jiang. Journal of Food Science, 83 (5): 1342-1349.

Zhao G, Hou L, Yao Y, et al. 2012. Comparative proteome analysis of *Aspergillus oryzae* 3.042 and *A. oryzae* 100-8 strains: towards the production of different soy sauce flavors. Journal of

Proteomics, 75(13): 3914-3924.

Zhao J, Dai X, Liu X, et al. 2009. Changes in microbial community during Chinese traditional soybean paste fermentation. International Journal of Food Science & Technology, 44(12): 2526-2530.

Zhao J, Dai X, Liu X, et al. 2011. Comparison of aroma compounds in naturally fermented and inoculated Chinese soybean pastes by GC-MS and GC-Olfactometry analysis. Food Control, 22(6): 1008-1013.

Zhao M, Zhang D, Su X Q, et al. 2015. An integrated metagenomics/metaproteomics investigation of the microbial communities and enzymes in solid-state fermentation of Pu-erh tea. Scientific Reports, 5(1): 1-10.

Zheng Q, Lin B, Wang Y, et al. 2015. Proteomic and high-throughput analysis of protein expression and microbial diversity of microbes from 30- and 300-year pit muds of Chinese Luzhou-flavor liquor. Food Research International, 75: 305-314.

Zhi Y, Wu Q, Du H, et al. 2016. Biocontrol of geosmin-producing *Streptomyces* spp. by two *Bacillus* strains from Chinese liquor. International Journal of Food Microbiology, 231: 1-9.

附　　录

发酵豆制品相关质量标准

DB34/T 720—2020 地理标志产品 八公山豆腐
DB36/T 1212—2019 地理标志产品 湖口豆豉
DB37/T 2639.14—2017 山东地方传统名吃制作加工技术规范 第 14 部分：临沂八宝豆豉
DB41/T 822—2013 新县腐乳加工技术规程
DB42/T 1308—2017 地理标志产品 竹溪腐乳
DB43/T 914—2017 地理标志产品 龙窖腐乳
DB4453/T 02—2021 地理标志产品 罗定豆豉
DB45/T 934—2013 地理标志产品 黄姚豆豉
DB5101/T 96—2020 地理标志产品 温江酱油
DB53/T 713—2015 地理标志产品 牟定腐乳
DBS53/004—2015 食品安全地方标准 滇味豆豉
GB 2711—2014 食品安全国家标准 面筋制品
GB 2712—2014 食品安全国家标准 豆制品
GB 2717—2018 食品安全国家标准 酱油
GB 2718—2014 食品安全国家标准 酿造酱
GB 8953—2018 食品安全国家标准 酱油生产卫生规范
GB/T 18186—2000 酿造酱油
GB/T 24399—2009 黄豆酱
GB/T 5009.39—2003 酱油卫生标准的分析方法（部分有效）
GB/T 5009.40—2003 酱卫生标准的分析方法（部分有效）
GB/T 5009.52—2003 发酵性豆制品卫生标准的分析方法
SB/T 10170—2007 腐乳
SB/T 10171—1993 腐乳分类
SB/T 10173—1993 酱油分类
SB/T 10302—1999 调味品名词术语 腐乳

SB/T 10309—1999 黄豆酱
SB/T 10310—1999 黄豆酱检验方法（部分有效）
SB/T 10431—2007 榨菜酱油
SB/T 10612—2011 黄豆复合调味酱
SN/T 0444—1995 出口腐乳检验规程
SN/T 3262—2012 进出口酱油检验规程
T/CNFIA 114—2019 原酿本味酱油
T/CNFIA 124—2021 古法手工酱油
T/DYRCEOF 3—2020 地理标志产品 唐场豆腐乳
T/FLJY 0001S—2020 望江风酿酱油
T/GFPU 0001—2020 粤式淡口酱油
T/GFPU 0002—2020 粤式浓口酱油
T/GFPU 0003—2020 粤式双酿酱油
T/GFPU 0004—2020 粤式原酿酱油
T/GZSX 014—2018 豆豉
T/GZSX 016—2017 贵州腐乳
T/HJXSJY 001—2020 地理标志产品 先市酱油
T/JYSP 001—2020 地理标志保护产品 中坝口蘑酱油生产技术规程
T/LCJY 001—2018 地理标志保护产品 隆昌酱油生产技术规程
T/LCJY 001—2020 地理标志产品 隆昌酱油
T/PDSP 001—2020 豆豉
T/YCDC 001—2021 永川豆豉
T/ZZB 1182—2019 绍兴腐乳